U0384174

PLC 应用与组态监控技术

主编　王艳芬　侯益坤

北京理工大学出版社
BEIJING INSTITUTE OF TECHNOLOGY PRESS

内 容 简 介

本书采用项目导向,任务驱动,教、学、做一体化的教学模式编写;突出"以能力为本位,以学生为主体"的职业教育课程改革思想;同时,从职业岗位需求出发,对 PLC 技术和组态监控技术进行了课程整合,理论与实训相结合,突出了高职高专教育特色。

全书共分为两部分。上篇为 PLC 技术,由五个项目构成,主要涉及 PLC 的工作原理、指令系统和程序设计方法、PLC 软件使用等内容,同时配有习题和实训内容;下篇为组态监控技术,由九个项目组成,最后一个项目是自动控制系统综合实训。下篇涵盖了工控软件组态王的常用功能和应用,内容涉及 I/O 设备管理、变量定义、动画连接、趋势曲线、报警和事件、常用控件等,每个项目后配有实训和训练课题。

本书可作为高等院校电气自动化类、电子信息类和机电一体化类及相关专业的教材,也可供相关工程技术人员参考。

图书在版编目(CIP)数据

PLC 应用与组态监控技术/王艳芬,侯益坤主编. —北京:北京理工大学出版社, 2012.11

ISBN 978 - 7 - 5640 - 6852 - 3

Ⅰ.①P… Ⅱ.①王…②侯… Ⅲ.①plc 技术-高等学校-教材②计算机监控-高等学校-教材 Ⅳ.①TM571.6②TP277

中国版本图书馆 CIP 数据核字(2012)第 231048 号

出版发行 / 北京理工大学出版社
社　　址 / 北京市海淀区中关村南大街 5 号
邮　　编 / 100081
电　　话 / (010)68914775(办公室)　68944990(批销中心)　68911084(读者服务部)
网　　址 / http://www.bitpress.com.cn
经　　销 / 全国各地新华书店
印　　刷 / 北京泽宇印刷有限公司
开　　本 / 787 毫米 × 1092 毫米　1/16
印　　张 / 20.5
字　　数 / 476 千字
版　　次 / 2012 年 11 月第 1 版　2012 年 11 月第 1 次印刷　　责任编辑 / 张慧峰
印　　数 / 1 ~ 2 000 册　　　　　　　　　　　　　　　　　　责任校对 / 周瑞红
定　　价 / 52.00 元　　　　　　　　　　　　　　　　　　　　责任印制 / 王美丽

随着我国工业化和信息化进程的加快,自动控制及工业监控技术扮演着越来越重要的角色。现在已经公认,PLC 及其网络是现代工业自动化三大支柱(PLC、机器人、CAD/DAM)之一,它的应用越来越广泛。而组态软件为自动控制系统监控层提供了良好的软件平台和开发环境。因此,以 PLC 为支柱的自动控制层和以组态软件为平台的工业监控层是密不可分的,是现代工业自动控制系统的重要组成部分,广泛应用于电力、水利、市政供排水、燃气、供热、石油、化工、智能建筑等领域的数据采集与控制以及过程控制等诸多领域。

本书开拓性地将 PLC 技术与组态监控技术有机地结合在一起。首先讲述了自动控制系统的核心——PLC 技术。以松下 FP 系列机型为例,详细介绍了 PLC 的工作原理、指令系统和系统设计三部分。日本松下小型机以其体积小、指令丰富、功能强大在国际同类产品中享有盛誉,在市场份额中占有重要一席。读者只要掌握了该机型的指令系统,对其他厂家的 PLC 机型可收到触类旁通,举一反三的效果。其次以北京亚控科技发展有限公司开发的通用工控组态软件——组态王为基础,采用项目导入、任务驱动的教学模式,全面地介绍了工控组态软件的功能和应用。在本书的最后,将 PLC 技术与组态监控技术有机地结合在一起,完成了三种典型工业自动控制及监控系统的设计实例。

本书的特点如下:

1. 内容适应企业岗位需求

经过市场调研、企业岗位需求调研,目前,工业自动控制领域的人才需求明显增加,对职业技能的要求也与时俱进。掌握 PLC 技术、组态监控技术、触摸屏等技术的人才更是炙手可热。

2. 教学模式新

采用项目教学法,即采用教材配套资源中的实训、项目训练、综合练习和自动控制系统实训展开教学。便于学生学习和掌握这两门先进技术。本书的教学时数为 70～90 学时。

全书共分为两部分。上篇为 PLC 技术,由五个项目构成;下篇为组态监控技术,由九个项目组成,最后一个项目是自动控制系统综合实训。

本书由王艳芬、侯益坤共同担任主编。其中侯益坤老师编写了上篇 PLC 技术;王艳芬老师编写了下篇组态监控技术。此外,伍勤谟老师也参与了部分项目的编写工作。全书由王艳芬统稿。

在本书的编写过程中得到了北京亚控科技发展有限公司的大力支持和帮助,在此表示感谢!

由于编者水平有限,书中难免有不妥之处,欢迎广大读者提出宝贵意见。

编 者

目录

Contents

上篇　PLC 技术

目 录

上　篇

PLC　技　术

上篇

PLC 技术

项目 1

PLC 概述与内部结构

任务1 PLC 概述

任务目标

了解可编程控制器的产生、发展、特点和应用领域。

任务分解

1.1 可编程控制器的产生与历史

自动生产线、各种功能的机械手和多工位、多工序自动机床等设备，在自动控制过程中大多以电动机作为动力。电动机是通过某种控制方式接受控制的。其中以各种有触点的继电器、接触器、行程开关等自动控制电器组成的控制线路称为继电接触器控制方式。继电器控制系统的优点是：简单易懂、操作方便、价格便宜。缺点是：体积大、可靠性低、查找故障困难、接线复杂、对生产工艺变化的适应性差。继电接触器控制经历了比较长的发展历史。

20 世纪 60 年代，由于小型计算机的出现和大规模生产及多机群控制的发展，人们曾试图用小型计算机来实现工业控制，代替传统的继电接触器控制。1968 年美国 General Motors 公司，为了适应生产工艺不断更新的需要，要求制造商为其装配线提供一种新型的通用程序控制器，并提出 10 项招标指标。这就是著名的 GM10 条。

(1) 编程简单，可在现场修改程序；

(2) 可靠性高于继电器控制柜；

(3) 体积小于继电器控制柜；

(4) 维护方便，最好是插件式；

(5) 可将数据直接送入管理计算机；

(6) 在成本上可与继电器控制柜竞争；

(7) 输入可以是交流 115 V；

(8) 输出为交流 115 V、2 A 以上，能直接驱动电磁阀等；

(9) 在扩展时，原系统只需很小变更；

(10) 用户程序存储器容量至少能扩展到 4 K。

GM10 条是可编程序控制器出现的直接原因。

1969 年，美国数据设备公司（DEC）研制出世界上第一台可编程控制器，并成功地应用在 GM 公司的生产线上。这一时期它主要用于顺序控制，只能进行逻辑运算，故称为可编程逻辑控制器，简称 PLC（Programmable Logic Controller）。

70 年代后期，随着微电子技术和计算机技术的迅猛发展，使 PLC 从开关量的逻辑控制扩展到数字控制及生产过程控制领域，真正成为一种电子计算机工业控制装置，故称为可编程控制器，简称 PC（Programmable Controller）。但由于 PC 容易和个人计算机（Personal Computer）相混淆，故人们仍习惯地用 PLC 作为可编程控制器的缩写。

1985 年 1 月国际电工委员会对可编程控制器的定义：可编程序控制器是一种数字运算的电子系统，专为工业环境下应用而设计。它采用可编程序的存储器，用来在内部存储执行逻辑运算、顺序控制、定时、计数和算术运算等操作的指令，并通过数字式、模拟式的输入和输出，控制各种类型的机械或生产过程。可编程序控制器及其有关设备，都应按易于与工业控制系统联成一个整体、易于扩充的原则设计。

1.2 PLC 的特点及应用领域

1. PLC 的主要特点

① 可靠性高、抗干扰能力强。

② 编程简单、使用方便、柔性好。易学易懂的梯形图语言，类似计算机汇编语言的助记符语言。

③ 通用性好，具有互换性强、扩展功能强的特点。

④ 功能强大，可实现三电一体化。将电控（逻辑控制）、电仪（过程控制）和电结（运动控制）集于一体，可以方便、灵活地组合成各种不同规模和要求的控制系统。

⑤ 体积小、重量轻、功耗低。

2. PLC 的应用领域

① 开关量的逻辑控制：可取代传统继电器系统和顺序控制器，对各种机床、自动电梯、装配生产线、电镀流水线、运输和检测等进行控制，而且输入、输出的点数不受限制。

② 机械运动控制：可用于精密金属切削机床、机械手、机器人等设备的控制。

③ 过程控制（模拟量控制）：通过配用 A/D、D/A 转换模块及智能 PID 模块实现对生产过程中的温度、压力、流量、速度等连续变化的模拟量进行闭环调节控制。

④ 数据处理：具有很强的数学运算、数据传送能力。

⑤ 多级控制：利用 PLC 的网络通信功能模块及远程 I/O 控制模块实现多台 PLC 之间、PLC 与上位计算机的连接，以完成较大规模的复杂控制。

3. PLC 的发展趋势

① 方便灵活和小型化。

② 高功能和大型化。

③ 产品规范化、标准化。

任务 2 PLC 的构成与工作方式

任务目标

了解可编程控制器的构成、工作方式和性能指标与分类。

任务分解

2.1 PLC 的基本组成

PLC 是一种在工业环境下使用，集计算机技术、自动控制技术、通信技术、过程控制于一体的电子装置，它的基本结构与普通微机的结构相似，主要由中央微处理器（CPU）、存储器、输入/输出接口电路、电源等部分组成，如图1-1所示。

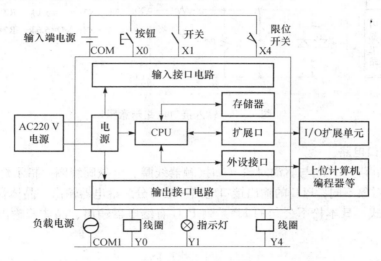

图1-1　PLC结构示意图

1. 中央微处理器（CPU）

CPU是PLC的控制中心，它由运算器、寄存器和控制电路组成，将它们集成在一个芯片中。它从输入接口电路读入输入信号，按用户程序对输入信息进行数字逻辑运算，并把运算的结果通过输出接口电路送到输出设备，控制输出设备的运行。

CPU的一个重要的技术指标是它的运算速度。随着计数器技术的发展，PLC的CPU运算速度已从原来的执行一个指令需要十几到几十微秒减少到零点几微秒。

2. 存储器

存储器是PLC用来存放系统程序、用户程序和数据的器件，包括只读存储器ROM和随机读写存储器RAM两类。

只读存储器ROM是存储制造商编写的系统程序存储器，具有开机自检、工作方式选择、信息传递和对用户程序的解释功能。

读写存储器RAM是用来存放用户程序和数据的存储器。读出时RAM的存储器内容不变；写入时新写入的信息覆盖原信息，"以新换旧"。

一般来说存储器容量的大小，决定了PLC的性能。容量越大，能容纳用户程序越多。例如某PLC的容量是33k步，即表示该PLC能容纳用户编写33k步的程序。

3. 输入接口电路

输入接口电路是PLC与外部输入设备（如按钮、开关、行程开关等）之间的连接部件。通过输入接口电路，将从外部输入设备来的信号送到PLC。输入接口电路有将外部输入电压（例如DC 24 V）转换为PLC的工作电压（DC 5 V）的作用，也有防止外界干扰的作用。其示意如图1-2所示。

图中COM为公共端，Xn为第n个输入端接线柱。当COM端与Xn端连接上电源及按钮，按钮闭合，则光电耦合器的二极管有电流通过，光敏晶体管导通，Xn接通的信号被送入PLC内部电路，而且表示Xn接通的发光二极管发亮。这种光电耦合电路能有效地防止外界干扰。

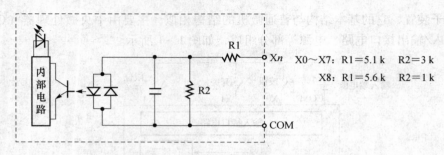

图1-2　输入接口电路示意图

4. 输出接口电路

输出接口电路是 PLC 与驱动对象（如接触器线圈、电磁阀线圈、指示灯等）的连接部件。由于驱动对象不同，PLC 的输出接口电路一般可分为继电器输出、晶体管输出和晶闸管输出等三种形式。日本松下公司的 FP 系列 PLC 有继电器输出、晶体管输出两种形式，如图1-3所示。

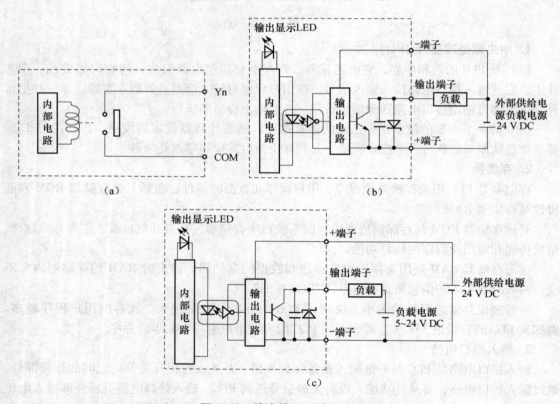

图1-3　输出接口电路示意图
（a）继电器输出；（b）晶体管输出（PNP 型）；（c）晶体管输出（NPN 型）

如图1-3（a）所示为继电器输出等效电路图。在公共端 COM 与输出端 Yn 之间接上负载电源及驱动线圈，则当内部继电器 Yn 得电，其对应触点闭合，使公共端 COM、负载电源、驱动线圈与输出端 Yn 形成一通路，使线圈得电，从而驱动负载。继电器输出适用于交流或直流负载情况。额定控制容量为 AC 250 V/2 A 或 DC 30 V/2 A。

图1-3（b）和图1-3（c）为晶体管输出，适用于直流、小功率高速负载。对 PNP 晶体管输出，额定负载电压 DC 24 V、最大负载电流 0.5 A。对 NPN 晶体管输出，额定负载电压 DC 5~24 V、最大负载电流 0.5 A。

5. 电源

PLC 的电源部件一般采用开关稳压电源，是一个将 AC 220 V 交流电变成可供 PLC 各部分所需电压的装置。为了防止及消除工业环境下的空间电磁干扰，PLC 电源采用了较多的滤波环节，具有过电压和欠电压保护，抗干扰能力强。

6. FP-X 系列 PLC 的控制单元

小型的 PLC 一般都是整体封装，将 CPU、存储器、输入/输出（I/O）接口电路和电源部件等集合在一个机壳内，如图1-4（a）所示。中型以上的 PLC，一般是模块式结构，将电源模块、CPU 模块、输入/输出模块、功能模块等安装在机架上，如图1-4（b）所示。

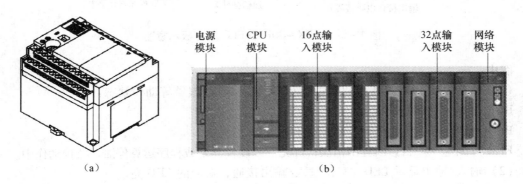

图1-4　整体和模块式结构的 PLC

（a）松下 FP-X 系列 PLC 整体式结构；（b）三菱 Q 系列 PLC 模块式结构

日本松下公司 FP 系列 PLC 是整体封装的 PLC，其中 FP-X 系列是近几年开发的小型PLC，运算速度快，功能比较强大。

FP-X 系列 PLC 的型号命名规则为：

$$\text{AFPX} - \underset{①}{\square}\ \underset{②}{\square\square}\ \underset{③④}{\square\square}$$

其意义为：

①　单元名称：C-控制单元；E-扩展单元

②　输入/输出（I/O）总点数

③　输出类型：R-继电器输出；T-NPN 晶体管输出；P-PNP 晶体管输出

④　PLC 供电方式：缺省-AC 供电；D-DC 供电

例如：型号 AFPX-30R，为 FP-X 控制单元，I/O 总点数30，继电器输出，AC 220 V供电；型号 AFPX-60TD，为 FP-X 控制单元，I/O 总点数60，NPN 晶体管输出，DC 供电。

如图1-5所示为 AFPX-30R 型 PLC 的面板示意图。

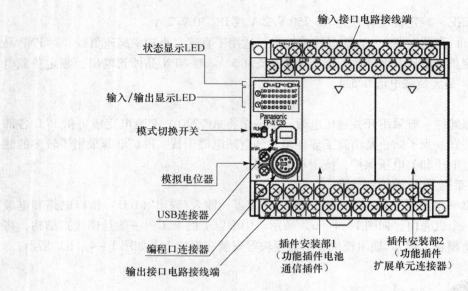

图 1 - 5 AFPX - 30R 型 PLC 的面板示意图

图中：

（1）状态显示 LED 显示 PLC 的运行/停止、错误/报警等动作状态：

RUN 灯亮——运行模式；

PROG 灯亮——编程模式（运行停止）；

ERR 灯闪烁——自诊断查出错误；灯亮——硬件异常或程序运算停滞、监控动作中。

（2）输入/输出显示 LED 某位输入/输出接通，对应的 LED 亮。

（3）模式切换开关

置 RUN 位置——执行程序，开始运行；

置 PROG 位置——编程模式，停止运行。

（4）USB 连接器 用于连接编程工具。

（5）模拟电位器 转动可调电位器，使特殊数据寄存器 DT90040 ~ DT90043 的值在 K0 ~ K1000 范围内变化。

（6）编程口连接器 用于连接编程工具。

（7）输入接口电路接线端 电源以及输入接线端子。

（8）输出接口电路接线端 负载电源以及输出接线端子。

（9）插件安装部 用于连接扩展插卡和扩展 I/O 单元。

AFPX - C30R 的输入/输出接线端子排列如图 1 - 6 所示。

由图 1 - 6 可见，输出端 Y0 用公共端 C0（即 COM0，下同），Y1 用公共端 C1 等，这是为了适应不同的负载，其电源电压可能不同的缘故。

7. FP - X 系列 PLC 的扩展单元

当输入/输出点数不够时，可以使用 I/O 扩展单元，扩充 I/O 点数。扩展单元有 16 点、30 点、继电器输出、晶体管输出等多种，其输入/输出接线端子排列与图 1 - 6 相似，也需要输入端电源和输出端电源。扩展单元一般通过专用的扩展电缆连接在控制单元的右方，可以连接 7 台，最后还可以通过扩展 FP0 适配器再连接一台。如图 1 - 7 所示。

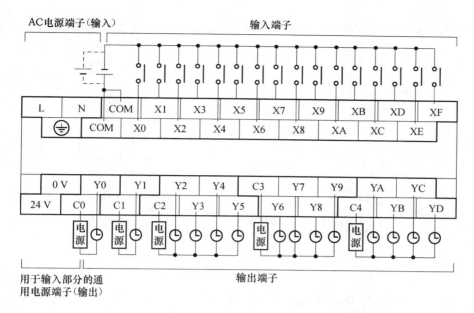

图1-6　AFPX-C30R 的输入/输出接线端子

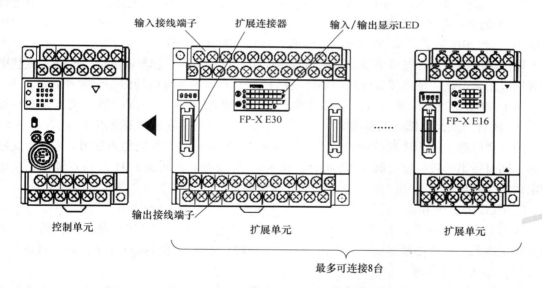

图1-7　控制单元和扩展单元的连接

2.2　PLC 工作方式

1. PLC 的图形符号

PLC 运行时是以执行程序来对过程控制的。PLC 程序由指令或图形符号组成。其中的图形符号与电工技术的触点、继电器、接触器的图形符号很相似。如：

常开触点：

常闭触点：

线　圈：

9

将这些图形符号连接起来并表示一定的逻辑关系的图形，称为梯形图，如图 1-8 中间部分所示。

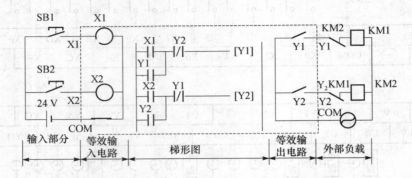

图 1-8　PLC 的梯形图与输入/输出等效电路

图中 X1、X2 是对应于输入接线端子 X1、X2 的常开触点。Y1、Y2 对应于 PLC 内部输出继电器。输入接线端子 X1、X2 分别与按钮 SB1、SB2 连接，再与输入部分 24V 电源连接。因此，接线端子 X1、SB1、24V 电源、公共端 COM、输入接口电路就构成了一个闭合回路。X1 的接口等效电路相当于一个线圈（但线圈不表现在编程上、其对应的触点表现在程序中）。当 SB1 接通，X1 的等效线圈得电，其对应的触点动作。

输出接线端子通常与继电器、接触器线圈或指示灯等连接，它与输出接口电路、负载电源等构成闭合电路。输出接口电路的等效电路相当于 PLC 内部继电器的一个常开触点。

图 1-8 中，当 SB1 闭合时，输入等效电路的线圈 X1 得电，对应的触点动作，使梯形图的 X1 闭合，从而内部继电器线圈 Y1 得电。线圈 Y1 得电，它的常开触点 Y1 闭合，与 X1 构成的自锁电路，使 SB1 断开后仍然能维持线圈 Y1 通电；它的常闭触点断开，使 Y2 支路失电。同时输出等效电路的触点 Y1 闭合，使 KM1 线圈得电，从而 KM1 的触点动作，能驱动电动机等做功。

2. PLC 的工作方式

实际的 PLC 程序都比上述的复杂，但其工作方式是一样的，即 PLC 是以一种循环扫描的方式工作的。每个扫描周期大致可以分为三个阶段：输入采样、执行程序、输出刷新。

（1）输入采样阶段

PLC 接通电源，将模式切换开关置 PROG 位置，输入用户程序，下载之后，将模式切换开关置 RUN 位置，PLC 首先进行自检。然后开始程序扫描。

CPU 先访问输入接口电路，将等效输入线圈 Xn 的 ON/OFF 信号读入到输入数据寄存器中。这些存放到输入数据寄存器的数据，在本周期的程序执行过程中，即使外部输入改变，也不会变化，一直到下一扫描周期到达，才重新读入输入信号的变化。

（2）执行程序阶段

在程序执行阶段中，CPU 按用户程序的顺序，从左到右，从上到下顺序执行程序。在执行过程中根据用户程序的软元件数据寄存器中各软元件的数值和输入数据寄存器 Xn 的 ON/OFF 状态进行逻辑运算，记录各软元件的逻辑运算结果，并将输出继电器的逻辑运算结果 ON/OFF 状态写入到输出数据寄存器中。

（3）输出刷新阶段

当执行到输出指令时，CPU 发出从输出数据寄存器取出输出继电器的 ON/OFF 状态的指令，并将其状态送到输出接口电路，驱动外部负载。

然后又返回输入接口电路，采集等效输入线圈新的 ON/OFF 状态，重新刷新输入数据寄存器的内容，再执行程序，更新各软元件的逻辑运算结果，再输出，再刷新。

PLC 就是以这种循环扫描的方式工作的。扫描动作一周所需的时间称为一个扫描周期。扫描周期的长短视每执行一个指令所需的时间以及用户程序所含的指令步数而定。例如，CPU 执行一个指令所需的平均时间是 10 μs，用户程序为 1 000 步，则扫描周期为 10 ms。

任务3 PLC 的内部软元件

任务目标

学会可编程控制器的几种内部继电器的使用、结构和命名方式。

任务分解

FP－X 系列 PLC 的内部软元件包括输入继电器、输出继电器、内部继电器、链接继电器、定时器、计数器、数据寄存器、文件寄存器等。本节主要讨论这些内部软元件的意义、编号和性能。本节讨论的概念也适用于 FP1、FP2、FP∑ 等各系列 PLC。

3.1 外部输入/输出继电器（X/Y，WX/WY）

输入继电器（X）是将外部设备如按钮、行程开关、传感器的信号通过输入接线端子传送到 PLC 的内部软元件。它有任意对常开/常闭触点供编程用。输入继电器的状态不能由内部软元件改变。

输出继电器（Y）是输出 PLC 的程序执行结果的内部软元件，它通过输出接线端子驱动外部负载，如接触器、继电器、电磁阀等动作。它有等效线圈和任意对常开/常闭触点供编程用。在编程中不能出现双线圈现象。

输入/输出继电器的点数和编号由 PLC 的型号决定，如表 1－1 所示。

表 1－1 FP－X 控制单元的 I/O 编号

控制单元名称	输入继电器 X（点数，编号）	输出继电器 Y（点数，编号）
FP－XC14	8 点，X0～X7	6 点，Y0～Y5
FP－XC30	16 点，X0～XF	14 点，Y0～YD
FP－XC40	24 点，X0～XF，X0～X17	16 点，Y0～YF
FP－XC60	32 点，X0～XF，X0～X1F	28 点，Y0～YD，Y10～Y1D～YD

FP 系列 PLC 的 X/Y 继电器编号由十进制数字（字）和十六进制数字（位）组成：如

X/Y □□ □
十进制数1～9   十六进制数1～F

当控制单元带 I/O 插卡或扩展单元时，X/Y 的编号如图 1－9 所示。

当输入/输出继电器（X/Y）用于数据传递等功能操作时，可表示为"字"的形式，字的范围是 WX0～WX109，WY0～WY109。每个字由 16 位组成，如

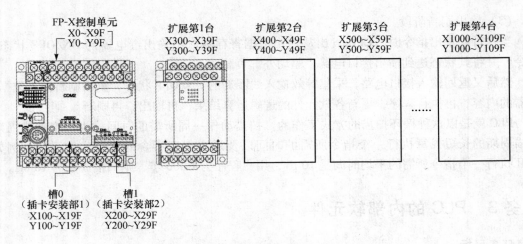

图1-9 控制单元和扩展单元的I/O编号

WX0：（高位）XF，XE，XD，XC，XB，XA，X9，X8，X7，X6，X5，X4，X3，X2，X1，X0（低位）

WX1：（高位）X1F，X1E，X1D，X1C，X1B. X1A，X19，X18，X17，X16，X15，X14，X13，X12，X11，X10（低位）

WY2：（高位）Y2F，Y2E，Y2D，Y2C，Y2B，Y2A，Y29，Y28，Y27，Y26，Y25，Y24，Y23，Y22，Y21，Y20（低位）

3.2 内部继电器（R，WR）

（1）内部继电器的意义和编号

内部继电器（R）用于程序内部的运算，R不能用于驱动外部负载。它的作用相当于继电接触电路的中间继电器（见图1-10所示）。R有线圈和任意对常开/常闭触点供编程用。在程序中也不能出现双线圈现象。

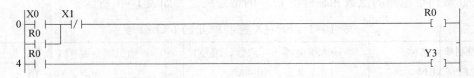

图1-10 内部继电器在程序中的作用

内部继电器分为保持型和非保持型两类。当对应断开或由RUN模式转变为PROG模式时，保持型继电器保持其ON或OFF状态，且当系统重新启动时恢复运行；而非保持型继电器则被复位。

内部继电器的编号方式也是采用"字位"的形式，如WR0、WR9字，各有16位：

WR0：RF，RE，RD，RC，RB，RA，R9，R8，R7，R6，R5，R4，R3，R2，R1，R0

WR9：R9F，R9E，R9D，R9C，R9B，R9A，R99，R98，R97，R96，R95，R94，R93，R92，R91，R90

表1-2是几种FP机型的PLC的内部继电器的字和点数。

表1-2 几种FP机型的内部继电器的字和点数

机　型	非保持型	保持型
FP0	R0 ~ R9F （160 点）	R100 ~ R62F （848 点）
FP1	R0 ~ R9F （160 点）	R100 ~ R62F （848 点）
FPΣ	R0 ~ R89F （1440 点）	R100 ~ R97F （1408 点）
FP - X	R0 ~ R199F （3200 点）	R2000 ~ R255F （896 点）
FP2	R0 ~ R199F （3200 点）	R2000 ~ R252F （848 点）
FP10SH/FP2SH	R0 ~ R499F （8000 点）	R5000 ~ R886F （6192 点）

（2）特殊内部继电器

FP 系列 PLC 的特殊内部继电器编号从 WR900 ~ WR910，每一位都有特定的意义，供编程和通信之用。几个常用的特殊内部继电器见表 1 - 3 所示。

表1-3 几个常用的特殊内部继电器

继电器编号	名　称	意　义
R9009	进位标志（CY）	发生运算结果上溢或下溢，该标志被置位
R900A	>标志	执行比较指令，若大于，则置位
R900B	=标志	执行比较指令，若等于，则置位
R900C	<标志	执行比较指令，若小于，则置位
R9010	常开继电器	始终处于 ON 状态
R9011	常闭继电器	始终处于 OFF 状态
R9013	初始脉冲继电器（ON）	运行开始的第一个周期为 ON，之后为 OFF
R9014	初始脉冲继电器（OFF）	运行开始的第一个周期为 OFF，之后为 ON
R9015	步进程序初始脉冲（ON）	启动步进梯形图时，仅在第一个扫描周期为 ON
R9018	0.01 秒时钟脉冲继电器	以 0.01 秒为周期的连续脉冲
R9019	0.02 秒时钟脉冲继电器	以 0.02 秒为周期的连续脉冲
R901A	0.1 秒时钟脉冲继电器	以 0.1 秒为周期的连续脉冲
R901B	0.2 秒时钟脉冲继电器	以 0.2 秒为周期的连续脉冲
R901C	1 秒时钟脉冲继电器	以 1 秒为周期的连续脉冲
R901D	2 秒时钟脉冲继电器	以 2 秒为周期的连续脉冲
R901E	1 分时钟脉冲继电器	以 1 分为周期的连续脉冲

在编程中，一定要弄清楚特殊内部继电器的意义，才能正确的使用。例如 R901C 是 1 秒连续脉冲继电器，它的应用如图 1 - 11 所示。图中，接通 X0，内部继电器 R0 得电，输出灯 Y1 作周期为 1 秒的闪烁。

3.3　定时器（T）

PLC 的定时器功能通常与接触继电控制电路的通电延时时间继电器的功能相似，它是以时间脉冲累积计时的。FP 系列 PLC 根据时间脉冲的不同，将定时器分为四类：0.001 秒、0.01 秒、0.1 秒和 1 秒。它的定时器指令是"TM"，其中：

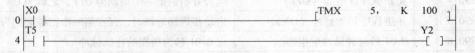

图 1 - 11   特殊内部继电器 R901C 的使用

TML：是以 0.001 秒为单位的定时器；

TMR：是以 0.01 秒为单位的定时器；

TMX：是以 0.1 秒为单位的定时器；

TMY：是以 1 秒为单位的定时器。

FP 系列 PLC 定时器的编号视型号不同而不同，使用时一定要注意 PLC 的型号，如表 1 - 4 所示。

表 1 - 4   定时器/计数器的编号

机 型	定时器编号	计数器编号
FP0	T0 ~ T99 （100 点）	C100 ~ C143 （44 点）
FP1	T0 ~ T99 （100 点）	C100 ~ C127 （28 点）
FPΣ	T0 ~ T1007 （1008 点）	C1008 ~ C1023 （16 点）
FP - X	T0 ~ T1007 （1008 点）	C1008 ~ C1023 （16 点）
FP2	T0 ~ T999 （1000 点）	C1000 ~ C1023 （24 点）
FP10SH/FP2SH	T0 ~ T2999 （3000 点）	C3000 ~ C3071 （72 点）

定时器的动作原理如图 1 - 12 所示。

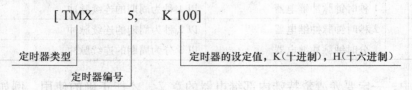

图 1 - 12   定时器动作原理

图中定时器指令由三部分构成：

[TMX   5,   K 100]

定时器类型   定时器的设定值，K（十进制），H（十六进制）

定时器编号

在定时器编程时要注意：

（1）在同一程序中使用不同类型的定时器，不能使用同一定时器编号。

（2）用十进制数作定时器的设定值，其取值范围是 K1 ~ K32767。定时器的延时时间由定时器类型和设定值而定。例如，对 TMX 定时器，设定值为 K100，则该定时器设定的延时时间是 0.1 秒 × 100 = 10 秒。定时器的设定值还可以用字存储器来设定。

（3）对每一个定时器，都有一个与定时器编号相同的设定值寄存器 SV 和经过值寄存器 EV。例如，对定时器 T5，则它的设定值寄存器为 SV5，经过值寄存器为 EV5。设定值寄存器 SV 记录设定值的大小，经过值寄存器 EV 记录定时器运行过程中的经过值。

图 1 - 12 的动作原理如下：

FP 系列 PLC 的定时器是减法运算定时器。当 PLC 上电，模式开关切换到 RUN，设定值被传送到设定值寄存器 SV5，SV5 = 100。当 X0 闭合，SV5 的值送到经过值寄存器为 EV5，EV5 = 100。此后每经过 1 个脉冲时间（本例是 0.1 秒），EV5 减 1，直到 EV5 的值等于零，T5 的触点动作。图中，T5 的常开触点闭合，驱动 Y2。当 X0 断开，定时器复位，EV5 的值回复到设定值 100，T5 常开触点断开，Y2 失电。

图 1 - 12 动作的时序如图 1 - 13 所示。

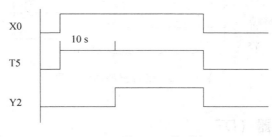

图 1 - 13　图 1 - 12 的时序图

3.4　计数器（C）

FP 系列 PLC 的计数器是减法运算计数器。它的编号如表 1 - 4 所示。FP 系列 PLC 的定时器有计数触发端、复位端、驱动端等，它的动作原理如图 1 - 14 所示。

图 1 - 14　计数器原理图

在计数器编程时要注意：

（1）计数器的编号及范围，要根据所使用的计数器而定。

（2）如用十进制数做计数器的设定值，其取值范围是 K1 ~ K32767。计数器的设定值还可以用字存储器来设定。

（3）对每一个计数器，都有一个与计数器编号相同的设定值寄存器 SV 和经过值寄存器 EV。例如，对 C1008，则它的设定值寄存器为 SV1008，经过值寄存器为 EV1008。

（4）计数器有计数触发端、复位端和驱动端。

（5）如表 1 - 4 所示的计数器都是保持型的，使用时要注意复位。

图 1 - 14 计数器的动作原理如下：

当 PLC 上电，模式开关切换到 RUN，设定值被传送到设定值寄存器 SV1008，SV1008 = 20。当复位端 X1 断开，SV1008 的值被预置到经过值寄存器 EV1008，EV1008 = 20。此后，每当计数触发端 X0 由 OFF 变为 ON 一次，EV1008 的值减 1，直到 EV1008 的值为零，计数器 C1008 的触点动作，驱动 Y5。

在计数过程中，任何时候复位端 X1 由 OFF 变为 ON，经过值寄存器被复位清零。

图 1-14 动作的时序如图 1-15 所示。

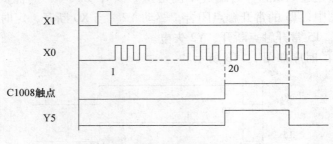

图 1-15　计数器的动作原理

3.5　数据寄存器（DT）

1. 数据寄存器 DT

数据寄存器（DT）是存放处理数据的存储区。每个数据寄存器由一个字（16 位二进制数）组成（见图 1-16（a））。当要存放 32 位二进制数据，将两个相邻的数据寄存器作为一组使用，低 16 位数据寄存器被指定（见图 1-16（b）），则高 16 位数据寄存器自然确定。

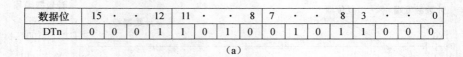

（a）

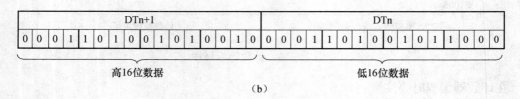

高16位数据　　　　　　　　　　低16位数据

（b）

图 1-16　数据寄存器的组成

数据寄存器存储的数据一般用数据传送指令"MV"写入，如图 1-17 所示。

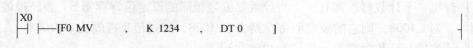

图 1-17　向数据寄存器写入数据

图 1-17 的意义是：当 X0 接通，将"源"十进制数 1234 传送给"目标"DT0。

FP 系列 PLC 数据寄存器的编号视型号不同而不同，使用时一定要注意 PLC 的型号，如表 1-5 所示。

表1-5 数据寄存器的编号

机 型	数据寄存器编号	特殊数据寄存器编号
FP0	（C32）DT0～DT6143， （T32C）DT0～DT16383	DT90000～DT90111
FP1	（C24/C140）DT0～DT1659， （C56/C72）DT0～DT6143	DT9000～DT9069
FPΣ	DT0～DT32764	DT90000～DT90259
FP-X	（C30/C40/C60）DT0～DT32764	DT90000～DT90373
FP2	DT0～DT5999	DT90000～DT90255
FP10SH/FP2SH	DT0～DT10239	DT90000～DT90511

数据寄存器存储数据分为保持型和非保持型两种。通常保持区的首址默认值是 K0，也可以通过系统寄存器的 No.8 地址来设定保持区的首址。

2. 特殊数据寄存器

特殊数据寄存器有着特殊的用途。它不能用 MV 指令写入数据。FP 系列 PLC 从 DT90000 以后（FP1 型从 DT9000 以后）的数据寄存器是特殊数据寄存器。它的主要功能是（参见附录）：

① 作为工作状态寄存器；

② 作为错误状态存储寄存器；

③ 作为时钟/日历寄存器；

④ 作为高速计数器和模拟控制板卡存储寄存器。

3.6 变址（索引）寄存器（I）

变址寄存器，又称索引寄存器，用于间接指定常数和改变存储区的地址。变址寄存器的编号有 14 个（字），I0～ID：

I0（IX），I1（IY），I2，I3，I4，I5，I6，I7，I8，I9，IA，IB，IC，ID

有些型号的 PLC（如 FP0、FP1 等）只有 IX、IY 两个变址（索引）寄存器。每个寄存器存储 16 位二进制数。当存储 32 位二进制数时，使用两个相邻的变址寄存器。对只有 IX、IY 两个变址寄存器的 PLC，指定 IX 为低 16 位区，IY 为高 16 位区。

变址寄存器常用来改变存储区的地址和改变常数值。例如，当 I0 = K10 时，

I0DT100→为 100 + 10 = 110→DT110，

I0WR0→为 0 + 10 = 10→WR10，

I0K200 →为 200 + 10 = 210→K210。

3.7 PLC 中的数

1. 二进制数（BIN）

由 0 与 1 组成的数列称为二进制数。PLC 处理的数据是 16 位或 32 位二进制数，如图 1-18 所示。

16 位与 32 位二进制数的最高数据位是符号位，"0"为正，"1"为负。二进制数所对应的十进制数的大小，由各位的"权"决定。图 1-18（a）的二进制数的大小为

$$1 \times 2^{14} + 1 \times 2^{12} + 1 \times 2^{11} + 1 \times 2^{10} + 1 \times 2^9 + 1 \times 2^7 + 1 \times 2^5 + 1 \times 2^4 + 1 \times 2^1 = 24\ 242$$

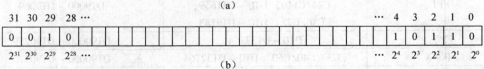

图1-18　二进制数

(a) 16位二进制数；(b) 32位二进制数

若图1-18（a）的最高数据位（第15位）为1，则其大小为

$$-1 \times 2^{15} + 1 \times 2^{14} + 1 \times 2^{12} + 1 \times 2^{11} + 1 \times 2^{10} +$$
$$1 \times 2^9 + 1 \times 2^7 + 1 \times 2^5 + 1 \times 2^4 + 1 \times 2^1 = -8\ 526$$

2. 十进制常数 K

在设定计数器或定时器的设定值时，通常使用十进制常数 K。在程序运算中，十进制常数被自动地转换为二进制数。因此，对以字（16位二进制）为单位处理的数据，十进制常数的取值范围是

$$K-32768 \sim K32767$$

对以双字（32位二进制）为单位处理的数据，十进制常数的取值范围是

$$K-2147483648 \sim K2147483647$$

3. 十六进制常数 H

十六进制是由0、…、9、A、…、F等十六个数字字母符号组成、逢十六进一的数制。记作 H。如 H369、H7FFF 等。十六进制也可以用位数、权表示，如

位数　2　1　0　　　　　　位数　3　2　1　0

H　3　6　9　　　　　　　　H　7　F　F　F

权　16^2　16^1　16^0　　　　权　16^3　16^2　16^1　16^0

$$H369 = 3 \times 16^2 + 6 \times 16^1 + 9 \times 16^0 = 3 \times 256 + 6 \times 16 + 9 \times 1 = 873$$

$$H7FFF = 7 \times 16^3 + 15 \times 16^2 + 15 \times 16^1 + 15 \times 16^0$$

十六进制通常也用四位二进制数表示，如

H369 = 0011 0110 1001，　　　　　H7FFF = 0111 1111 1111 1111

　　　　3　　6　　9　　　　　　　　　　　7　　F　　F　　F

由此得以字、双字为单位处理的数据，十六进制常数的取值范围是

16位数据：H0 ~ HFFFF

32位数据：H0 ~ HFFFFFFFF

4. BCD 码数

BCD 码是以二进制表示的十进制数的数码。它是一种将十进制的每一位数表示为四位二进制数（只使用0、1、2、3、4、5、6、7、8、9数字）的方式。例如 K1398

十进制　K　1　3　9　8

BCD 码　　0001 0011 1001 1000

数值　$1 \times 10^3 + 3 \times 10^2 + 9 \times 10^1 + 8 \times 10^0$

BCD 码与十六进制数有相似的地方，由此又称为 BCD H 码。在以字、双字为单位处理的数据，BCD 码的取值范围是

16 位数据（四位数）：H0 ~ H9999

32 位数据（八位数）：H0 ~ H99999999

习　题　1

1-1　PLC 由哪几部分组成？它们的作用是什么？

1-2　FP-X 系列 PLC 的面板 I/O 接线端子有什么特点？如何连接电源？为什么输出 Y 端要分为若干组？

1-3　试述 PLC 的工作方式。各阶段的工作有什么特点？

1-4　输入/输出继电器 X/Y 与其字元件 WX/WY 有什么关系？WX1 与 X1 是否相同？WY1 与 Y1 是否相同？

1-5　熟记表 1-3 几个常用特殊内部继电器的名称和意义。

1-6　定时器 TMX、TMY、TMR、TML 的时间脉冲单位分别是多少？

1-7　图 1-19 中，接通 X0，延时多少秒 Y0 得电？

图 1-19

1-8　读图 1-20 程序，回答问题。

（1）按 X0 后，经过多少秒 Y0 得电？

（2）试述图 1-20 工作原理。

图 1-20

实训　认识 PLC

一、实验目的

1. 熟悉 PLC 实验装置；

2. 学会 PLC 接线；

二、实验内容

1. 接线操作，包括电源线、输入输出线的连接；

2. 熟悉 PLC 的各个输入输出端口；

三、实验报告

1. 根据实验设备的机型，绘制出输入输出端子的接线图。

2. 写出输入输出继电器各个位的表示符号，看看共有几个输出、几个输入点数，对应型号是否符合。

项目 2

FPWIN GR 软件的使用

任务1　FPWIN GR 软件的安装

任务目标

了解 FPWIN GR 软件的安装方法。

任务分解

1.1　FPWIN GR 软件要求的计算机配置

FPWIN GR 软件要求的计算机主要配置有：128 MB 以上内存，有硬盘、显示器、打印机等外部配置，具有 Windows2000、Windows XP 等操作系统。

1.2　FPWIN GR 软件的安装

1. 安装 fpwin V2.2 版本

将含有 fpwin V2.2 版本（或其他版本）的软件和 FPWIN GR Ver 2.7c（升级包）的光盘插入光驱中。安装步骤如下：

（1）打开光盘，双击 fpwin V2.2（ENGLISH）图标，弹出"fpwin V2.2（ENGLISH）"对话框，如图 2-1 所示。

图 2-1　fpwin V2.2 对话框

21

（2）双击"Setup"图标，弹出"NaiS Control FPWIN GR 2 安装程序"对话框，点击"下一步"按钮。

（3）弹出"许可证协议"对话框，点击"是"按钮。

（4）弹出"客户信息"框，输入用户名，公司名称，序列号，如图2-2所示。点击"下一步"按钮。

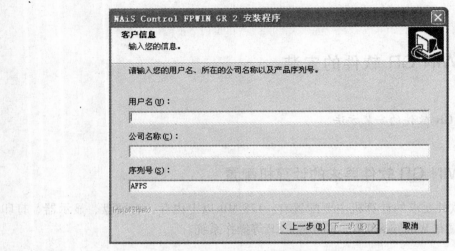

图2-2 客户信息框

（5）弹出"选择目的地位置"对话框，选择目的地文件夹，点击"下一步"按钮。

（6）弹出"选择组件"对话框，点击"下一步"按钮。

（7）弹出"选择程序文件夹"对话框，点击"下一步"按钮。进入自动安装状态。

2. 安装升级包

（1）点击"fpwin-gr-spv273c（升级包）"图标，自动安装，弹出"请卸载 FPWIN GR 2"对话框，点击"确定"。

（2）卸载刚刚安装的 FPWIN GR 2 版本软件（或其他版本的软件）。

（3）再点击"fpwin-gr-spv273c（升级包）"图标，按安装向导的指示安装。安装完毕，将"FPWIN GR"快捷图标拷贝在桌面上。

至此，FPWIN GR 编程软件安装完毕。

3. FPWIN GR 编辑屏幕

（1）双击 FPWIN GR 快捷图标，弹出 FPWIN GR 对话框，如图2-3所示

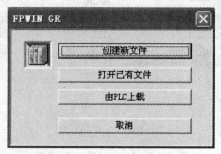

图2-3 FPWIN GR 对话框

（2）点击"创建新文件"，弹出"选择 PLC 机型"对话框，如图 2-4 所示。

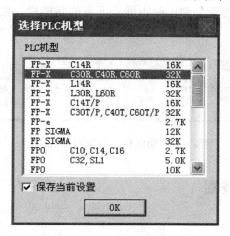

图 2-4 "选择 PLC 机型"对话框

选择机型，例如选择 FP - X C40R 机型，点击 OK 按钮，弹出 FPWIN GR 编辑屏幕，如图 2-5 所示。

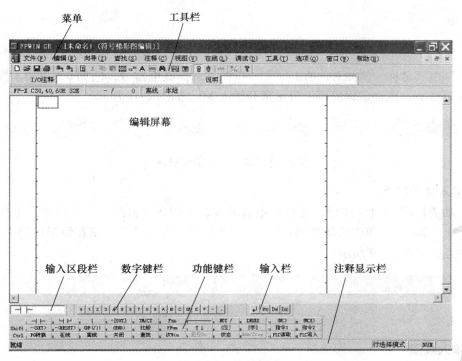

图 2-5 编辑屏幕

任务 2 创建 FP PLC 程序

任务目标

掌握 FPWIN GR 软件的使用方法。

任务分解

创建一个 FP PLC 程序通常是利用编辑屏幕下方的功能栏、数字键和输入栏（如图 2-6 所示）进行。

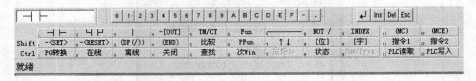

图 2-6　功能栏、数字键和输入栏

2.1　键入触点和线圈

1. 输入常开触点

单击功能栏的 ┤├ 按钮，弹出继电器符号栏，（如图 2-7 所示）。

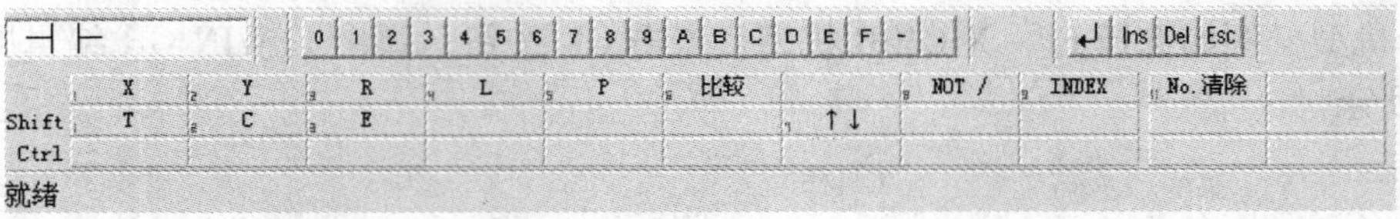

图 2-7　继电器符号栏

选择继电器名称，例如 X，单击 X 按钮，选择继电器号，例如 0，单击 0 按钮，再单击写入符号 ↵，则在编辑屏幕上显示常开触点 X0。如图 2-8 所示。

```
X0
├─┤ ├──────────────────────────────────────────────
```

图 2-8　输入一个常开触点

2. 输入常闭触点

单击功能栏的 ┤├ 按钮，选择继电器名称，例如 X，单击 X 按钮，选择继电器号，例如 1，单击 1，单击常闭符号 NOT /，再单击写入符号 ↵，则在编辑屏幕上显示 X1 的常闭触点。如图 2-9 所示。

```
X0    X1
├─┤ ├──┤/├───────────────────────────────────────
```

图 2-9　完成一个常闭触点的输入

3. 输入线圈

单击功能栏的 -[OUT] 按钮，弹出继电器线圈栏（如图 2-10 所示）：

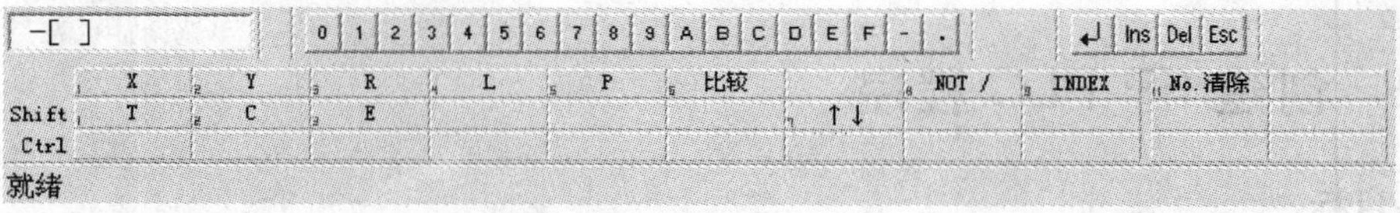

图 2-10　继电器线圈栏

选择继电器名称，例如 Y，单击 ▢ Y 按钮，选择继电器号，例如 0，单击 ▢ 按钮，再单击写入符号 ↵，则在编辑屏幕上显示线圈 Y0。如图 2－11 所示。

图 2－11　输入线圈

4. 输入并联触点

单击功能栏的 ⊣ Ⱶ 按钮，弹出继电器符号栏（如图 2－12 所示），

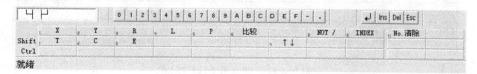

图 2－12　继电器符号栏

选择继电器名称，例如 Y，单击 ▢ Y 按钮，选择继电器号，例如 0，单击 ▢ 按钮，再单击写入符号 ↵，则在编辑屏幕上显示并联触点 Y0。如图 2－13 所示。

图 2－13　完成一个并联触点的输入

5. 输入一竖线或横线

输入竖线：单击功能栏的 ▢ ▏ 按钮，则出现竖线，如图 2－14 所示。再单击一次 ▢ ▏ 按钮，竖线消失。

图 2－14　完成一条竖线的输入

输入横线：单击功能键的 ▭▭▭▭，则出现横线。再单击一次 ▭▭▭▭，横线消失。

2.2　输入定时器

单击功能栏定时器/计数器按钮 ▢ TM/CT，弹出定时器/计数器对话框（图 2－15）

图 2－15　定时器/计数器对话框

选择定时器类型，如 TMX，单击 -[TMX] 按钮；选择定时器号，如单击 ▢ 按钮，则输入

区段栏出现 TMX 0，如图 2－16 所示。

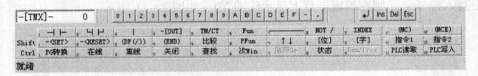

图 2－16　定时器符号栏

再单击 ↵ 按钮，则编辑屏幕出现定时器梯形图样，如图 2－17 所示。

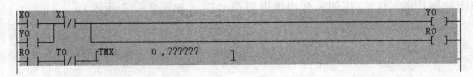

图 2－17　输入定时器 TMX0

在如图 2－18 所示功能栏输入设定值，单击 K，2，0 按钮。再单击 ↵ 按钮，则完成了定时器的输入。如图 2－19 所示。

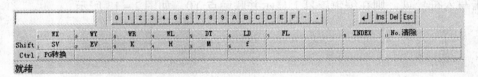

图 2－18　输入定时器设定值

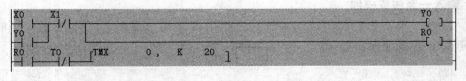

图 2－19　完成定时器的输入

2.3　输入计数器

单击功能栏的 TM/CT 按钮，出现图 2－15 定时器/计数器对话框，再单击计数器符号 -[CT]-，输入区段栏出现 CT，如图 2－20 所示。

图 2－20　输入计数器符号

在数字栏单击 1，0，0，8，再单击 ↵ 按钮，出现计数器梯形图，如图 2－21 所示。

键入设定值 K，5，0，再单击 ↵。然后在计数器的复位端输入 X，2，再单击 ↵，则计数器输入完毕。如图 2－22 所示。

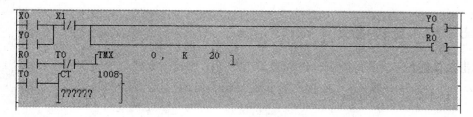

图2-21 输入计数器号

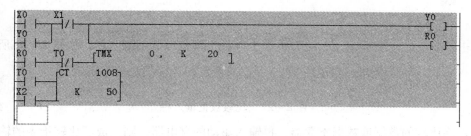

图2-22 输入计数器设定值

2.4 输入置位（SET）和复位（RST）指令

在功能栏输入 -‹SET›，出现图2-23所示置位指令符号栏。

图2-23 置位指令符号栏

再单击Y，2，↵，则出现图2-24所示，则完成了对Y2置位的输入。

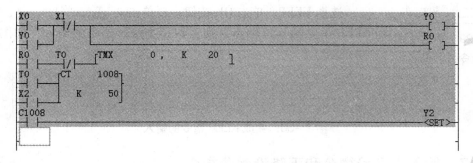

图2-24 完成对Y2复位的输入

如同上述步骤，如果在功能栏键入 -‹RESET›，再单击Y，2，↵，则出现图2-25，完成了对Y2复位的输入。

图2-25 完成对Y2复位的输入

2.5 输入比较指令（<、>、=）

单击功能栏的 比较 按钮，出现图2-26所示比较指令栏。

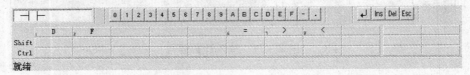

图2-26 比较指令栏

单击 > 、 < 或 = 再单击 ↵ ，出现比较数据输入栏，如图2-27所示。

图2-27 比较数据输入栏

输入待比较的数据或数据寄存器，再输入驱动的继电器，则完成了比较指令的输入，如图2-28所示。

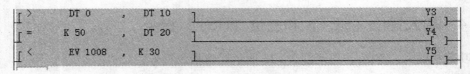

图2-28 完成比较指令的输入

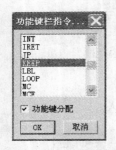

图2-29 功能键栏
指令对话框

2.6 输入保持（KEEP）等指令

KEEP指令以及ALT、CALL、MC、MCE等32个指令都放在功能键栏中，单击 指令1 或 指令2 ，出现功能键栏指令对话框，如图2-29所示。

选择KEEP，单击OK按钮，再单击 Y 、 6 、 ↵ ，补充上KEEP指令的复位触点，则完成了KEEP指令的输入，如图2-30所示。

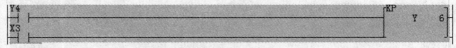

图2-30 完成KEEP指令的输入

2.7 输入上升沿微分和下降沿微分指令

输入上升沿微分的步骤是：单击 (DF(/)) ，再单击 ↵ 。输入下降沿微分的步骤是：单击 (DF(/)) ，单击 NOT / ，再单击 ↵ 。结果如图2-31所示。

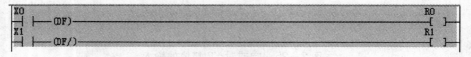

图2-31 完成上升沿微分和下降沿微分的输入

2.8 输入高级指令

输入高级指令时，单击功能键栏的 Fun ，显示如图2－32所示的高级指令列表对话框。

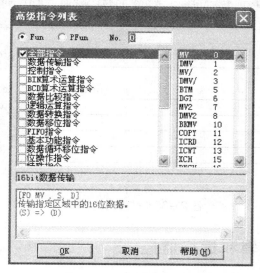

图2－32 高级指令列表

下拉到某一个指令，则列表的解释栏有关于选中指令的名称、格式意义的说明。单击OK按钮，在编辑屏幕上出现这个指令，如图2－33所示。

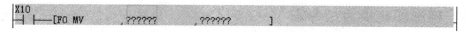

图2－33 高级指令的输入

再输入各操作数，则完成了高级指令的输入。

2.9 转换程序

输入了程序后，编辑屏幕是暗色的，如图2－34所示。

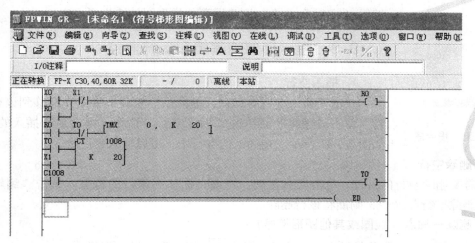

图2－34 编辑屏幕暗色

单击工具栏"转换程序"命令▣，则暗色的屏幕变成白色，如图2-35所示。在输入完程序之后都要进行程序的转换。

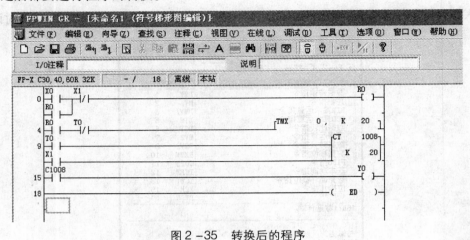

图2-35　转换后的程序

任务3　文件的编辑和运行监控

任务目标

掌握FPWIN GR软件的编辑方法和特殊功能。

任务分解

3.1　梯形图转换为指令表

如果屏幕上的程序是梯形图，单击"视图"菜单的"布尔非梯形图编辑（BNL）"命令，则将屏幕的梯形图转换为指令表，如图2-36所示。

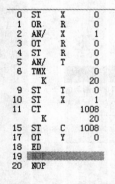

图2-36　指令表

3.2　指令表转换为梯形图

如果屏幕上的程序是指令表，单击"视图"菜单的"符号梯形图编辑（LDS）"命令，则将屏幕的梯形图转换为指令表。

3.3　程序语句的编辑和运行监控

1. 插入空行

在需要插入空行的行首，单击鼠标左键，将图光标移到该行的行首。单击"编辑"菜单的"插入空行"命令，则出现所插入的空行，如图2-37所示。在插入的空行中，可以输入程序行。

2. 删除空行

在需要删除空行的行首，单击鼠标左键，将图光标移到该行的行首。单击"编辑"菜单的"删除空行"命令，则能将该行删除。

3. 删除一触点（线圈或其他图形符号）

将图光标移到要删除的触点上，按键盘的 Delete 键，则此触点删除。

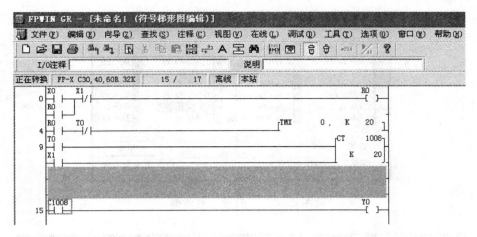

图2-37　插入空行

4. 添加一触点

将图光标移到要添加触点处，添加一触点。添加完之后，该程序行变为暗色，进行程序转换。

5. 文件的保存和打开

（1）文件的保存

单击工具栏的 命令，或单击"文件"菜单的"另存为"命令，出现图2-38对话框。

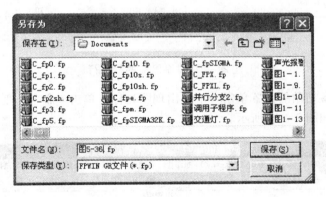

图2-38　"另存为"对话框

选择保存文件的磁盘文件夹路径，键入文件名，单击"保存"，则将文件保存在所选择的磁盘文件夹中。保存的文件的后缀为".fp"。

（2）文件的打开

按工具栏的 ，或单击"文件"菜单的"打开"命令，出现图2-39对话框。

选中所要打开的文件，单击"打开"命令，则屏幕上出现保存磁盘文件夹所要打开的文件。

6. 程序行的复制和删除

（1）程序行的复制

将需要复制的若干行程序"涂黑"，单击 命令，如图2-40所示。

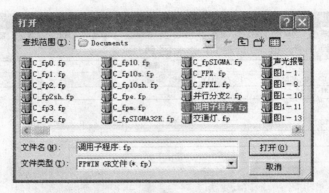

图2-39　"打开"对话框

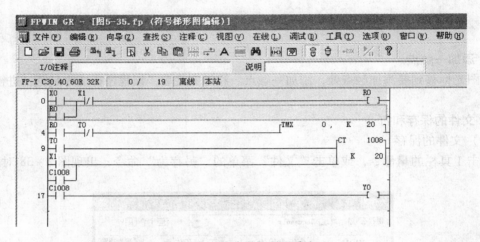

图2-40　"涂黑"的程序行

再将鼠标在准备粘贴的位置单击一下，出现图光标，单击图命令，则在该位置上出现所要复制的程序行，如图2-41所示。

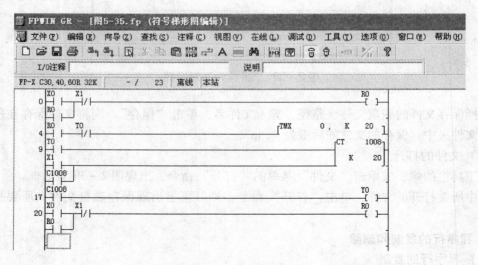

图2-41　已复制的程序行

（2）程序行的删除

将需要删除的若干行程序"涂黑"，单击 ✂ 命令，或单击"编辑"菜单的"剪切"命令，则删除了"涂黑"的程序行。

7．文件的注释

（1）输入 I/O 注释

选中需要注释的元件（例如 X0），再单击"注释"菜单的"输入 I/O 注释"命令，出现如图 2−42 所示对话框。键入中文"启动"，单击"登录"，则在触点 X0 下显示启动的注释字样。

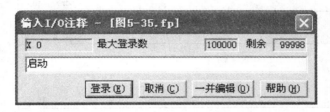

图 2−42　输入 I/O 注释

（2）I/O 注释一并编辑

单击"注释"菜单的"I/O 注释一并编辑"命令，出现如图 2−43 所示对话框。选择设备类型，对各编号的设备进行注释。按"跳转"，则在所选择的设备类型的各编号的元件下显示注释字样。

图 2−43　I/O 注释一并编辑

所注释的程序如图 2−44 所示。

（3）输入块注释

输入块注释是对程序块进行说明。方法是：在需要注释的程序块首单击一下鼠标（例

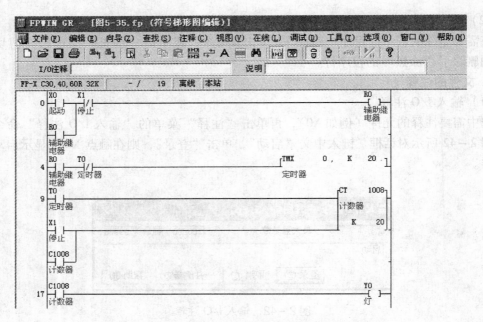

图2-44 已注释的程序

如计数器块），单击"注释"菜单的"输入块注释"命令，出现图2-45对话框。输入需要说明的中文，单击"登录"，则在程序块首显示出说明的文字。

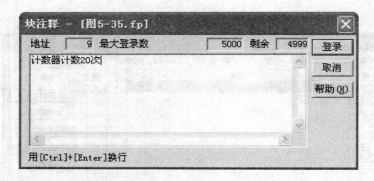

图2-45 输入块注释

对图2-44所示的定时器程序块和计数器程序块进行注释，结果如图2-46所示。

8. 连接PLC运行和监控

（1）PLC与电脑的连接

接通FP-X PLC的电源，将FP-X和计算机用USB电缆连接起来，如图2-47所示。连接后，计算机会自动识别USB主机驱动程序，显示信息，选择自动安装。

（2）COM口的确认

计算机用USB电缆与FP-X连接后，要确认计算机的COM口，方法如下：

① 选择"开始"，选择"设置"，选择"控制面板"，双击"系统"，出现"系统属性"对话框，如图2-48所示。

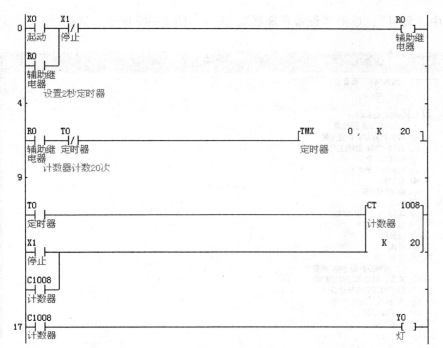

图2-46　程序的注释

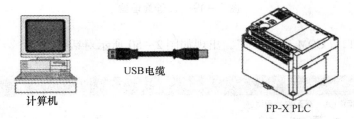

图2-47　PLC与电脑的连接

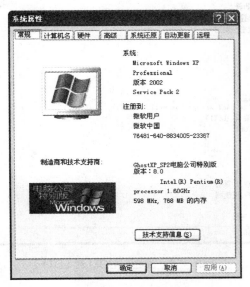

图2-48　系统属性

② 选中"硬件"，单击"设备管理器"，出现如图 2 – 49 所示对话框。

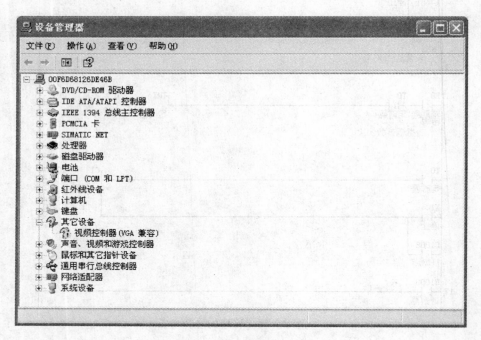

图 2 – 49　设备管理器

③ 双击"端口（COM 和 LDT）"，出现如图 2 – 50 所示对话框。

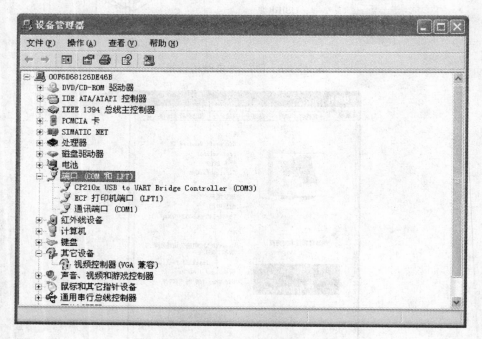

图 2 – 50　端口（COM 和 LDT）

④ 双击 "CP210x USB… (com3)", 出现图 2 –51 对话框。

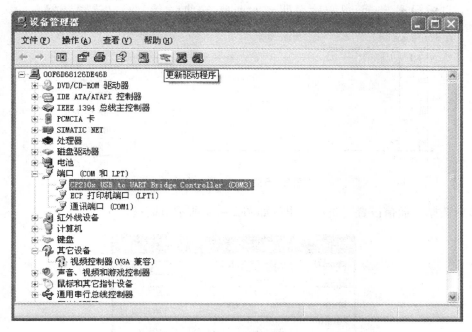

图 2 –51 "CP210x USB… (com3)" 对话框

⑤ 单击 "更新驱动程序" 命令, 出现 "硬件更新向导" 对话框, 如图 2 –52 所示。

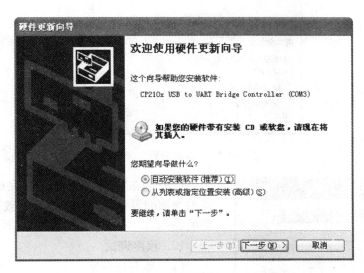

图 2 –52 "硬件更新向导" 对话框

⑥ 单击 "下一步", 系统自动安装 USB 驱动软件。

9. 进行通信设置

(1) 打开 FPWIN GR 软件编辑屏幕, 打开 "选项" 菜单, 如图 2 –53 所示

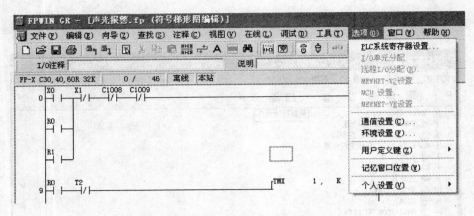

图2-53　"选项"对话框

（2）选择"通信设置"选项，出现如图2-54所示对话框。

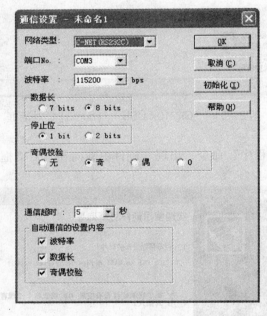

图2-54　"通信设置"对话框

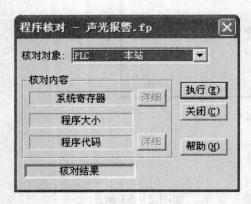

图2-55　程序核对

（3）单击"OK"按钮，则完成 PLC 与电脑之间的通信的设置，即可以进行下载程序和运行程序等的操作。

10. 程序调试

（1）编写好程序

（2）单击"调试"菜单的"程序核对"命令，出现如图2-55所示对话框。

（3）单击"执行"，若程序无误，出现如图2-56所示对话框。

11. 下载程序

（1）编写好程序，或打开程序。

（2）单击工具栏的 命令，出现如图 2–57 所示的下载对话框。

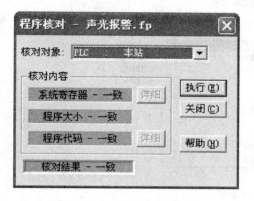

图 2–56　程序核对的结果

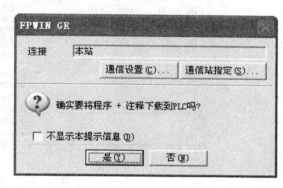

图 2–57　程序下载

（3）单击"是"，程序被下载，并核对。下载完毕，所下载的程序的常闭触点呈闭合状态，定时器、计数器显示它的初始设定值，如图 2–58 所示。

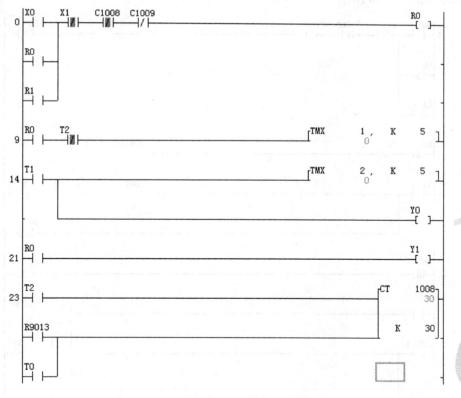

图 2–58　已下载的程序

12. 程序的运行和监控

（1）选择"视图""监控显示的基数"，视图上的字元件可以选择十进制显示，十六进制显示或二进制显示。如图 2–59 所示。

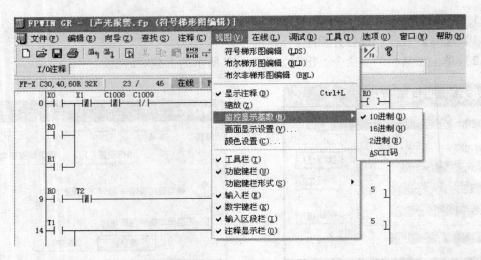

图2-59　选择显示基数

（2）假如PLC已经连接好外部电路，经程序检查无错，则可接通PLC电源。按程序的主控按钮，则程序开始运行。例如在图2-58中，接通X0，则程序运行，计数器和定时器都在工作，如图2-60所示。

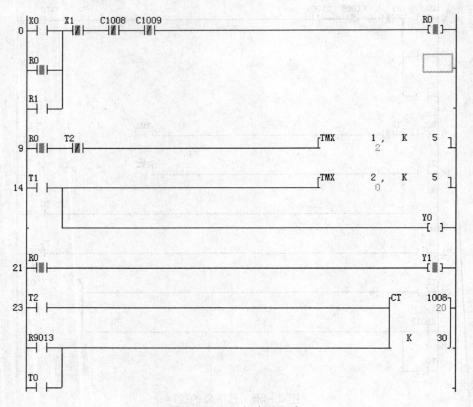

图2-60　运行中的程序

13. 在线触点监控

（1）单击"在线"菜单的"触点监控"命令，出现"触点监控"对话框，如图2-61

所示。

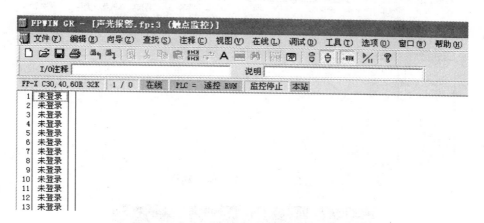

图2-61 "触点监控"对话框

（2）双击"未登录"，出现"监控设备"对话框（如图2-62所示），下拉选择设备类型，输入登录数，单击"OK"。注意，每种设备都要双击"未登录"一次。

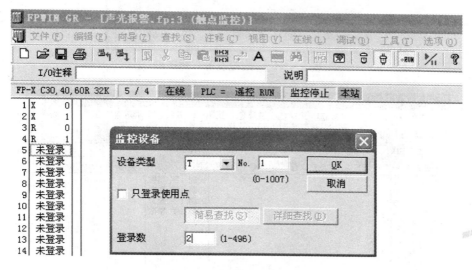

图2-62 设备登录

（3）单击功能键栏的监控Go命令，则会看到各登录触点在动作，如图2-63所示。

14. 在线数据监控

（1）单击"在线"菜单的"监控设备"命令，出现"监控没备"对话框，如图2-64所示。

（2）单击功能键栏的监控Go命令，则会看到各登录的数据，如图2-65所示。

15. 程序的上载

程序的上载是将PLC内的程序上载到电脑的FPWIN GR编辑屏幕上。

（1）单击工具栏的命令，出现程序上载对话框，如图2-66所示.

（2）单击"是"，则PLC自动将控制单元内的程序上载到FPWIN GR编辑屏幕上。

图2-63　触点监控在动作

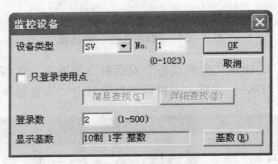

图2-64　"监控设备"对话框

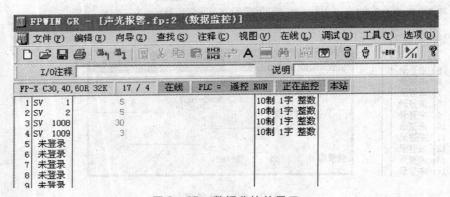

图2-65　数据监控的显示

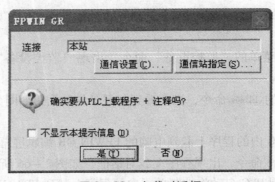

图2-66　上载对话框

习 题 2

2-1 如何输入一触点和线圈？

2-2 如何输入一竖线和横线，如何删除竖线？

2-3 如何输入 MC/MCE，NSTL/NSTP/SCLR 指令？

2-4 定时器和计数器的输入有什么不同？

2-5 如何输入 CMP/DCMP 指令？

2-6 如何打开和保存文件？

2-7 如何进行程序行的复制和删除？

2-8 如何进行触点、线圈和程序块的注释？

2-9 如何设定 PLC 的端口？

2-10 如何进行 PLC 与电脑之间的通信设置？

2-11 如何下载程序？如何正确运行程序？

2-12 如何上载程序？

实训 FPWIN GR 软件的应用

一、实训目的

1. 熟悉 PLC 实验装置；

2. 练习并掌握编程软件的使用；

3. 熟悉控制系统的操作。掌握梯形图、指令表等编程语言；

4. 通过练习实现与、或、非逻辑功能，初步熟悉编程方法；

5. 掌握定时器、计数器的正确编程方法及其扩展方法。

二、实训内容

1. 编程操作，包括选择机型、清除程序等准备工作；程序的生成、修改与 PLC 通信等等；

2. 程序的运行操作；

3. 文件的存盘与调出；

4. 编制实验程序。

三、控制要求及实训步骤

1. 可编程控制器在初始状态，输出 Y0 ON；

2. X0 ON，Y0 OFF；X0 OFF，Y0 ON；

3. X1 ON，Y1 ON；X1 OFF，Y1 OFF；

4. X2 ON，Y2 ON；X3 ON，Y2 OFF；

5. X4 ON 5S 后，Y3 ON；X4 OFF，Y3 OFF；

6. X5 ON 共 5 次后，Y4 ON；X6 ON，Y4 OFF。

四、实训报告

根据控制要求编制实验程序。

参考程序如下：

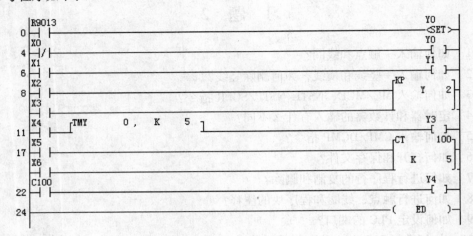

五、思考题

1. 比较说明 OT、SET – RST 和 KP 指令的区别。
2. 总结定时器、计数器的动作特点，并解释保持的意思。

项目 3

FP 系列 PLC 的基本指令及其编程

　　FP 系列 PLC 的基本指令包括基本顺序指令、基本功能指令、控制指令和比较指令。指令由地址（步）、助记符和操作数组成，操作数可以是一个或多个。如

地址(步)	助记符	操作数
0	ST	X 0
1	OT	Y 0

下面主要讨论这些基本指令的意义和用法。

任务 1　基本顺序指令

任务目标

学会基本顺序指令的输入和编程方法。

任务分解

基本顺序指令是按位进行逻辑运算的指令，共21个。

1.1　初始加载和输出指令（ST，ST/，OT，/）

初始加载和输出指令的助记符和意义如表 3−1 所示。

表 3−1　初始加载和输出指令的助记符和意义

助记符	操作数（可用软元件）	名称，意义	步 数
ST	X，Y，R，T，C	开始。开始逻辑运算，常开触点接左母线	1
ST/	X，Y，R，T，C	开始非。开始非逻辑运算，常闭触点接左母线	1
OT	T，R	输出。输出运算结果	1
/	无	逻辑非。将指令处逻辑运算结果取反，	1

初始加载和输出指令编程的例子如图 3−1 所示。

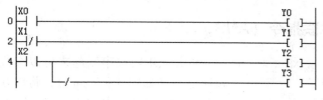

（a）　　　　　　　　　　　　　　（b）

图 3−1　初始加载和输出指令

（a）梯形图；（b）指令表

45

从图3-1的编程可见：

（1）梯形图的每一逻辑行都是由 ST、ST/ 开始，以 OT 结束。线圈与右母线相连，不能接于左母线。

（2）当 X0 接通时，Y0 得电；当 X0 断开时，Y0 失电。同理，当 X2 接通时，Y2 得电。但 Y3 的逻辑与 X2 的逻辑正相反：当 X2 闭合时，Y3 断开；当 X2 断开时，Y3 得电。

（3）OT 指令可以连续使用。

1.2 触点串联、并联指令（AN，AN/，OR，OR/）

触点串联、并联指令的助记符和意义如表3-2所示。

表3-2 触点串联、并联指令的助记符和意义

助记符	操作数（可用的软元件）	名称，意义	步数
AN	X，Y，R，T，C	逻辑与。串联一个常开触点	1
AN/	X，Y，R，T，C	逻辑与非。串联一个常闭触点	1
OR	X，Y，R，T，C	逻辑或。并联一个常开触点到左母线	1
OR/	X，Y，R，T，C	逻辑或非。并联一个常闭触点到左母线	1

触点串联、并联指令编程例子如图3-2所示。

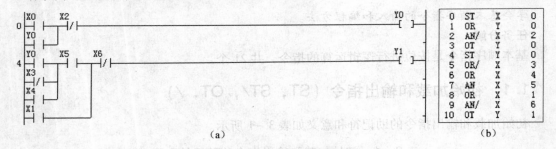

（a）

0	ST	X	0
1	OR	Y	0
2	AN/	X	2
3	OT	Y	0
4	ST	Y	0
5	OR	X	3
6	OR	X	4
7	AN	X	5
8	OR	X	1
9	AN/	X	6
10	OT	Y	1

（b）

图3-2 触点串联、并联指令

（a）梯形图；（b）指令表

从图3-2的编程可见：

（1）使用 AN（AN/）指令可以依次连续串联一个常开（或常闭）触点。而使用 OR（OR/）指令是从当前位置并联一个常开（或常闭）触点到左母线。

（2）OR（OR/）指令也可以依次连续并联一个常开（或常闭）触点到左母线，如图3-2所示的第5、第6步。

1.3 逻辑块串联、并联指令（ANS，ORS）

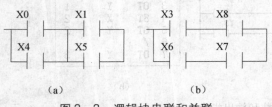

（a）   （b）

图3-3 逻辑块串联和并联

（a）串联逻辑块；（b）并联逻辑块

将并联逻辑块串联起来可以组成串联逻辑块电路（如图3-3（a）），将串联逻辑块并联起来可以组成并联逻辑块电路（如图3-3（b））。

逻辑块串联、并联指令的助记符和意义如表3-3所示。

表3-3 逻辑块串联、并联指令的助记符和意义

助记符	操作数（可用的软元件）	名称，意义	步 数
ANS	无	组逻辑块与。将多个逻辑块串联	1
ORS	无	组逻辑块或。将多个逻辑块并联	1

逻辑块串联、并联指令编程例子如图3-4所示。

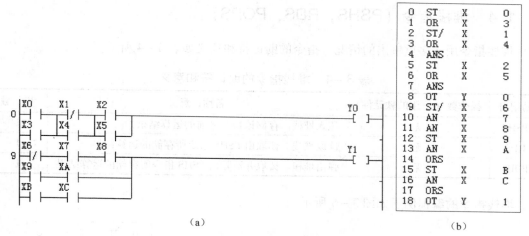

（a）

```
0   ST   X   0
1   OR   X   3
2   ST/  X   1
3   OR   X   4
4   ANS
5   ST   X   2
6   OR   X   5
7   ANS
8   OT   Y   0
9   ST/  X   6
10  AN   X   7
11  AN   X   8
12  ST   X   9
13  AN   X   A
14  ORS
15  ST   X   B
16  AN   X   C
17  ORS
18  OT   Y   1
```

（b）

图3-4 逻辑块串联、并联指令

（a）梯形图；（b）指令表

由图3-4的编程可见：

（1）第2步开始的X1、X4以及X2、X5分别组成串联逻辑块。每一串联逻辑块都是以ST（或ST/）开始，以ANS结束。

（2）第12步开始的X9、XA以及XB、XC分别组成并联逻辑块。每一并联逻辑块都是以ST（或ST/）开始，以ORS结束。

（3）应用ANS和ORS指令时要注意串联触点与串联逻辑块的区别，并联触点与并联逻辑块的区别。如图3-5所示。

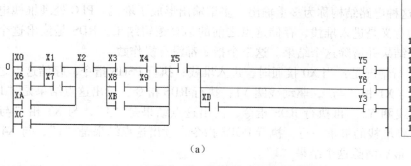

（a）

```
0   ST   X   0
1   OR   X   6
2   ST   X   1
3   OR   X   7
4   ANS
5   OR   X   A
6   AN   X   2
7   ST   X   3
8   AN   X   4
9   ST   X   8
10  AN   X   9
11  ORS
12  AN   X   B
13  ANS
14  OR   X   C
15  AN   X   5
16  OT   Y   5
17  OT   Y   6
18  AN   X   D
19  OT   Y   3
```

（b）

图3-5 逻辑块串联、并联指令的使用

（a）梯形图；（b）指令表

由图3-5的编程可见：

（1）图中 XA、XC 是电路的并联触点，而 XB 是并联逻辑块的并联触点。

（2）第7步开始的串联逻辑块包含了 X8、X9 组成的并联逻辑块。

（3）第16步开始的输出电路，输出 Y5 后，依次输出 Y6，又串一个触点，输出 Y3，这种输出方式称为纵接输出。

1.4 堆栈指令（PSHS，RDS，POPS）

堆栈指令用于多重输出的情况。指令的助记符和意义如表3-4所示。

表3-4 堆栈指令的助记符和意义

助记符	操作数（可用的软元件）	名称，意义	步数
PSHS	无	压入堆栈。存储该指令之前的运算结果	1
RDS	无	读取堆栈。读取由 PSHS 指令所存储的运算结果	1
POPS	无	弹出堆栈。读取并清除由 PSHS 指令所存储的运算结果	1

堆栈指令的编程例子如图3-6所示。

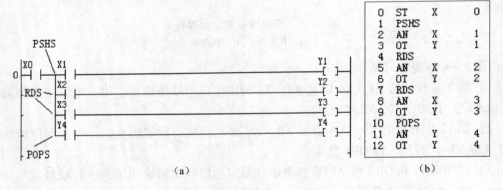

图3-6 堆栈指令

（a）梯形图；（b）指令表

使用堆栈指令要注意：

（1）经过一系列运算之后，串联触点，输出线圈，并且在这点并联输出线圈，或再串联触点，输出线圈，这种电路结构称为多重输出。多重输出形成了堆栈。PLC 处理堆栈电路有堆栈指令。PSHS 的意义是进入堆栈，存储这点之前的运算逻辑结果。RDS 是读出这个结果，POPS 是读出这个结果并清除这个结果。这三个指令都没有操作数。

（2）图3-6的运行情况是：当 X0 接通时，进入堆栈；执行 PSHS 指令，存储这点之前的运算结果是"1"，与 X1 相"与"，驱动线圈 Y1；执行 RDS 指令，读出这点结果是"1"，与 X2 相"与"，驱动线圈 Y2。再执行 RDS 指令，读出这点结果是"1"，与 X3 相"与"，驱动线圈 Y3；之后，到堆栈的最末一行，执行 POPS 指令，读出这点结果是"1"，与 X4 相"与"，驱动线圈 Y4；最后清除这个结果"1"。

（3）进入堆栈，第一行用 PSHS 指令，最末一行用 POPS 指令，而中间各行，用 RDS 指令，如图3-7所示。

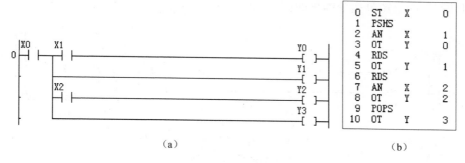

图 3 -7 堆栈指令的使用

（a）梯形图；（b）指令表

（4）对于多段的堆栈，PSHS 指令使用次数有所限制，一般不超过 7 次。如图 3 -8 所示为一多段的堆栈，注意堆栈的段以及 PSHS、RDS、POPS 指令的用法。每段都是从 PSHS 开始，POPS 结束。图中第 5 步到第 12 步为一段；第 3 步到第 14 步为一段，它包含了前一段；第 1 步到第 19 步为一段，它包含了前两段。

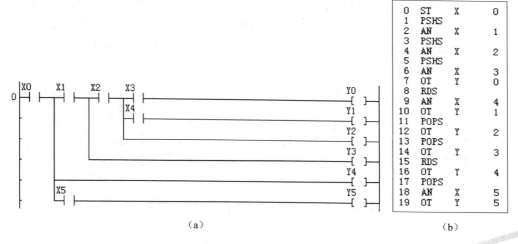

图 3 -8 多段堆栈的用法

（a）梯形图；（b）指令表

1.5 上升沿/下降沿微分指令（DF，DF/）

上升沿/下降沿微分指令提供了触发接通的功能。它的助记符和意义如表 3 -5 所示。

表 3 -5 上升沿/下降沿微分指令的助记符和意义

助记符	操作数（可作用的软元件）	名称，意义	步　数
DF	无	上升沿微分。当检测到输入信号上升沿时，仅将触点闭合一个扫描周期	1
DF/	无	下降沿微分。当检测到输入信号下降沿时，仅将触点闭合一个扫描周期	1

上升沿/下降沿微分指令编程的例子如图3-9所示。

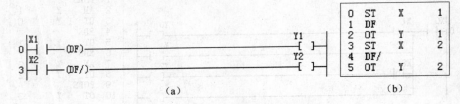

图3-9 上升沿/下降沿微分指令
(a) 梯形图；(b) 指令表

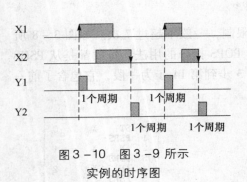

图3-10 图3-9所示
实例的时序图

使用上升沿/下降沿微分要注意：

（1）只有当触发信号从 OFF 状态到 ON 状态变化时，DF 指令才被执行，并仅接通输出一个周期。只有当触发信号从 ON 状态到 OFF 状态变化时，DF/指令才被执行，并仅接通输出一个周期。图3-9所示实例的时序如图3-10所示。

（2）DF、DF/ 在程序中的位置如同串联触点一样。当 DF、DF/ 要并联使用时，要接成如图3-11所示的样子，才能使 X1 的上升沿或 X2 的下降沿时有输出。

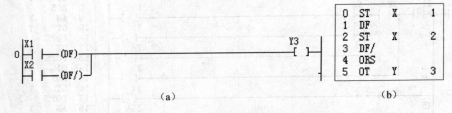

图3-11 上升沿/下降沿微分指令的并联
(a) 梯形图；(b) 指令表

在需要触发接通时，往往使用 DF、DF/ 指令，见例3-1。

例3-1 试设计用一个按钮开、关电灯的控制线路。

设电灯为 Y0，本程序可使用上升沿微分指令 DF。程序如图3-12所示：

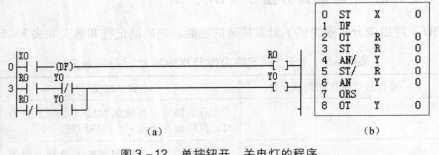

图3-12 单按钮开、关电灯的程序
(a) 梯形图；(b) 指令表

图中，第1次接通 X0，上升沿微分指令 DF 使 R0 接通一个周期，R0 常开闭合，Y0 得电并自锁。第2次接通 X0，上升沿微分指令 DF 使 R0 又接通一个周期，R0 常闭断开，Y0 失电。

1.6 置位/复位指令（SET，RST）

置位/复位指令常可用于对 Y、R 等内部继电器的置位和复位。它的助记符和意义如表3-6所示。

表3-6 置位/复位指令的助记符和意义

助记符	操作数（可作用的软元件）	名称，意义	步数
SET	Y，R	置位。当满足执行条件，输出变为 ON，且保持 ON 状态	1
RST	R，Y，C	复位。当满足执行条件，输出变为 OFF，且保持 OFF 状态	1

置位/复位指令的编程的例子如图3-13所示。

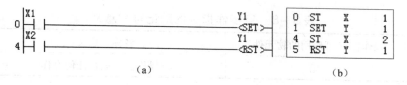

图3-13 置位/复位指令
（a）梯形图；（b）指令表

图3-13所示实例的时序如图3-14所示。图中，X1 接通，线圈 Y1 被置位并保持 ON 的状态，一直到 X2 接通，Y1 才被复位。该置位/复位操作，SET/RST 是成对出现的。

RST 还可用于计数器 C、数据寄存器 DT 等的清零。

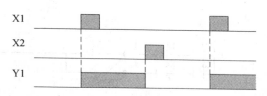

图3-14 图3-13所示实例的时序图

1.7 保持指令（KP）

保持指令常用于保持某继电器的输出状态，指令的助记符和意义如表3-7所示。

表3-7 保持指令的助记符和意义

助记符	操作数（可用的软元件）	名称，意义	步数
KP	Y，R	保持。根据置位端和复位端的输入信号进行输出，并保持输出状态	1

保持指令编程的例子如图3-15所示。

图3-15 中，X1 是保持指令的置位端，X2 是复位端。当 X1 接通时，R10 保持 ON 状态。一直到 X2 接通，R10 才恢复 OFF 状态。其时序如图3-16所示。注意图中当置位信号和复位信号同时为 ON 时，R10 失电，复位优先。

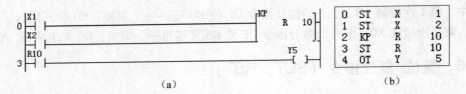

图3—15　保持指令

(a) 梯形图；(b) 指令表

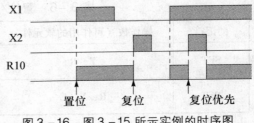

当 KP 指令所作用的内部继电器是非保持型继电器，则当 PLC 从运行 RUN 状态切换到编程 PROG 状态，或电源切断时，继电器输出被复位。

图3—16　图3—15所示实例的时序图

1.8　空操作指令（NOP）

空操作指令的助记符和意义如表3—8所示。

表3—8　空操作指令的助记符和意义

助记符	操作数（可作用的软元件）	名称，意义	步　数
NOP	无	空操作。不进行任何操作	1

空操作指令编程的例子如图3—17所示。

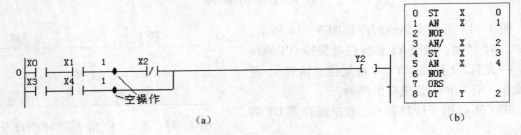

图3—17　空操作指令

(a) 梯形图；(b) 指令表

程序执行空操作时，不作任何操作。NOP 的存在对程序没有任何影响。使用 NOP 指令，可以便于程序的检查和核对。检查和核对之后，将 NOP 删去。

1.9　编写简单的 PLC 程序

学习了以上的基本顺序指令，我们可以编写简单的 PLC 程序。编写 PLC 程序的原则是要求程序符合命题或控制电路的逻辑，尽量少占内存。编写程序时应注意以下几点：

（1）梯形图每一逻辑行从左到右排列，以触点与左母线联接开始，线圈与右母线联接结束。

（2）逻辑块与触点并联时，宜将逻辑块放在上方，如图3—18所示。图3—18（a）要使用并联逻辑块指令 ORS，而图3—18（b）只要用 OR 即可，可节省语句。

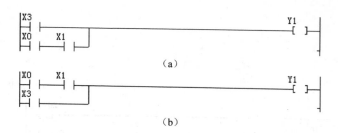

图3-18　宜将逻辑块放在上方

（3）逻辑块与触点串联时，宜将逻辑块放在左方，如图3-19所示。图中（a）要用串联逻辑块 ANS 指令，而图（b）则不用。

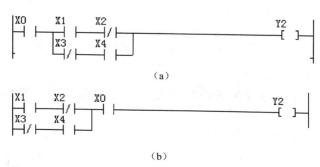

图3-19　宜将逻辑块放在左方

（4）不可以出现"双线圈"现象。同一编号的 Y、R、T、C 线圈在程序中不能出现两次或两次以上。

例3-2　三相异步电动机正反转的控制电路如图3-20所示。图中 SB1、SB2 分别为正反转按钮，KM1、KM2 分别为正反转接触器线圈。SB3 为停止按钮，FU2 为熔断器，KR 为热继电器。试将其编写为 PLC 控制程序。

将接触继电器电路编写为 PLC 控制程序，首先，选择 PLC 的输入/输出端子，再编写程序。表3-9为图3-20的 I/O 选择表。下面用两种方法编程。

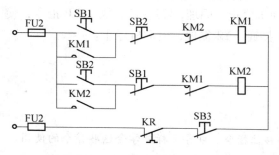

图3-20　电动机正反转控制电路

表3-9　图3-20的 I/O 选择表

电器元件	I/O 端子
热继电器 KR	X0
按钮 SB1	X1
SB2	X2
SB3	X3
接触器 KM1	Y1
接触器 KM2	Y2

（1）**按触点顺序编写**

按触点顺序编写程序不一定是电路触点的"直译"，而要注意电路的逻辑。所编的程序如图3-21所示。

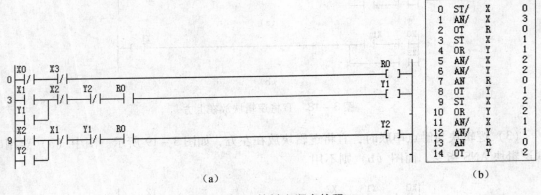

图3-21 按触点顺序编程

(a) 梯形图；(b) 指令表

（2）使用KP指令编程

使用KP指令，要注意指令的置位端和复位端的正确编程。所编的程序如图3-22所示。

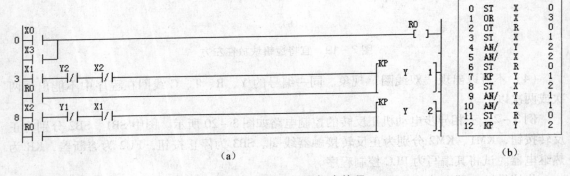

图3-22 使用KP指令编程

(a) 梯形图；(b) 指令表

图中，接通X1，执行KP指令，使Y1置位，电动机正转。当按停止按钮SB3，X3接通（或当热继电器动作，X0接通），Y1复位，电动机停止。同理，接通X2，执行KP指令，使Y2置位，电动机反转。当按停止按钮SB3，X3接通，Y2复位，电动机停止。

任务2 基本功能指令

任务目标

基本功能指令包括定时器、计数器和寄存器移位指令。任务目标是学会这些指令的使用。

任务分解

2.1 定时器指令（TMR，TMX，TMY）

定时器指令的助记符和意义如表3-10所示。

表3-10　定时器指令的助记符和意义

助记符	操作数（可作用的软元件）		名称，意义	步 数
	编号（FP-X）	设定值		
TMR	T0～T1007	K，SV	0.01秒定时器。以0.01秒为单位的延时定时器	3
TMX	T0～T1007	K，SV	0.1秒定时器。以0.1秒为单位的延时定时器	3
TMY	T0～T1007	K，SV	1秒定时器。以1秒为单位的延时定时器	4

使用定时器注意以下几种情况：

（1）定时器通常是作为延时控制的元件，其功能如图3-23所示。

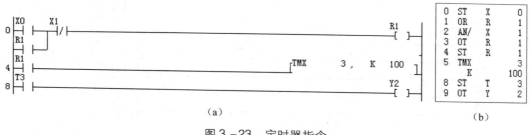

图3-23　定时器指令

(a) 梯形图；(b) 指令表

图中当PLC上电时，设定值被传送到定时器T3的设定值寄存器SV3，SV3＝100。当X0闭合时，R1得电，执行TMX指令，SV3的值送到T3的经过值寄存器EV3，此后每经过1个脉冲单位时间（0.1秒），EV3减1，直到EV3的值等于零，T3的常开触点闭合，驱动Y2。当X1接通时，R1失电，定时器复位，T3常开触点断开，Y2失电。注意，在定时器工作过程中，R1必须一直闭合。

（2）FP系列PLC的定时器可以串联使用。定时器串联的原理如图3-24所示。

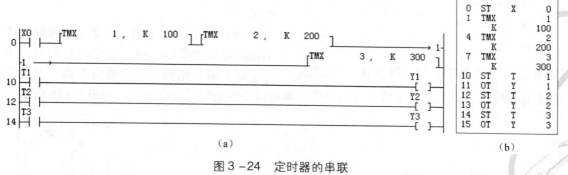

图3-24　定时器的串联

(a) 梯形图；(b) 指令表

图3-24中，定时器T1、T2、T3串联连接。当X0闭合后，首先T1开始延时，10秒到达，T1触点闭合，驱动Y1得电。与此同时T2开始延时，20秒到达，T2触点闭合，驱动Y2得电。与此同时T3开始延时，30秒到达，T3触点闭合，驱动Y3得电。时序如图3-25所示。

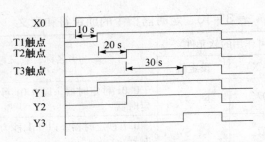

图3-25　定时器T1、T2、T3串联工作时序图

（3）FP系列PLC的定时器可以并联使用。定时器并联的原理如图3-26所示。

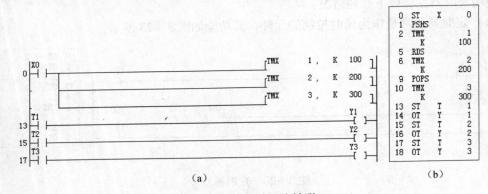

图3-26　定时器的并联

（a）梯形图；（b）指令表

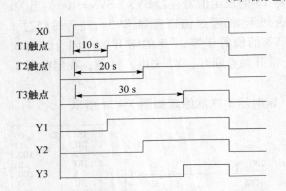

图3-27　定时器T1、T2、T3并联工作时序图

图中，定时器T1、T2、T3并联连接。当X0闭合后，T1、T2、T3同时开始延时。T1延时10秒到达，T1触点闭合，驱动Y1得电。T2开始延时20秒到达，T2触点闭合，驱动Y2得电。T3开始延时30秒到达，T3触点闭合，驱动Y3得电。时序如图3-27所示。

（4）可以用设定值寄存器SV的编号作为定时器的设定值。每一个定时器都有一个与定时器编号相同的设定值寄存器。对设定值寄存器赋值，或改变设定值寄存器的值，都可以作为定时器的设定值，如图3-28所示。

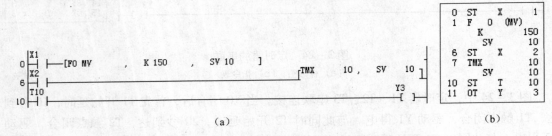

图3-28　设定值寄存器作为定时器的设定值

（a）梯形图；（b）指令表

图中 MV 是数据传送指令。当 X1 接通时，将 K150 传送到设定值寄存器 SV10，SV10 的值为 K150，作为定时器的设定值。当 X2 闭合时，T10 开始延时，其经过值 EV10 逐次减 1，直到 EV10 等于 0，T10 常开触点闭合，驱动 Y3。

2.2 计数器指令（CT）

计数器指令的助记符和意义如表 3-11 所示。

表 3-11 计数器指令的助记符和意义

助记符	操作数（可用的软元件）		名称，意义	步 数
	编号（FP-X）	设定值		
CT	C1008 ~ C1023	K，SV	计数器。从设定值开始进行递减计数	3

使用计数器注意以下几种情况：

（1）计数器是程序中作为计数的元件，其计数功能如图 3-29 所示。

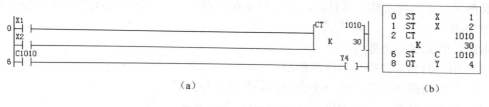

（a）

图 3-29 计数器指令

（a）梯形图；（b）指令表

图中每当计数端 X1 由 OFF 变为 ON，C1010 的经过值 EV1010 的值从 30 逐次减 1，直到 EV1010 的值为零，计数器 C1010 的触点动作，驱动 Y4。任何时候复位端 X2 接通，计数器停止计数并复位。

（2）通过对计数器的设定值寄存器赋值，或改变设定值寄存器的值，都可以作为计数器的设定值，如图 3-30 所示。

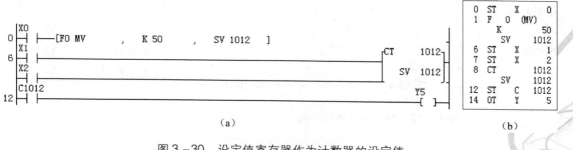

（a）

图 3-30 设定值寄存器作为计数器的设定值

（a）梯形图；（b）指令表

图中用数据传送指令 MV 对设定值寄存器赋值 K50，此寄存器作为计数器 C1012 的设定值。

例 3-3 计数器和定时器的联合使用。读图 3-31 程序，说明其意义。

图3-31 用定时器触发计数器

图3-31是一个用定时器触发计数器的程序。图中R0控制定时器T0，T0是3秒定时器。每3秒触发1次计数器C1008，使之计数1次。当计数达50次时，C1008的常开触点闭合，驱动Y5。当按X1时，R0失电，定时器停止工作，计数器复位。这个程序是长时间延时的一种控制方式。图中按X0后，延时3 s×50 = 150 s，Y5才得电。

例3-4 电机M1、M2、M3、M4的工作时序图如图3-32所示。图中为第一循环的时序。试编制PLC控制程序，要求：①要完成30个循环，自动结束；②结束后再按启动按钮，又能进行下一轮工作；③任何时候按停止按钮都要完成一个完整的循环才能停止；④要有急停控制。

本题目的关键问题是：

（1）用定时器完成循环动作的控制；

（2）按停止按钮都要完成一个完整的循环才能停止；

（3）按时序要求控制电动机。

程序的I/O分配见表3-12，所编的程序如图3-33所示。

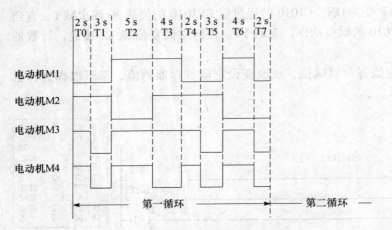

图3-32 四台电动机时序图

表3-12 I/O分配表

电器元件	I/O端子
启动按钮	X0
停止按钮	X1
急停按钮	X2
电动机M1	Y1
电动机M2	Y2
电动机M3	Y3
电动机M4	Y4

图中，第0步是启动控制，第9步是停止控制，其中串联C1010是"完成30个循环，自动结束"的控制；并联T7是"按停止按钮都要完成一个完整的循环才能停止"的控制。第13步串联 $\overline{T7}$ 是用定时器完成循环动作的控制。第46步的T7是计数器的计数脉冲触发，R2是停止触发。第52步、第58步、第64步、第73步分别是对电动机M1、M2、M3、M4的时序控制。

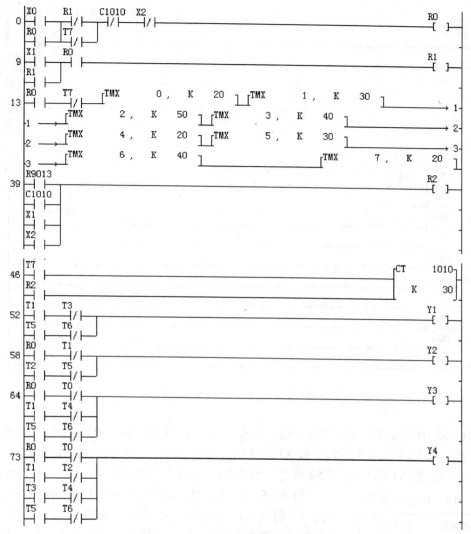

图3-33 四台电动机的控制程序

2.3 寄存器移位指令 (SR)

寄存器移位指令的助记符和意义如表3-13所示。

表3-13 寄存器移位指令的助记符和意义

助记符	操作数（可用的软元件）	名称，意义	步 数
SR	WR	寄存器移位。将内部继电器的字元件（WR）数据左移1位	4

寄存器移位指令的格式如图3-34所示。

指令的意义是：当移位触发端X1接通时，将16位的字元件WR5数据左移1位，与此同时，如果数据输入端R0为ON，则将"1"移入R50；如果R0为OFF，则将"0"移入R50。单击复位触发端，即X2为ON，WR5的数值复位为零。任何时候，复位优先。

SR指令的使用程序如图3-35所示。

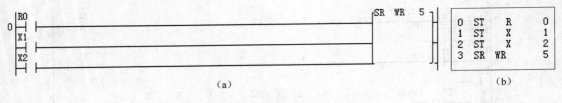

图3-34　寄存器移位指令

(a) 梯形图；(b) 指令表

图3-35　寄存器移位指令的程序

图3-35中，按X0，R0得电，输入数据为1。按X1第1次，R50得电，驱动Y0；按X1第2次，R51得电，驱动Y1；按X1第3次，R52得电，驱动Y2；按X1第4次，R53得电，驱动Y3；按X1第5次，R54得电，驱动Y4。按X2，WR5复位，Y0～Y4失电。

表3-14　I/O分配表

电器元件	I/O 端子
数据写入	X0
复位按钮	X1
启动按钮	X2
行程开关	X3
电动机 M1	Y0
电动机 M2	Y1
电动机 M3	Y2
电动机 M4	Y3

例3-5　某系统的控制过程如下：按启动按钮后，延时5秒，Y0得电；再延时8秒Y0失电，而Y1得电；之后碰行程开关，Y1失电，Y2得电；又延时10秒，Y2失电，Y3得电；又延时10秒，返回最初待命状态。试用SR指令编写程序。

这是一道SR指令的应用问题。用SR指令编程，要注意数据输入端、移位触发端、复位端的编程。

程序的I/O分配见表3-14。

所编的程序如图3-36所示。

图中第1步为输入数据的设定。第15步为移位触发的设定。当按X0时，R0＝1，输入数据为1。按启动按钮X2，延时5秒，移位触发R1＝1，R60得电，驱动Y0，同时T0延时8秒，此时，使R60＝0，输入数据为0。延时8秒时间到，第2个移位触发时间到，R61得电，驱动Y1，直到行程开关X3闭合，第3个移位触发时间到，R62得电，驱动Y2，同时T1延时10秒。10秒时间到，第4个移位触发时间到，R63得电，驱动Y3，同时T2延时15秒，第5个移位触发时间到，R64得电，使SR指令复位，程序返回到最初待命状态。

60

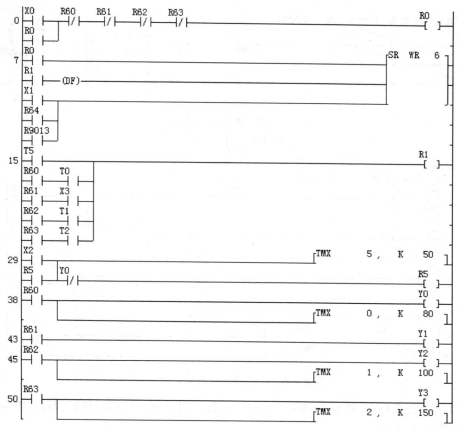

图3-36 SR指令的应用

2.4 加/减计数器指令〔F118（UDC）〕

加/减计数器的指令的助记符和意义如表3-15所示。

表3-15 加/减计数器指令的助记符和意义

助记符	操作数（可用的软元件）		名称，意义	步 数
	源，S	目标，D		
F118（UDC）	WX, WY, WR, SV, EV, DT, K, H	WY, WR, SV, EV, DT	加/减计数器。进行加/减计数器	5

加/减计数器指令的格式如图3-37所示。

图3-37的意义是：加/减计数器指令的源（WR0）是16位二进制设定值，目标（DT1）作为计数器的经过值。当计数控制端X0为ON，是加法计数，开始时将设定值送到DT1，每次计数输入端X1从OFF到ON，DT1作加1计数。当计数控制端X0为OFF，是减法计数，开始时将设定值送到DT1，每次计数输入端X1从OFF到ON，DT1作减1计数。

加/减计数器指令的应用如图3-38所示。

图中，一开机，初始脉冲将K20送WR0。按X0，R10为ON，是加法计数，将K20送DT0，每次T0从OFF到ON，DT0作加1计数。当DT0 < WR0，则驱动Y2；当DT0 > WR0，

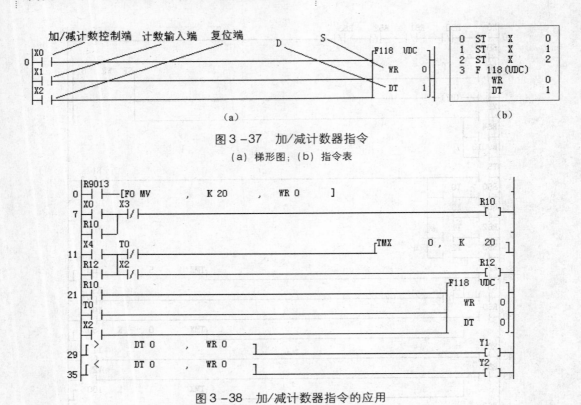

图3-37 加/减计数器指令

(a) 梯形图; (b) 指令表

图3-38 加/减计数器指令的应用

则驱动 Y1。当按 X3 时,R10 为 OFF,是减法计数,将 WR0 的值送 DT0,每次 T0 从 OFF 到 ON,DT0 作减 1 计数。

加/减计数器指令的计数器是数据寄存器,无触点,因此它采用比较输出。

2.5 左/右移位寄存器指令 [F119 (LRSR)]

左/右移位寄存器的指令的助记符和意义如表3-16所示。

表3-16 左/右移位寄存器指令的助记符和意义

助记符	操作数(可用的软元件)		名称,意义	步 数
	目标1,D1	目标2,D2		
F119 (LRSR)	WY, WR, SV, EV, DT	WY, WR, SV, EV, DT	左右移位寄存器,将数据向左/右移动一位	5

左/右移位寄存器指令的格式如图3-39所示:

LRSR 指令是将从目标 1(DT0,作为低位)到目标 2(DT1,作为高位)的数据区数据左/右移动一位。当移位控制端 X0 为 ON 时,向左移;为 OFF 时,向右移。数据输入端的 X1 为 ON,输入数据为"1";当 X1 为 OFF 时,输入数据为"0"。当移位输入端 X2 从 OFF 到 ON 触发一次,输入数据向左或右移动一位。当 X0 为 ON 时,输入数据由最低端输入;当 X0 为 OFF 时,输入数据由最高端输入。当复位端 X3 接通时,从 DT0 到 DT1 的各位数据范围为零。

LRSR 指令的应用如图3-40所示。

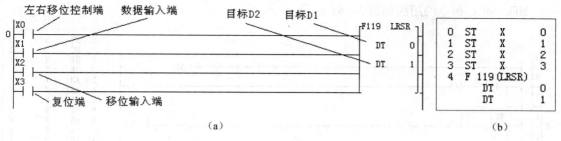

图3-39 左/右移位寄存器指令
(a) 梯形图；(b) 指令表

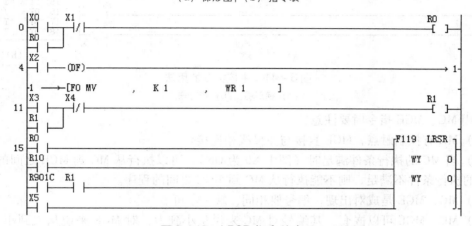

图3-40 LRSR指令的应用

图中，按X0，R0为ON，左移位。按X2，给R10置1。R901C是1秒的连续脉冲。按X3，R1闭合，每秒1次移位脉冲，使WY0的位从Y0、Y1、…、YF顺次得电，实现左移位。按X5，使WY0复位。再按X1，R0为OFF，右移位。按X3，R1闭合，使WY0的位从YF、YE、…、Y0反序得电，实现右移位。

任务3 控制指令

任务目标

学会控制指令的输入和编程方法。控制指令用于程序的处理顺序和执行流程的控制，包括主控指令、跳转指令、子程序指令、步进指令等。

任务分解

3.1 主控指令（MC，MCE）

主控指令的助记符和意义如表3-17所示。

表3-17 主控指令的助记符和意义

助记符	操作数（可用的软元件）		名称，意义	步数
MC	（无）编号：FP-X有	主控程序开始	当执行条件为ON，执行MC到MCE	2
MCE	0~255点；FP1有0~31点	主控程序结束	之间的程序；当为OFF，不执行	

63

MC、MCE 指令的用法如图 3 – 41 所示。

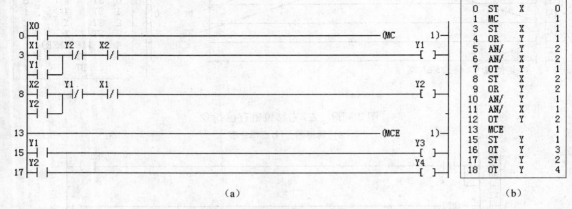

图 3 – 41 主控指令的用法
(a) 梯形图; (b) 指令表

应用 MC、MCE 指令时要注意：

（1）MC 有控制触点，MCE 直接与左母线相连接。

（2）当 MC 的执行条件满足时（图中 X0 为 ON），可以执行从 MC 到 MCE 之间的程序。如 MC 的执行条件不满足，则不能执行从 MC 到 MCE 之间的程序。

（3）MC、MCE 是成对出现，编号要相同，缺一不可。

（4）MC、MCE 可以嵌套。其编号对 MC 来说从小到大，对 MCE 来说从大到小。原则上嵌套的次数不受限制。如图 3 – 42 所示

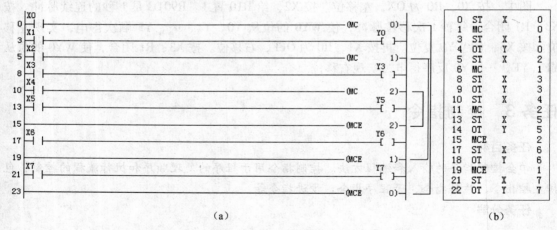

图 3 – 42 主控指令的嵌套
(a) 梯形图; (b) 指令表

图中的主控指令有三层嵌套，分别是 MC0、MCE0；MC1、MCE1；MC2，MCE2。注意每层编号要相同。

3.2 跳转指令（JP，LBL）

跳转指令的助记符和意义如表 3 – 18 所示。

表3-18 跳转指令的助记符和意义

助记符	操作数（可用的软元件）		名称，意义		步数
JP	（无）编号：FP-X有	跳转	当执行条件为ON，跳到与JP指令		2
LBL	0~255点；FP1有0~63点	结束标号	相同编号的LBL指令处		1

JP指令的用法如图3-43所示

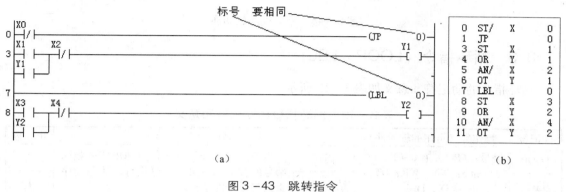

（a）

（b）

图3-43 跳转指令

（a）梯形图；（b）指令表

图中$\overline{X0}$为ON，程序执行跳转，跳到LBL 0处再执行。此时按X3，Y2得电。但从JP0到LBL 0之间的程序不执行，例如按X1，Y1不得电。如果$\overline{X0}$为OFF，程序不执行跳转。可顺序执行第3行和第8行。

执行跳转指令时要注意以下几个问题：

（1）程序可以从多处（同一个JP编号）跳到编号相同的LBL指令处，如图3-44所示。

图3-44 多处向同一编号的LBL跳转

（2）跳转指令的编程，LBL不能放在JP指令之前。在步进梯形图中，不能使用跳转指令。不允许从主程序跳到子程序，也不允许从子程序跳到主程序或从一个子程序跳到另一个子程序。

（3）跳转指令常常用于不同程序的切换。如图3-45所示。

图中，一开机，$\overline{X5}=1$，执行JP 0指令，越过手动程序跳到LBL0。由于X5=0，不执行JP 1指令，顺序执行自动程序。如果合上X5才开机，$\overline{X5}=0$，则不执行JP0指令，顺序执行手动程序；而X5=1，执行JP 1指令，跳到LBL1，顺序执行其下程序。

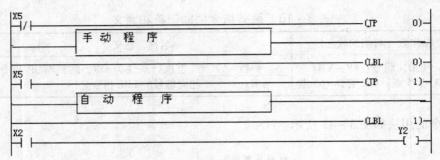

图3－45　不同程序的切换

3.3　循环指令（LOOP，LBL）

循环指令的助记符和意义如表3－19所示。

表3－19　循环指令的助记符和意义

助记符	操作数（可用的软元件）		名称，意义	步　数
LOOP	编号：FP－X有0～255点； 目标S：WY，WR，DT， IX，IY	循环	当条件为ON时，跳到与LOOP指令相同编号的LBL指令处，重复执行其后的程序直到其操作数等于0	4
LBL		结束标号		1

LOOP指令格式如图3－46所示。

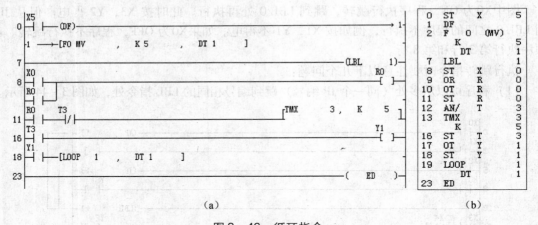

(a)　　　　　　　　　　　　　　　　　(b)

图3－46　循环指令

（a）梯形图；（b）指令表

图中，执行第0步，对DT1赋值K5，顺序执行循环体第8～17步、之后执行第18、19步的LOOP指令，DT1减1，返回第7步，再执行循环体（第8～17步）4次，此时DT1等于0，结束循环操作。然后再顺序执行第19步以后的程序。

使用循环指令要注意：

（1）LOOP、LBL必须成对出现，且编号要相同。

（2）循环指令不允许从主程序跳到子程序，也不允许从子程序跳到主程序或从一个子程序跳到另一个子程序。

（3）LOOP指令的源S，可以使用字元件WY、WR、DT、IX、IY等，但不能使用常数K、H。

例3-6 试用循环指令将 K1368 送到 DT200 ~ DT219 共 20 个数据寄存器中。

为了将同一个数字送到 20 个数据寄存器中，本题的编写使用了索引（变址）寄存器 I0（IX）和加 1 指令（F35 +1）。所编写的程序如图 3 - 47 所示。

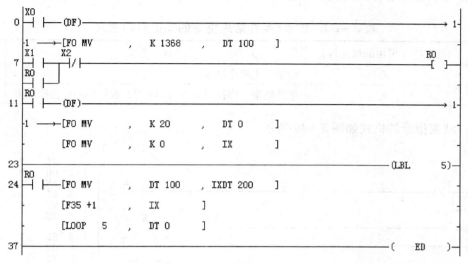

图 3 -47 循环指令的应用

图中，执行程序第 0 步，将 K1368 送 DT100。进入第 11 步，当 R0 闭合时，对 DT0 赋值 K20，作为 LOOP 指令的源；对 I0 赋初始值 K0。进入循环体第 24 步，将 DT100 的数值送 I0DT200(= DT200)，DT200 的值为 1368，之后执行加 1 指令，I0 + 1→I0，I0 = 1；执行 LOOP 指令，DT0 -1。返回执行循环体，将 DT100 的数值送 I0DT200(= DT201)，DT201 的值为 1368，之后又执行加 1 指令，I0 + 1→I0，I0 = 2；执行 LOOP 指令，DT0 -1。一直到 DT0 = 0，循环结束。

程序执行的数据结果如图 3 -48 所示。

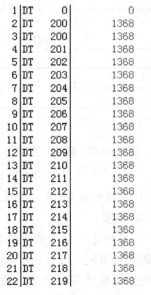

图 3 -48 程序执行的结果

3.4　结束/条件结束指令（ED/CNDE）

结束/条件结束指令的助记符和意义如表3-20所示。

表3-20　结束/条件结束指令的助记符和意义

助记符	操作数（可用的软元件）	名称，意义	步数
ED	无	结束。主程序结束	1
CNDE	无	条件结束。当执行条件为ON时，程序的一次扫描结束	1

（1）结束指令的格式如图3-49所示。

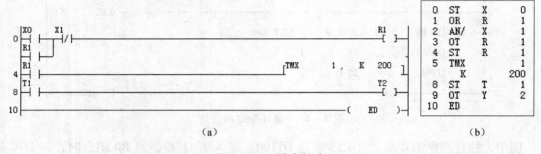

（a）

（b）

图3-49　结束指令

（a）梯形图；（b）指令表

结束指令ED放在程序末尾，表示主程序结束。子程序和中断程序编写在主程序之后。

（2）条件结束指令的格式如图3-50所示。

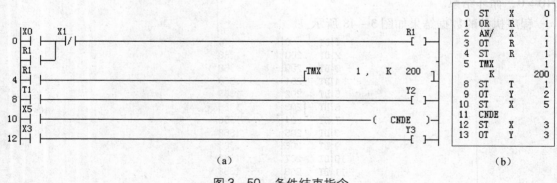

（a）

（b）

图3-50　条件结束指令

（a）梯形图；（b）指令表

图中，但X5闭合，程序从第0步执行到第10步结束。第10步之后的程序不执行。当X5断开，程序不结束，继续执行第12步。

CNDE指令只能用在主程序，不能用于子程序或中断程序中。在主程序中，可以设置多个CNDE点，对程序进行分段的测试。测试正确后，去掉CNDE指令。

例3-7　试设计一声光报警电路。要求按启动按钮后，报警灯亮0.5 s，灭0.5 s，闪烁30次。这段时间蜂鸣器一直在响。达到30次，停5 s后又重复上述过程，如此反复三次结束。之后再按启动按钮，又能进行上述工作。

本例题要设置一闪烁电路，由 T1、T2 组成。Y0 为报警灯，Y1 为蜂鸣器。按题意，报警灯闪烁次数，用 C1008 计数，过程重复三次，用 C1009 计数。设计的程序如图3-51所示。

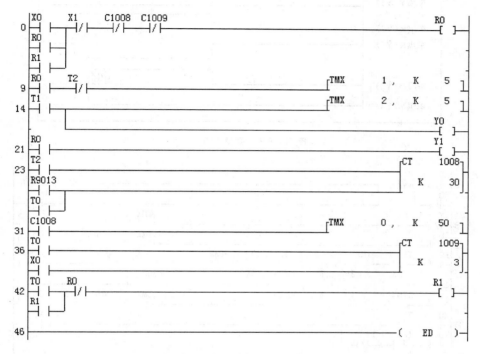

图3-51 例3-7程序

图中一开机，初始脉冲 R9013 使 C1008 清零，按启动按钮 X0，对 C1009 清零，并且灯 Y0 闪烁，蜂鸣器 Y1 响。C1008 用 T2 控制计数，C1009 用 T0 控制计数，当 T2 到达 30 次，C1009 记录 1。当 C1 当前值达 3 时，程序结束。

例3-8 十字路口交通灯控制。控制要求如下：车横向绿灯（G）亮 30 s→绿灯闪 3 次，每次 1 s→黄灯（Y）亮 2 s→红灯（R）亮 35 s；车纵向红灯（R）亮 35 s→绿灯（G）亮 30 s→绿灯闪 3 次，每次 1 s→黄灯亮 2 s。循环工作。

交通灯的工作时序如图3-52所示。

按题意，所编程序如图3-53所示。图中采用 MC、MCE 作为主控。图中第 8 步、第 12 步是 1 s 闪烁电路的设定。第 16 步是时间的设定。第 36 步是车横向绿灯 Y0 的控制，其中 R0·$\overline{T0}$ 是连续亮 30 s 的控制，T0·$\overline{T6}$·T1 是 3 s 闪烁控制。第 43 步是车横向黄灯 Y1 的控制。第 46 步是车横向红灯 Y2 的控制。车纵向控制与上述相似。

3.5 步进指令（SSTP，NSTL，NSTP，CSTP，STPE）

步进指令适用于一步一步进行控制的场合，特别适用于工业生产线的控制。步进指令的助记符和意义如表3-21所示。

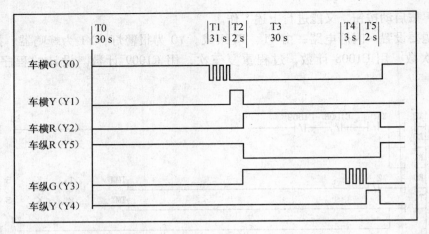

图 3 −52 交通灯时序图

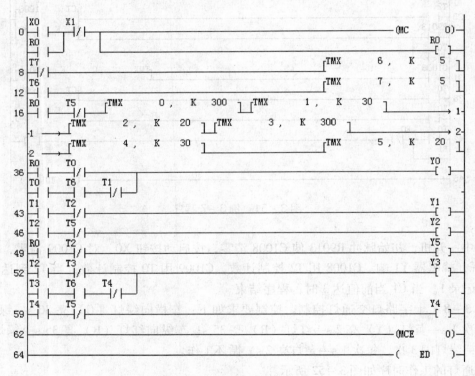

图 3 −53 交通灯控制程序

表 3 −21 步进指令的助记符和意义

助记符	操作数		名称，意义	步 数
SSTP	编号：	FP1：	开始步进程序。进入步进程序，步进过程开始执行	3
NSTL	编号：	0 ~ 127	下步步进过程（扫描执行型）。激活当前过程，使上一过程复位	3
NSTP	编号：	FP − X：	下步步进过程（脉冲执行型）。激活当前过程，使上一过程复位	3
CSTP	编号：	0 ~ 999	清除步进程序。将指定的过程复位	3
STPE	无		步进程序区的结束。关闭步进程序区，并返回一般梯形图程序	1

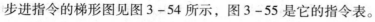

步进指令的梯形图见图3-54所示，图3-55是它的指令表。

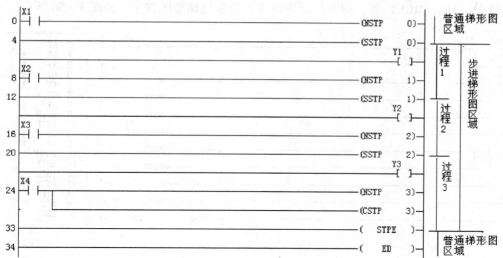

图3-54 步进指令梯形图

```
 0   ST    X    1
 1   NSTP        0
 4   SSTP        0
 7   OT    Y    1
 8   ST    X    2
 9   NSTP        1
12   SSTP        1
15   OT    Y    2
16   ST    X    3
17   NSTP        2
20   SSTP        2
23   OT    Y    3
24   ST    X    4
25   PSHS
26   NSTP        3
29   POPS
30   CSTP        3
33   STPE
34   ED
```

图3-55 图3-54的指令表

（1）步进梯形图的范围是从第1个SSTP指令起，到CSTP指令结束。

（2）步进梯形图的过程是指从SSTP n指令到下一个SSTP n+1指令或STPE指令的程序块。两个过程不能使用相同的编号。在SSTP指令之后可以直接编写OT指令，而不必串触点。但输出定时器或计数器等必须串触点。

（3）NSTP或NSTL的意义是激活当前过程，而使上一过程复位。NSTP是脉冲执行型，只在执行条件从OFF变为ON时，才执行一次；而NSTL是扫描执行型，在扫描周期内执行一次。

（4）CSTP指令用于清除最终过程，或在并行分支编程中用于清除过程。

（5）STPE指令表示步进梯形图区域的结束。必须编写在最后过程的结束处。

（6）在步进梯形图程序中不能使用转移指令（JP，LBL）、循环指令（LOOP，LBL）、主控指令（MC，MCE）等。但主控指令可以控制步进梯形图程序，如图3-56所示。

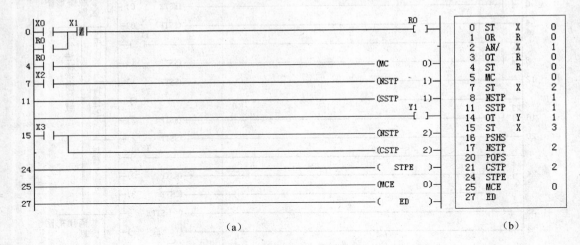

（a）　　　　　　　　　　（b）

图3-56　主控指令控制步进梯形图

(a) 梯形图; (b) 指令表

图中，当R0得电时，MC指令被激活，可以使用步进梯形图。当R0失电时，步进梯形图程序不能被激活。

步进指令的应用可以分为两类：单流程步进控制和分支流程步进控制。

1. 单流程步进控制

单流程步进控制的方式如下：

开始 → 过程0 → 过程1 → 过程2 → 过程3 →……→ 结束

编程时要注意各个过程的激活、驱动和状态转移的编写，注意定时器、计数器在步进控制中的编程特点。

例3-9　试编写四台电动机顺序启动、反顺序停止的程序。启动顺序为Y1→Y2→Y3→Y4，时间间隔分别为3秒、4秒、5秒。停止顺序为Y4→Y3→Y2→Y1，时间间隔分别为5秒、6秒、7秒。

按题意，程序的流程图如图3-57所示。编写的程序如图3-58所示。

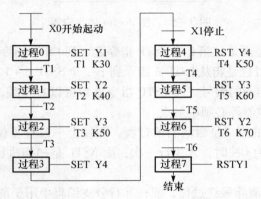

图3-57　例3-9的流程图

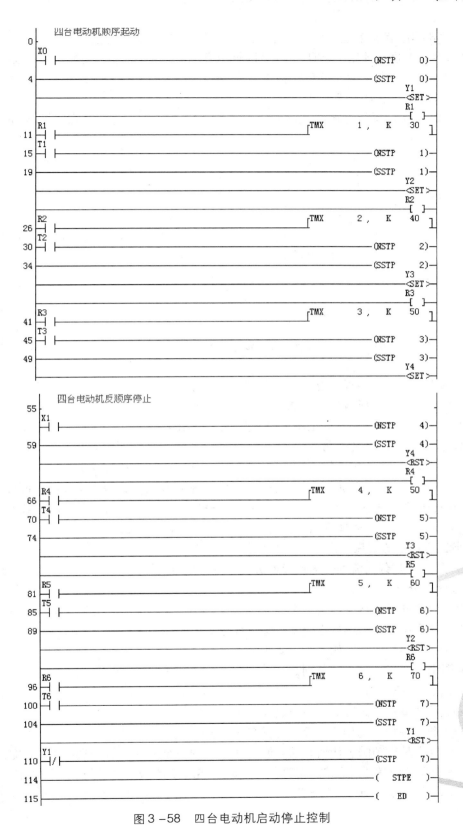

图 3 −58 四台电动机启动停止控制

图 3-58 程序有 8 个过程。每一过程都是用 NSTP 激活本过程，而复位上一过程。接着用 SSTP 指令使本过程开始。SSTP 指令可以驱动 OT 指令，但不能直接驱动定时器，所以程序中都是由 SSTP 指令驱动 R 之后，再用 R 驱动定时器。在程序的最末过程，使用 CSTP 指令清除这个过程。最后用 STPE 指令结束步进程序。

例 3-10　试编写彩灯循环点亮程序。彩灯 Y1、Y2、Y3 的循环点亮情况如图 3-59 所示。

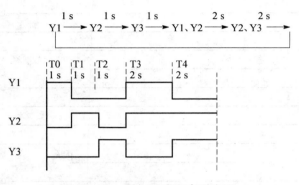

图 3-59　彩灯循环点亮时序图

本例用步进控制来编程，首先要解决时间的设置问题，由定时器驱动彩灯。其次要解决步进的循环控制问题。所编的程序如图 3-60 所示。

图中，从第 0 步至第 78 步是步进梯形图区域，第 79 步至第 89 步是普通梯形图区域。其中，第 0 步至第 56 步是时间 T0、T1、T2、T3、T4 的设定，要注意步进指令的正确使用。第 79 步、第 82 步、第 86 步分别实现对彩灯 Y0、Y1、Y2 的控制。第 60 步是实现步进梯形图循环控制的编程。X2 是循环工作或彩灯停止的控制开关。如果此开关不闭合，$\overline{X2}=1$，当 T4 延时到达时，程序转向 NSTP 0 处，开始下一次循环。如果此开关闭合，X2=1，当 T4 延时到达时，程序转向 NSTP 5 处，步进梯形图结束，程序结束。

2. 分支流程步进控制

按程序的流向，分支流程分为选择性分支和并行性分支两类。

① 选择性分支

如果在程序的某一点分成若干个分支，这些分支相互独立，且任何时候只能选择并运行一个分支，这种结构称为选择性分支。选择性分支的流程如图 3-61 所示：

按图 3-61 编写的程序如图 3-62 所示：

上两图中，有三个分支，分别是：

X1→过程 1→X2→过程 2→X5→过程 5→X8→结束

X1→过程 1→X3→过程 3→X6→过程 5→X8→结束

X1→过程 1→X4→过程 4→X7→过程 5→X8→结束

这三个分支是连锁的，任何时候只能选择其中的一个分支。例如选择 X2 分支，按 X1、X2 后，NSTP 2 指令激活过程 2。得到第 26 步的 SSTP 2 响应，驱动 Y2。再按 X5，NSTP 5 激活过程 5，跳到第 50 步得到 SSTP 5 响应，驱动 Y5。再按 X8，结束过程 5，步进梯形图结束。

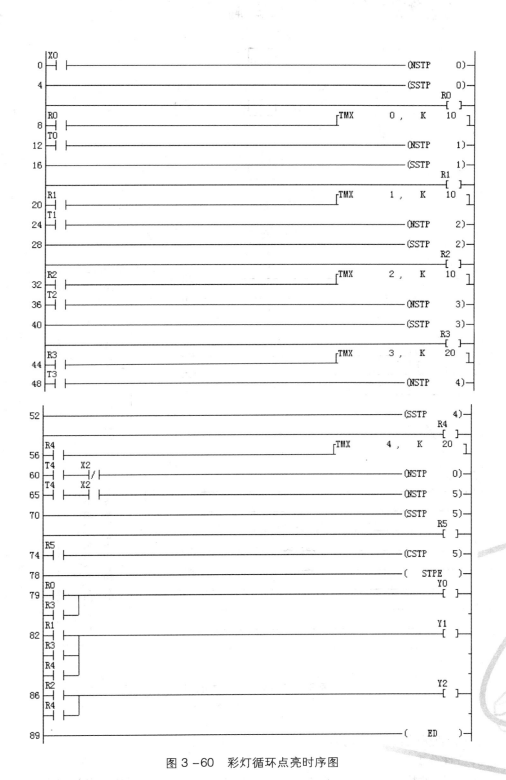

图 3 -60　彩灯循环点亮时序图

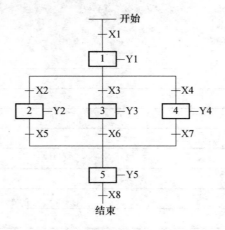

图3-61　选择性分支的流程

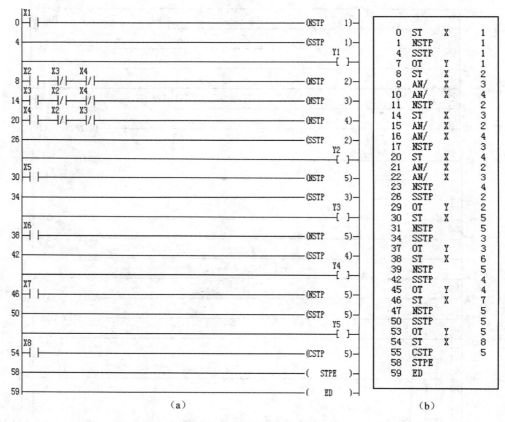

图3-62　选择性分支的程序

(a) 梯形图；(b) 指令表

注意选择性分支的"分支点"和"集合点"的编写特点。

② 并行性分支

并行性分支的特点是：当条件满足，各分支同时执行，一直到各分支都完成各自过程的状态转移，才合并到一起往前转移。

图 3-63 为并行性分支的流程图。当 X2 接通时，状态同时往分支 2、4、5 转移。各分支同时执行，一直到合并且 X5 接通，状态才转移到过程 7。当 X6 接通，状态返回过程 1，再重复上述流程。

图 3-63 所示流程图时的程序见图 3-64 所示：

编写并行性分支程序时要注意"分支点"和"集合点"的编程。图中第 8 步是分支点。按 X2，状态同时向过程 2、过程 4 和过程 5 转移。各并行分支可能过程数不同，但都要等待同时到达才往下转移。第 52 步是集合点。当各并

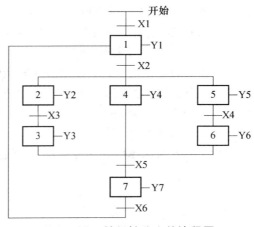

图 3-63 并行性分支的流程图

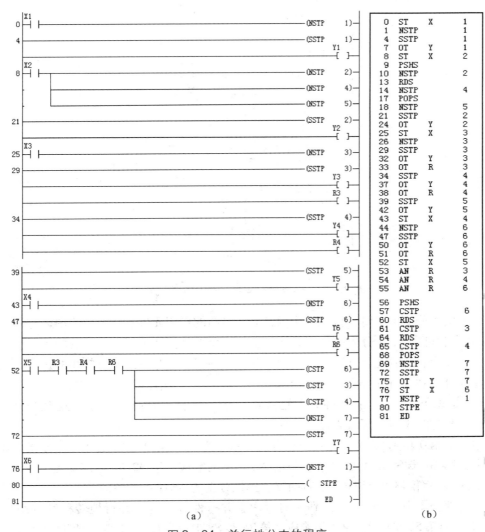

（a）

```
0   ST    X    1
1   NSTP       1
4   SSTP       1
7   OT    Y    1
8   ST    X    2
9   PSHS
10  NSTP       2
13  RDS
14  NSTP       4
17  POPS
18  NSTP       5
21  SSTP       2
24  OT    Y    2
25  ST    X    3
26  NSTP       3
29  SSTP       3
32  OT    Y    3
33  OT    R    3
34  SSTP       4
37  OT    Y    4
38  OT    R    4
39  SSTP       5
42  OT    Y    5
43  ST    X    4
44  NSTP       6
47  SSTP       6
50  OT    Y    6
51  OT    R    6
52  ST    X    5
53  AN    R    3
54  AN    R    4
55  AN    R    6
56  PSHS
57  CSTP       6
60  RDS
61  CSTP       3
64  RDS
65  CSTP       4
68  POPS
69  NSTP       7
72  SSTP       7
75  OT    Y    7
76  ST    X    6
77  NSTP       1
80  STPE
81  ED
```

（b）

图 3-64 并行性分支的程序

（a）梯形图；（b）指令表

行列都到达时，R3 = R4 = R6 = 1，且 X5 闭合，状态才能向过程 7 转移，在状态转移的同时，要用 CSTP 指令将过程 3、过程 4 和过程 6 清除。

③ 多层次的分支结构

在步进分支结构中，有些是较为复杂的。可能是由选择性分支转移到并行性分支，或由由并行性分支转移到选择性分支，或由选择性分支转移到选择性分支，或由并行性分支转移到并行性分支。无论是哪一种转移，关键是要处理好分支的插入、过程的转移以及"分支点"和"集合点"的编程。

图 3 - 65 为选择性分支转移到并行性分支的流程图。

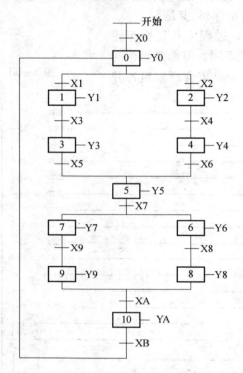

图 3 -65　选择性分支并行性分支的流程图

编写多层次分支电路时，首先要注意各分支电路的作用元件。图 3 - 65 中，过程 5 是过程 1、3 分支和过程 2、4 分支的作用元件，也是选择性分支和并行性分支的联系元件，起到承上启下的作用。有时此元件不一定驱动负载，但在程序中是一个不可缺少的过程。其次要注意选择性分支和并行性分支的"分"和"合"的特点。选择性分支的"分"，是先分后条件；"合"是先条件后合。并行性分支的"分"，是先条件后分；"合"是先合后条件。

图 3 - 66 是图 3 - 65 所示流程图的程序。

图中，从第 0 步到第 48 步是选择性分支，从第 52 步到第 106 步是并行性分支。在选择性分支中，第 16 步 SSTP 1 是对第 8 步的 NSTP 1 的响应，第 32 步 SSTP 2 是对第 12 步的 NSTP 2 的响应。第 48 步 SSTP 5 是对两支选择性分支的 NSTP 5 的响应。

在并行性分支中，当 X7 脉冲到达时，两个并行性分支各自并行地转移其状态。第 61 步 SSTP 7 是对第 52 步的 NSTP 7 的响应，第 74 步 SSTP 6 是对第 52 步的 NSTP 6 的响应。当两个并行性分支同时到达时，R1、R2 为 ON。当 XA 脉冲到达时，状态转移到过程 10，

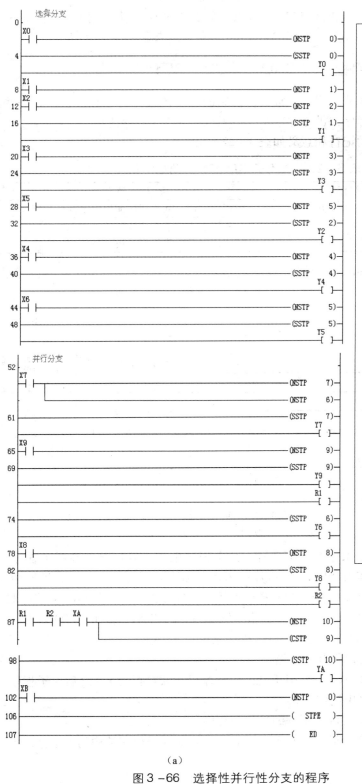

图3-66 选择性并行性分支的程序

(a) 梯形图; (b) 指令表

NSTP 10 使过程 10 激活，同时使过程 8 清除。那么，过程 9 就要用 CSTP 指令来清除了。SSTP 10 是对 NSTP 10 的响应。当 XB 为 ON 时，状态又转移返回到 NSTP 0。

3.6 子程序调用指令（CALL，SUB，RET）

在编程中为了使程序清晰明了，常常将控制的主要流程作为主程序，而将一些次要的、反复使用的程序作为子程序，供主程序调用。子程序放在主程序之后。

子程序调用指令的助记符和意义如表 3 - 22 所示。

表 3 - 22 调用子程序指令的助记符和意义

助记符	操作数	名称，意义	步 数
CALL	编号：FP1：0 ~ 15	子程序调用。从主程序调用指定的子程序	2
SUB	FP - X：0 ~ 499	子程序进入。子程序的开始	1
RET	无	子程序返回。子程序结束，返回到主程序	1

调用子程序的格式如图 3 - 67 所示。

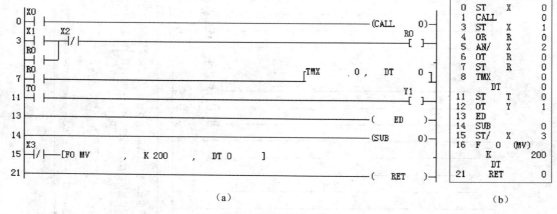

（a）

（b）

图 3 - 67 调用子程序

（a）梯形图；（b）指令表

子程序放在主程序结束指令 ED 之后，在主程序中用 CALL 指令调用子程序。从指令 SUB 到 RET 是子程序，其中 SUB 是子程序的入口，RET 是子程序的结束，返回主程序。图 3 - 67 中，在 X0 的上升沿，执行 CALL 指令调用子程序 SUB0，即转到第 14 步，将 K200 送到 DT0，之后返回到调用子程序的下一个指令继续执行。当 X1 闭合时，R0 得电，执行定时器 TMX 0 指令，T0 延时 20 秒，驱动 Y1，程序结束。

使用子程序时要注意以下几个问题。

（1）子程序 n 是指由 SUBn 到 RET 之间的程序段，放在指令 ED 之后。子程序可以在主程序、子程序、中断程序中调用。

（2）主程序中可以多次调用同一编号的子程序。

（3）子程序可以嵌套，最多嵌套 5 层。嵌套时要保证子程序结构的完整性。如

主程序

CALL 0→→SUB 0

ED   CALL 1→→SUB 1

RET　　　　　CALL 2 →→SUB 2
　　　　　RET　　　　　CALL 3→→……
　　　　　　　RET

（4）在子程序中可以调用子程序，但在子程序内不能编写子程序。同理，在中断程序中可以调用子程序，但在中断程序内不能编写子程序。

（5）当 CALL 指令的执行条件（触发器）为 OFF 时，有些指令保持原状态，有些不执行。如指令 OT、KP、SET、RST 保持原状态，CT、SR 保持经过值，TM 及其它指令不执行。这些现象在编程中都是要考虑的。

例 3 – 11　试用调用子程序的方法编写电动机控制程序。要求：按启动按钮后三台电动机（Y1、Y2、Y3）每隔 15 秒顺序启动，按停止按钮后三台电动机每隔 10 秒顺序停止。

本题目的编程思想是在主程序中调用两次子程序。子程序将按时间调用，并将三台电动机的控制放在主程序。子程序 0 完成顺序启动控制，子程序 1 完成顺序停止控制。

I/O 分配如表 3 – 23 所示。所编的程序如图 3 – 68 所示。

表 3 –23　I/O 分配表

电器元件	I/O 端子
启动操作：驱动按钮	X0
停止按钮	X1
停止操作：驱动按钮	X3
停止按钮	X4
电动机 M1	Y1
电动机 M2	Y2
电动机 M3	Y3

图中，从第 0 步到第 10 步为顺序启动控制，从第 22 步到第 32 步为顺序停止控制，从第 16 步到第 20 步是对电动机的控制。

顺序启动控制的过程如下：按 X0，R50 得电，驱动定时器 T0 作 15 s 的定时间隔动作。当第 1 次延时 15 s 到达时，T0 常开闭合，执行调用子程序 CALL 0 指令，程序转到第 53 步。由于 $\overline{R0} = \overline{R1} = 1$，R30 置 1，驱动 Y1。之后，到第 69 步，执行每次加 1 指令 F35 +1，WR0 +1→WR0，WR0 =1，即 R0 =1。子程序 CALL 0 结束，返回主程序的第 16 步。当第 2 次延时 15 s 到达时，T0 常开闭合，第 2 次调用子程序。由于 R0 =1，$\overline{R1}$ =1，R31 置 1，驱动 Y2。再执行加 1 指令，WR0 +1→WR0，WR0 =2，即 R1 =1。子程序 CALL 0 结束，返回主程序。当第 3 次延时 15 s 到达时，T0 常开闭合，第 3 次调用子程序。由于 R1 =1，$\overline{R0}$ =1，R32 置 1，驱动 Y3。再执行加 1 指令，WR0 +1→WR0，WR0 =3，即 R0 =1，R1 =1。执行第 74 步，令 WR0 清零，三台电动机保持运行状态。

按 X3，三台电动机顺序停止，其过程与顺序启动控制过程相似。

3.7　中断程序指令（ICTL，INT，IRET）

在 PLC 编程中为了使程序简明，有时在程序某一步稍作中断，转去执行中断程序，执行完成之后，返回调用中断程序的下一步继续执行程序。中断程序是一些与主程序有关的事件或数据处理的程序，它放在主程序之后。

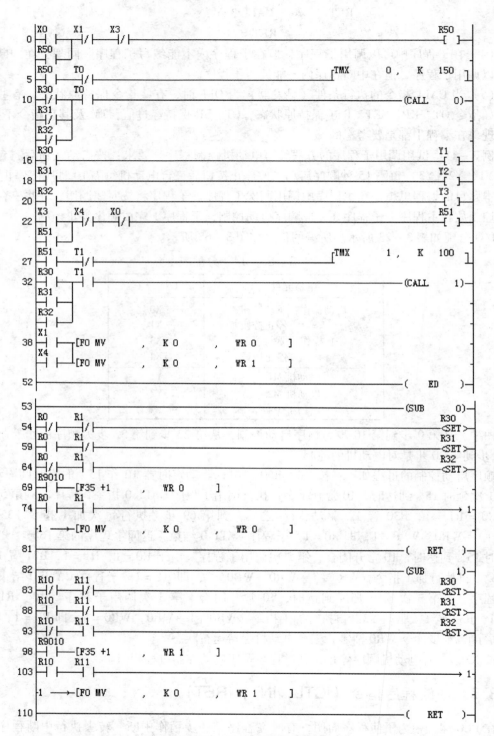

图 3－68　三台电动机的控制

中断程序指令的助记符和意义如表 3-24 所示。

表 3-24 中断程序指令的助记符和意义

助记符	操作数（可作用的软元件）	名称，意义	步 数
ICTL	S1，S2：WX，WY，WR，DT，K，H，SV，EV，IX，IY	中断控制。设置中断的禁止、允许和清除控制	5
INT	编号：FP1：0～7，24；FP-X：0～7（或14），24	中断开始。中断程序的开始	1
IRET	无	中断返回。中断程序结束，返回到主程序	1

中断程序的使用格式如图 3-69 所示。

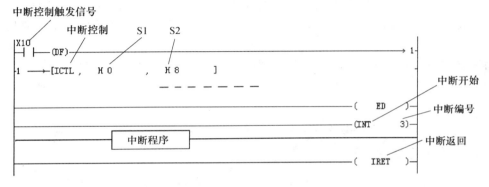

图 3-69 中断指令

（1）在中断程序开始指令 INTn 与中断返回指令 IRET 之间的程序是中断程序，它们放在主程序结束指令 ED 之后。

（2）中断控制指令 ICTL，带有两个操作数 S1、S2。操作数 S1 用来指定控制功能和中断类型。它是一个 16 位二进制数，结构如下：

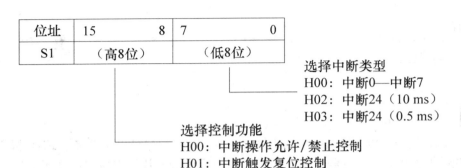

例如，当设定 S1 = H0 时，每个外部启动中断源（包括高速计数器启动中断）是否禁止或允许中断程序由 S2 设定，如表 3-25 所示。

表3-25 位址与中断程序的关系

位 址	S2（十六进制）	中断程序	中断源
0	H1	INT0	X0 或高速计数器
1	H2	INT1	X1
2	H4	INT2	X2
3	H8	INT3	X3
4	H10	INT4	X4
5	H20	INT5	X5
6	H40	INT6	X6
7	H80	INT7	X7

如图3-69所示，S1=H0，S2=H8，即设定中断程序INT3。当中断控制触发信号X10的上升沿，设置了中断控制参数。当外部中断源X3的上升沿，主程序停止执行而转到INT3，执行中断程序3。中断程序执行完毕，返回ICTL指令处，再继续执行ICTL指令以下的程序。为了确保中断控制触发信号上升沿到达时，ICTL指令只执行一次，要使用DF指令。

当设定S1=H100时，由S2设定的中断程序被复位清除。当S1=H00时，S2的对应位设定为"1"，即为允许中断；对应位设定为"0"，即为禁止中断。如图3-70所示：

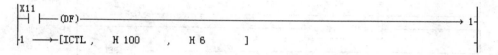

图3-70 S1=H100时S2的设定情况

由于H6=0000 0110，因此只有中断程序INT1、INT2允许中断，INT0、INT3~INT7禁止中断。

当设定S1=H2时，为执行定时中断程序INT24，S2的设定值为K0~K3000。其中S2=K0时，不执行定时中断，禁止中断程序INT24。当S2=K1~K3000时，每隔10 ms~30 s执行一次中断程序INT24。如图3-71所示：

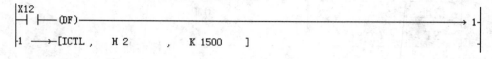

图3-71 S1=H2时S2的设定情况

其意义是每隔15秒执行一次中断程序INT24。

（3）ICTL指令可以设置多个中断程序，或一个触发信号可以驱动多个ICTL指令。各中断程序按编号的顺序，从编号最低的中断程序开始执行，其他中断程序处于等待状态。如图3-72所示。

图中，由于H102=0001 0000 0010，所以当XB的上升沿，允许INT8、INT1中断。当X1的上升沿，先执行INT1中断程序，然后当X8的上升沿，再执行INT8中断程序。

图3-72 设置多个中断程序

（4）当 ICTL 指令的 S2 确定时，作为外部中断输入的触点也就确定。但此输入触点必须在系统寄存器的 No. 403（FP1 型 PLC）或 No. 404（FP - X 型 PLC）中进行定义，见例 3 -12 所示。

例3-12 试用中断程序方法编写 Y1 延时 20 秒启动的程序。所编的程序如图 3 -73 所示。

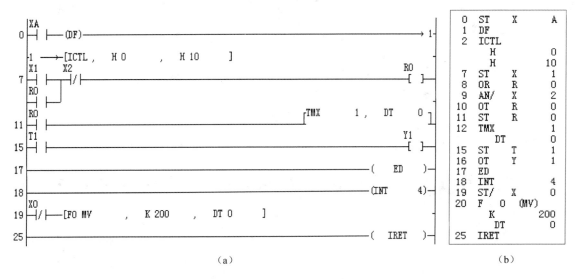

（a）   （b）

图 3 -73 中断程序的应用
（a）梯形图；（b）指令表

程序中 ICTL 指令的 S1 = H0，S2 = H10 = 0001 0000，即选取 X4 作为外部触发信号，中断程序为 INT4。但是如果直接按 XA、再按 X4，并不能驱动中断程序。要想能驱动中断程序必须在系统寄存器的 No. 404（FP - X 型 PLC）中对 X4 进行定义。定义的方法如下：

（1）单击 FPWIN GR 编辑屏幕的"选项"菜单，如图 3 -74 所示。

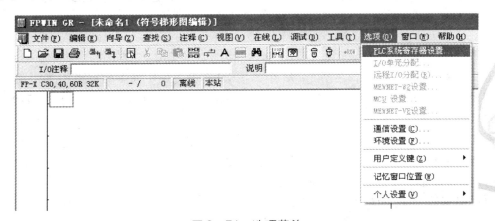

图 3 -74 选项菜单

（2）单击"PLC系统寄存器设置"，出现图3-75对话框。

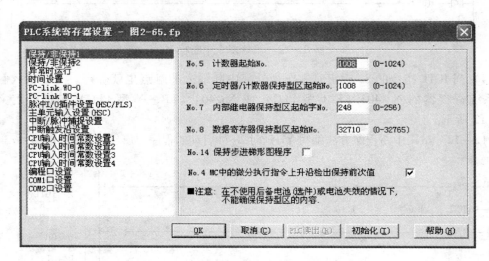

图3-75 PLC系统寄存器设置

（3）单击"中断/脉冲捕捉设置"，出现图3-76所示对话框。

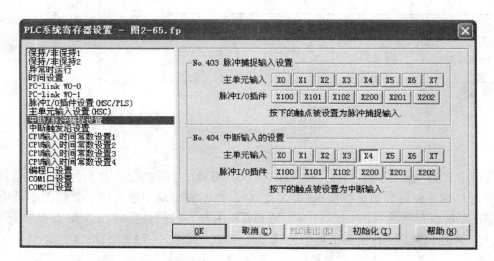

图3-76 中断/脉冲捕捉设置

单击"No.404中断输入的设置"的X4，然后单击"OK"。则定义了中断输入X4。

定义完中断输入X4后，在图3-73中，按XA，设置了中断参数，再按X4，则执行中断程序INT4，将K200送DT0。之后，中断程序结束，返回ICTL指令的下一行执行。按X1，R0得电，驱动定时器T1延时20秒，驱动Y1。

例3-13 某生产线运行到A位置碰行程开关SQ1，延时20秒，驱动电动机M1；运行到B位置碰行程开关SQ2，延时30秒，驱动电动机M2；运行到C位置碰行程开关SQ3，延时40秒，驱动电动机M3。试用中断程序方法编写控制程序。

电动机M1、M2、M3分别设为Y1、Y2、Y3。行程开关SQ1、SQ2、SQ3分别设为X1、X3、X5。程序编写如图3-77所示。

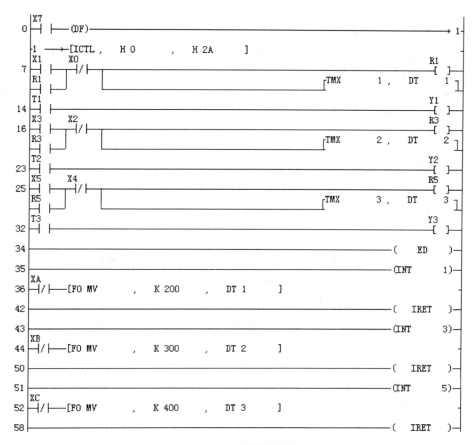

图 3 -77　生产线控制程序

图中第 0 ~ 34 步为主程序，第 35 ~ 42 步为中断主程序 INT1，第 43 ~ 50 步为中断主程序 INT3，第 51 ~ 58 步为中断主程序 INT5。

中断控制指令 ICTL 的 S2 为 H2A，H2A = 0010 1010，即选取了 X1、X3、X5 作为外部触发信号，相应的中断程序为 INT1、INT3、INT5。在各中断程序中分别传送常数 K200、K300、K400 给 DT1、DT2、DT3。而主程序则为定时器驱动电动机程序。

按 X7，在 X7 的上升沿，即执行 ICTL 指令，对各中断程序进行参数设定。当生产线运行到 A 位置，碰行程开关 SQ1（X1），在 X1 的上升沿转到第 35 步执行中断程序 INT1，对 DT1 赋值，再返回主程序，使定时器 T1 延时 20 s，驱动 Y1。同理，生产线碰行程开关 SQ2（X3），执行中断程序 INT3，驱动 Y2；再碰行程开关 SQ3（X5），执行中断程序 INT5，驱动 Y3。

本例题对中断触发信号进行一次性设定。

例 3 – 14　试用中断程序的方法编写三台电动机（Y1、Y2、Y3）每隔 20 秒顺序启动的控制程序。

本题要求用定时中断的方法编写控制程序。所编的程序如图 3 – 78 所示。

图中 ICTL 指令的 S1 = H2，是定时中断；S2 = K2000，为每隔 20 秒调用中断程序 INT24 一次。当第 1 次 20 秒到达时，转到第 33 步执行中断程序 INT24。由于初始 $\overline{R0} = \overline{R1} = 1$，R30 得电，驱动 Y1，之后执行每次加 1 指令 F35 + 1，WR0 + 1→WR0，WR0 = 1，即 R0 = 1。当

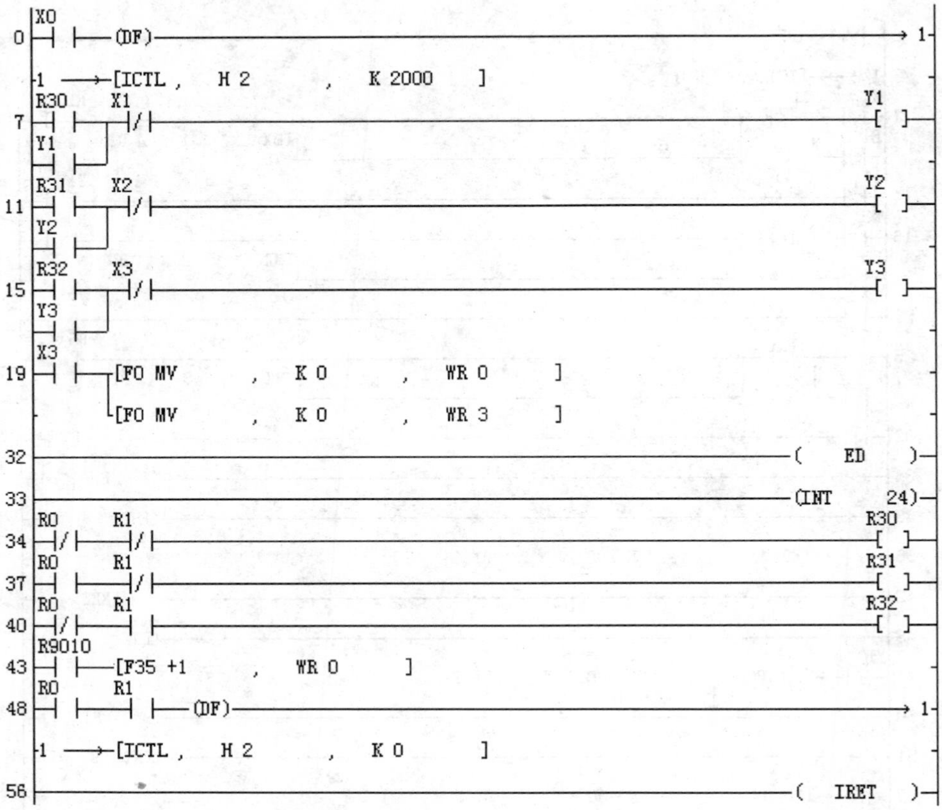

图3-78 定时中断控制程序

第2次20秒到达时，第2次调用中断程序INT24。由于R0 = 1，$\overline{R1}$ = 1，R31得电，驱动Y2。再执行加1指令，WR0 + 1→WR0，WR0 = 2，即R1 = 1。当第3次20秒到达时，第3次调用中断程序INT24。由于R1 = 1，$\overline{R0}$ = 1，R32得电，驱动Y3。再执行加1指令，WR0 + 1→WR0，WR0 = 3，即R0 = 1，R1 = 1。执行ICTL指令，清除定时中断程序，三台电动机保持得电状态。

任务4 数值比较指令

任务目标

数值比较是将两个数据（单字或双字）的大小进行比较（等于=、不等于<>、大于>、大于等于> =、小于<、小于等于< =），有初始加载、逻辑与、逻辑或等三种情况。

本节目标是学会数值比较指令的输入和编程方法。

任务分解

4.1 数值比较初始加载指令（ST =、ST < >、ST >、ST > =、ST <、ST < =）

数值比较初始加载指令的助记符和意义如表3-26所示。

表3-26 数值比较初始加载指令的助记符和意义

助记符	操作数（可作用的软元件）	名称，意义	步 数
ST =，STD =（双字）	S1，S2： WX，WY，WR， SV，EV，DT， IX，IY，K，H	字（双字）比较，等于时初始加载	5
ST < >，STD < >（双字）		字（双字）比较，不等于时初始加载	5
ST >，STD >（双字）		字（双字）比较，大于时初始加载	5
ST > =，STD > =（双字）		字（双字）比较，大于等于时初始加载	5
ST <，STD <（双字）		字（双字）比较，小于时初始加载	5
ST < =，STD < =（双字）		字（双字）比较，小于等于时初始加载	5

数值比较初始加载指令的使用格式如图3-79所示。

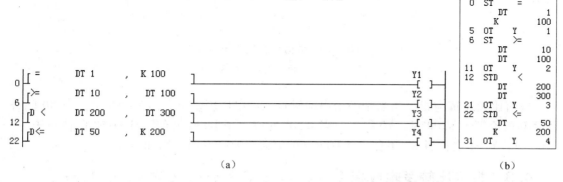

图3-79 数值比较初始加载指令

（a）梯形图；（b）指令表

使用数值比较初始加载指令要注意，初始加载指令（ST =、ST < >、ST >、ST > =、ST <、ST < =）要从左母线开始。它相当于一个开关，当条件成立，开关接通。

图3-79的意义如下：当DT1等于K100时，驱动Y1；当DT10大于等于DT100时，驱动Y2；当双字DT201、DT200小于双字DT301、DT300时，驱动Y3；当双字DT51、DT50小于等于K200时，驱动Y4。

4.2 数值比较逻辑与指令（AN =、AN < >、AN >、AN > =、AN <、AN < =）

数值比较逻辑与指令的助记符和意义如表3-27所示。

表3-27 数值比较逻辑与指令的助记符和意义

助记符	操作数（可作用的软元件）	名称，意义	步 数
AN =，AND =（双字）	S1，S2： WX，WY，WR，SV， EV，DT，IX，IY，K，H	字（双字）比较，等于时逻辑与	5
AN < >，AND < >（双字）		字（双字）比较，不等于时逻辑与	5
AN >，AND >（双字）		字（双字）比较，大于时逻辑与	5
AN > =，AND > =（双字）		字（双字）比较，大于等于时逻辑与	5
AN <，AND <（双字）		字（双字）比较，小于时逻辑与	5
AN < =，AND < =（双字）		字（双字）比较，小于等于时逻辑与	5

数值比较逻辑与指令的使用格式如图3-80所示。

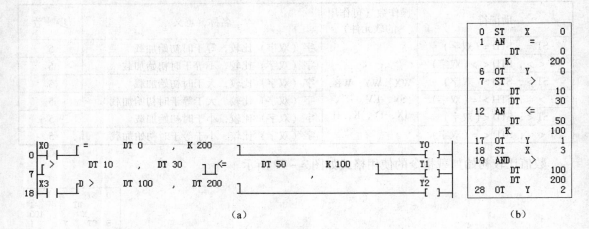

图3-80 数值比较逻辑与指令

(a) 梯形图；(b) 指令表

数值比较逻辑与指令相当于一个串联触点，可以使用多个。图3-80中，当X0闭合，且DT0的值等于K200时，Y0得电；当DT10的值大于DT30的值，且DT50的值小于等于K100时，Y1得电；当X3闭合，且DT100的值大于DT200时，Y2得电。

4.3 数值比较逻辑或指令（OR=、OR<>、OR>、OR>=、OR<、OR<=）

数值比较逻辑或指令的助记符和意义如表3-28所示。

表3-28 数值比较逻辑与指令的助记符和意义

助记符	操作数（可作用的软元件）	名称，意义	步 数
OR=，ORD=（双字）	S1，S2：WX，WY，WR，SV，EV，DT，IX，IY，K，H	字（双字）比较，等于时逻辑或	5
OR<>，ORD<>（双字）		字（双字）比较，不等于时逻辑或	5
OR>，ORD>（双字）		字（双字）比较，大于时逻辑或	5
OR>=，ORD>=（双字）		字（双字）比较，大于等于时逻辑或	5
OR<，ORD<（双字）		字（双字）比较，小于时逻辑或	5
OR<=，ORD<=（双字）		字（双字）比较，小于等于时逻辑或	5

数值比较逻辑或指令的使用格式如图3-81所示。

数值比较逻辑或指令相当于并联触点，可以并联多个。图3-81中，当X0闭合，或DT2的值等于K300，Y1得电；当DT100的值大于等于DT200，或DT301、DT300的值小于等于DT401、DT400时，Y2得电；当DT1的值小于K50，或DT401、DT400的值大于DT501、DT500时，Y3得电。

例3-15 试编写灯（Y1）亮8秒，灭2秒，连续闪烁的程序。

题中连续闪烁的程序可以用字比较指令编写。所编的程序如图3-82所示。

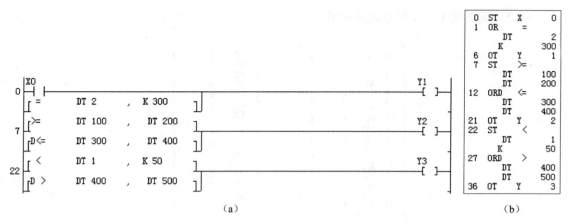

图 3-81 数值比较逻辑或指令

(a) 梯形图；(b) 指令表

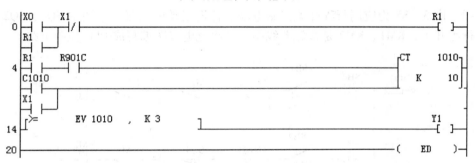

图 3-82 灯连续闪烁的程序

习 题 3

3-1 正确写出图 3-83 梯形图的指令表。

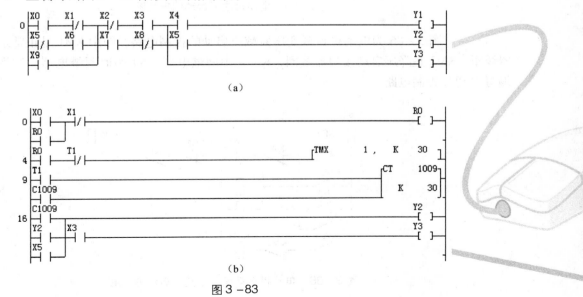

图 3-83

3－2　画出图3－84指令表的梯形图。

0	ST	X	0
1	ST	X	1
2	AN	X	2
3	AN	X	3
4	ST	X	45
5	AN	X	5
6	ORS		
7	OR	X	6
8	ANS		
9	OR	X	7
10	PSHS		
11	OT	Y	0
12	RDS		
13	AN	X	8
14	OT	Y	1
15	POPS		
16	OT	Y	3

0	ST	X	0
1	OR	R	0
2	AN/	X	1
3	OT	R	0
4	ST	R	0
5	OT	Y	1
6	TMX		0
	K		200
9	ST	T	0
10	OT	Y	2
11	TMX		1
	K		300
14	ST	T	1
15	OT	Y	3
16	AN	X	2
17	OT	Y	4

图3－84

3－3　图3－85为应用行程开关控制电动机往返运动的电气图，图中SQ1、SQ2、SQ3、SQ4为行程开关，KM1、KM2是接触器线圈。试将此电气图编写成PLC控制电路。

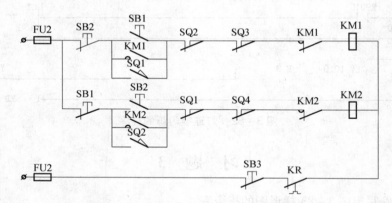

图3－85　电动机往返运动的电气图

3－4　图3－86为电动机自耦变压器减压启动的控制电路。图中KM1是正常运转接触器线圈，KM2是降压启动接触器线圈，KA是中间继电器，KT为时间继电器。试将此电路编写成PLC控制电路。

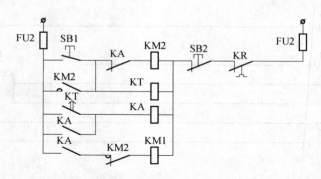

图3－86　电动机自耦变压器减压启动电路图

3-5 图3-87为电动机 Y-△ 启动电路。图中 KM2 为电源接触器，KM3 为 Y 启动接触器，KM1 为△正常运行接触器，KT 为通电延时时间继电器，SB1 为启动按钮，SB2 为停止按钮。试编写 PLC 控制程序。

3-6 图3-88为电动机正转反接制动电路图。图中 KM2 为电动机正转接触器，KM1 为电动机反接制动接触器，KV 为速度继电器。按 SB1，KM2 得电，电动机正转启动，当转速加快时，KV 常开触点闭合。停止时，按 SB2，KM2 失电，KM1 得电，电动机反转。当转速降低到一定的转速，KV 常开触点打开，KM1 失电，电动机停止。试编写 PLC 控制程序。

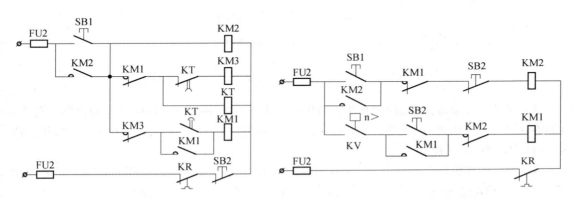

图3-87　电动机 Y-△ 启动电路图　　　图3-88　电动机正转反接制动电路

3-7 试编写电动机 PLC 控制程序。要求按启动按钮后4小时电动机启动。

3-8 试编写计数 300 000 次，电动机启动的控制程序。

3-9 试编写电动机驱动小车往返装卸料程序。要求小车在 A 地按行程开关 SQ1 装料2分钟，然后自动运行到 B 地，压行程开关 SQ2 卸料3分钟，然后自动运行回到 A 地，来回往返。要有启动、总停和急停控制。

3-10 某电动机运行 120 s 后停 20 s，循环 200 次停止。试编写 PLC 控制程序。

3-11 三台电动机 M1、M2、M3 顺序启动，顺序停止。按启动按钮，M1 先启动，经10 s M2 启动，又经 15 s M2 启动。按停止按钮，M1 先停止，经 12 s M2 停止，又经 20 s M2 停止。试编写 PLC 控制程序。

3-12 试用保持指令（KP）编写编写 3-11 题。

3-13 电动机 M1 启动运行 20 s，停；2 s 后，M2 自动启动，运行 15 s，停；2 s 后，M1 又自动启动，按上述规律运行 50 个循环自动停止。试编写 PLC 控制程序。

3-14 电机 M1、M2、M3、M4 的工作时序如图3-89所示。图中为第一循环的时序。要求完成 100 个循环自动停止；停止后再按启动按钮，又能进行下一轮的循环工作；任何时候按停止按钮，都要完成一个完整的循环才能停止。试编写 PLC 控制程序。

3-15 电动机 M1 启动后 20 s M2 启动。其中 M1 为 Y-△ 减压启动，M2 为自耦变压器减压启动。试编写 PLC 控制程序。

3-16 编写灯光循环程序，要求合上开关 X0→灯 Y0 亮，0.5 s→灯 Y0 灭，Y1 亮，0.5 s→灯 Y1 灭，Y2 亮，0.5 s→灯 Y2 灭，Y3 亮，0.5 s→灯 Y3 灭，Y4 亮，0.5 s→灯 Y4 灭，Y0 亮，0.5 s。如此循环，经 25 s，然后全灭。停 1 s，再循环。

3-17 编写十字路口交通灯控制程序。要求合上开关，东西绿灯亮 4 s，闪 2 s 灭，黄灯亮 2 s 灭，红灯亮 8 s，循环。当东西绿灯黄灯亮时，南北红灯亮 8 s，接着绿灯亮 4 s，闪 2 s 灭，黄灯亮 2 s 灭，循环。其时序图如图 3-90 所示：

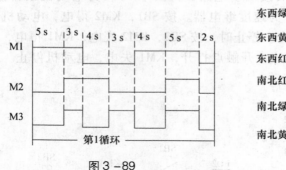

图 3-89

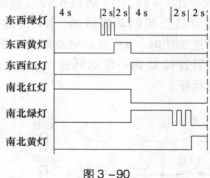

图 3-90

3-18 用移位寄存器指令 SR 编写 Y0～Y7 共 8 盏灯每隔 2 s 循环点亮的程序。要求：Y0 亮→Y1 亮，Y0 灭→Y2 亮，Y1 灭→Y3 亮，……，Y5 灭→Y7 亮，Y6 灭→Y0 亮，Y7 灭→Y1 亮，Y0 灭（循环）。

3-19 用移位寄存器指令 SR 编写 Y0～Y15 共 16 盏灯每隔 2 秒点亮的程序。要求：Y0 亮→Y1 亮→Y2 亮→……→Y15 亮（全亮）→全灭→停 2 s→Y0 亮（循环）。

3-20 写出图 3-91 流程图的梯形图程序。

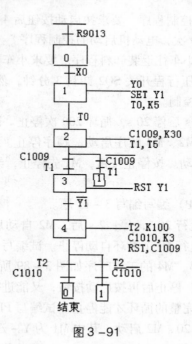

图 3-91

3-21 设有红灯（Y0）、绿灯（Y1）、黄灯（Y2），其控制过程如下：

启动→红灯亮 1 s→绿灯亮 2 s→黄灯亮 3 s→红、绿灯亮 4 s→绿、黄灯亮 4 s→红、绿、黄灯亮 4 s→停止 1 s→红灯亮 1 s（重复循环不断）。要求用步进顺控方法编程。

3-22 用步进顺控方法编写实现广告牌字体闪光控制，分别用 Y0，Y1，Y2，Y3，Y4，Y5 控制灯光，使"欢迎你好朋友"六个字明亮闪烁，控制流程如表 3-29。表中 + 为得电，空白为不得电。

表 3-29 控制流程

步序/(秒)	1 s	1 s	1 s	1 s	1 s	1 s	1 s	1 s	1 s	1 s	1 s
Y0	+						+	+		+	
Y1		+					+	+		+	
Y2			+				+	+		+	
Y3				+			+	+		+	
Y4					+		+	+		+	
Y5						+	+	+		+	

3-23 试用调用子程序的方法编写电动机控制程序。要求：按启动按钮后 5 台电动机（Y1、Y2、Y3、Y4、Y5）每隔 20 s 顺序启动，按停止按钮后这 5 台电动机每隔 25 s 顺序停止。

实训1 基本指令的综合运用之一
——彩灯循环控制

一、实验目的

1. 熟悉 PLC 实验装置；
2. 熟悉并掌握编程软件的使用；
3. 掌握定时器、计数器、移位指令 SR 及步进顺序控制的正确编程方法。

二、实验内容

1. 定时器指令 TM 的使用；
2. 计数器指令 CT 的使用；
3. 左移移位指令 SR 的使用；
4. 步进控制相关指令的使用。

三、控制要求

霓虹灯控制：闭合开关，4 只彩灯，依次点亮循环往复。每只灯只亮 1 s，分别用定时器和移位寄存器指令编制相关程序来实现。

四、实验报告

1. 根据实验设备的机型，绘制出输入输出端子的 I/O 分配表。
2. 根据控制要求编制实验程序。

五、参考程序如下：

1. 定时器 + 步进指令实现

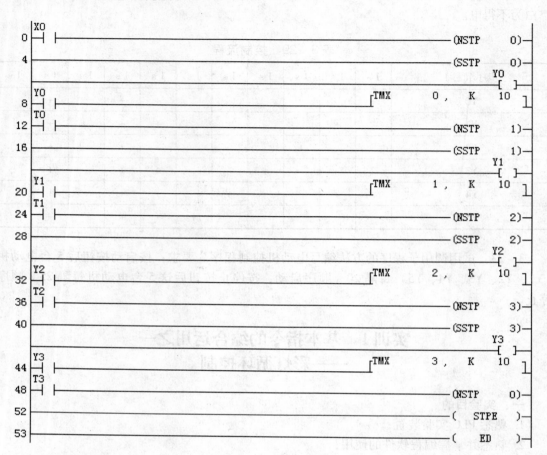

2. 移位指令实现

3. 只用定时器实现（只用2彩灯示例）

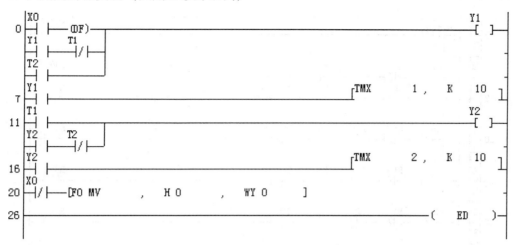

六、思考题

1. DF、DF/对长信号处理作用，扫描周期含义及分析方法（长信号变短信号）。
2. SRWR指令功能及程序设计思路（数据端，脉冲端，复位信号）。
3. 步进程序与一般程序区别。

实训2　基本指令的综合运用之二
——抢答器的设计

一、实验目的

1. 熟悉七段LED数码管显示的工作原理；
2. 能够根据工业控制要求正确画出I/O分配图；

二、实验原理

七段LED数码管显示的工作原理。

三、控制要求：

抢答器的设计：有4个抢答台，在主持人的主持下，参赛人通过抢先按下抢答按钮回答问题。当主持人按下开始抢答按钮后，抢答开始，并限定时间。最先按下按钮的选手由七段LED数码管显示其台号，同时蜂鸣器发出音响，其他抢答无效。如果在限定时间内各参赛人均不能回答，10 s后蜂鸣器发出音响，此后抢答无效。如果在主持人按下开始按钮之前，有人按下抢答按钮，则属违规，在显示该台台号同时蜂鸣器响，违规指示灯闪烁，其他按钮不起作用。

各台数字显示的消除：蜂鸣器音响及违规指示灯的关断，都要通过主持人去按下复位按钮。

四、实验报告

1. 根据控制要求画出正确的I/O分配图；
2. 根据控制要求编制实验程序。

五、思考题

1. 这个程序中台号对应数码显示是如何实现的，总结其规律；
2. 你还能编制通用的闪烁灯控制程序吗？编制好程序后上机调试。

六、参考程序如下:

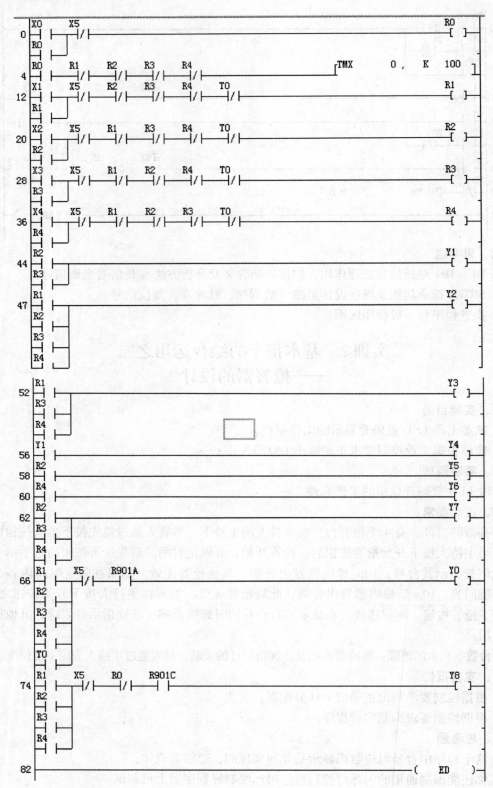

项目 4

FP 系列 PLC 的高级指令及其编程

　　FP 系列 PLC 的高级指令由指令编号、指令助记符和操作数组成，如图 4-1 所示。

　　其中指令编号从 0 开始，取自然数排列，主要用于高级指令的输入。高级指令有两种形式：F 和 P。如编号前冠以"F"，是指该指令每个扫描周期重复执行；如冠以"P"，是指该指令当执行条件的上升沿到达时在一个扫描周期内执行。本章只讨论 F 形式的高级指令。如用到 P 形式的高级指令，

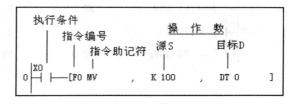

图 4-1　高级指令的组成

只需在指令助记符前加一个 P。例如，F0（MV）是 F 形式的指令，而 P0（PMV）是 P 形式的指令。

　　指令助记符是用以表示该指令处理的内容的符号。操作数用于表示指定数据的存放方式、存储区地址等信息，它有源 S、目标 D、数字 n 等三种类型，分别表示被传送或待处理的数据、其存储数据处理的结果或存放的位置、数据数值等。

任务 1　数据传输类指令

任务目标

学会数据传输类指令的输入和编程方法。

任务分解

1.1　数据传输指令（MV，DMV；MV/，DMV/）

数据传输指令的助记符和意义如表 4-1 所示。

表 4-1　数据传输指令的助记符和意义

助记符	操作数（可作用的软元件）	名称，意义	步　数
F0（MV）	源：WX，WY，WR，SV，EV，DT，K，H 目标：WY，WR，SV，EV，DT	16 位数据传输。传送 16 位数据	5
F1（DMV）		32 位数据传输。传送 32 位数据	7
F2（MV/）		16 位数据求反传输。将 16 位数据按位取反传送	5
F3（DMV/）		32 位数据求反传输。将 32 位数据按位取反传送	7

数据传输指令的格式如图 4-2 所示。

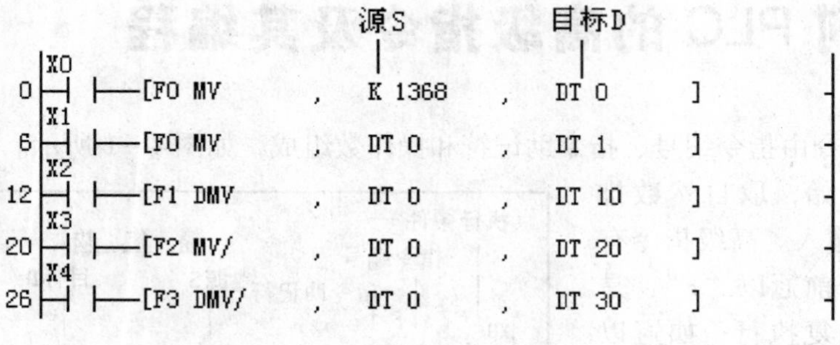

(a)

```
 0 ST      X      0
 1 F    0  (MV)
        K       1368
        DT         0
 6 ST      X      1
 7 F    0  (MV)
        DT         0
        DT         1
12 ST      X      2
13 F    1  (DMV)
        DT         0
        DT        10
20 ST      X      3
21 F    2  (MV/)
        DT         0
        DT        20
26 ST      X      4
27 F    3  (DMV/)
        DT         0
        DT        30
```
(b)

图4-2　数据传输指令

(a) 梯形图；(b) 指令表

执行图4-2所示程序，按X0，将十进制的1368传送到数据寄存器DT0，DT0等于K1368。按X1，将DT0的数值传送到DT1，DT1也等于K1368。按X2，执行32位数据传输指令DMV，将32位的（DT1、DT0）的数值传送到32位的（DT11、DT10），其中DT1、DT11是高16位，DT0、DT10是低16位。按X3，执行16位数据求反传输指令MV/，将DT0的每一位数值取反，再传送到DT20。按X4，执行32位数据求反传输指令DMV/，将（DT1、DT0）的每一位数值取反，再传送到（DT31、DT30）。

执行的结果如下所示：

DT0 = 0000 0101 0101 1000
DT1 = 0000 0101 0101 1000
DT10 = 0000 0101 0101 1000
DT11 = 0000 0101 0101 1000
DT20 = 1111 1010 1010 0111
DT30 = 1111 1010 1010 0111
DT31 = 1111 1010 1010 0111

例4-1　执行图4-3程序，问WY0、WY1中哪些位为ON？按X1，能否将这些位复位为OFF？

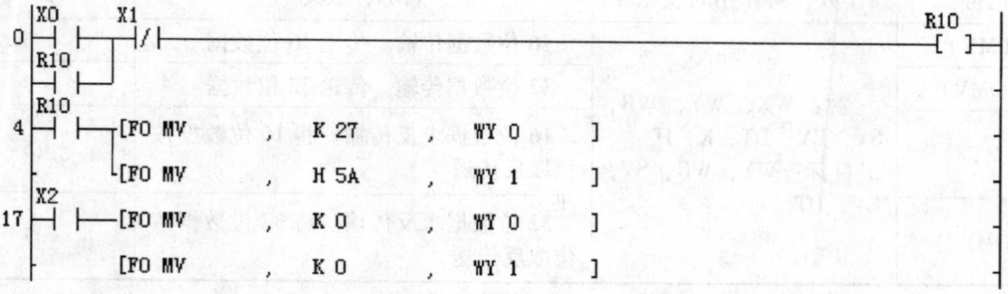

图4-3　数据传输指令的应用

图中，按 X0，执行 MV 指令，将 K27 传送到 WY0，将 H5A 传送到 WY1，其结果为：

$$WY0 = 0000\ 0000\ 0001\ 1011 = K27$$
$$WY1 = 0000\ 0000\ 0101\ 1010 = H5A$$

即 Y0、Y1、Y3、Y4 以及 Y11、Y13、Y14、Y16 为 ON。

按 X1，并不能使上述位元件复位。如果按 X2，将 K0 分别送 WY0、WY1，则上述位元件复位。

例4-2 电动机正反转 Y-△ 减压启动电路如图4-4所示。试用数据传输指令编写 PLC 控制程序。

I/O 分配如表4-2所示，所编的程序如图4-5所示。

表4-2 I/O 分配

元 件	I/O，意义
SB1	X0，正向启动按钮
SB2	X1，反向启动按钮
SB3	X2，停止按钮
KM1	Y0，正向启动电源接触器
KM2	Y1，反向启动电源接触器
KM△	Y2，Y 连接接触器
KMY	Y3，△连接接触器

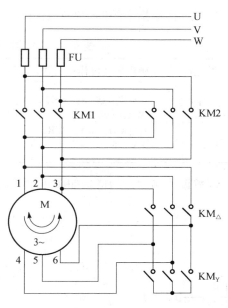

图4-4 电动机正反转 Y-△启动电路

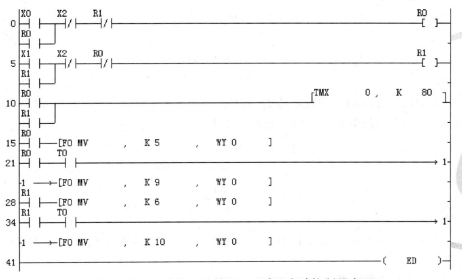

图4-5 电动机正反转 Y-△减压启动控制程序

101

图中，如要正向启动，按X0，R0得电，T0延时8 s；同时将K5送WY0，使Y0、Y2置1，电动机正向Y连接启动。T0延时时间到，将K9送WY0，使Y0、Y3置1，电动机正向△连接正常运行。按X2，停机。如要反向启动，按X1，R1得电，T0延时8 s；同时将K6送WY0，使Y1、Y2置1，电动机反向Y连接启动。T0延时的时间到，将K10送WY0，使Y1、Y3置1，电动机反向△连接正常运行。

在实际控制中，要注意此电动机从Y连接启动过渡到△连接运行时，因过速而引起接触器极间电弧。处理的方法是Y连接启动后延时一定时间才过渡到△连接运行。

1.2 位数据传输指令（BTM，DGT）

位数据传输指令的助记符和意义如表4-3所示。

表4-3 位数据传输指令的助记符和意义

助记符	操作数（可作用的软元件）	名称，意义	步数
F5（BTM）	源S，数n：WX，WY，WR，SV，EV，DT，K，H	数据位传输。传送16位区的数据位	8
F6（DGT）	目标D：WY，WR，SV，EV，DT	十六进制数位传输。传送十六进制数位区的数据位	8

位数据传输指令的格式如图4-6所示。

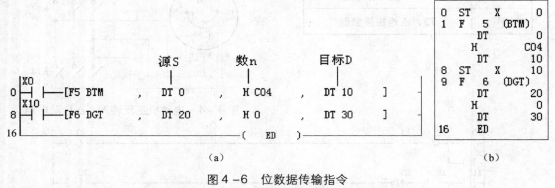

图4-6 位数据传输指令

(a) 梯形图；(b) 指令表

图4-6中将源S的哪一位数据传送到目标的哪一位数据中，是由常数n的格式决定。

（1）BTM指令中的常数n的格式及意义如下：

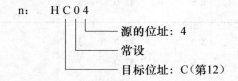

图4-6（a）中按X0，执行BTM指令，将源DT0的第4位的数据传送到目标DT10中的第12位。

（2）DGT指令中的常数n的格式及意义如下：

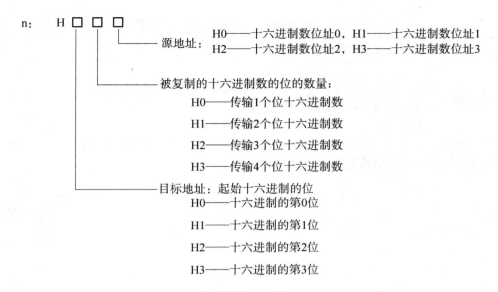

例如，① H003（即 H3），意思是将源数据的数位 3 传送到目标数据的数位 0，如下所示：

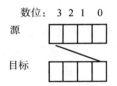

② H210，意思是将源数据的数位 0 开始的两个位传送到目标数据的数位 2 开始的两个位，如下所示：

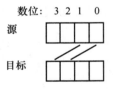

（3）按 X10，执行 DGT 指令，将源 DT20 的数位 0 传送到目标数据 DT30 的数位 0 中。

例 4-3　读图 4-7 程序，按 X0，问指令 BTM 执行前后 WY0 的数值为多少？

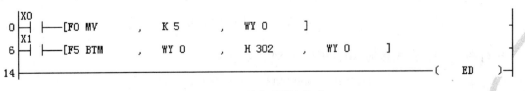

图 4-7　执行 BTM 指令

BTM 指令执行前，WY0 = 0000 0000 0101；
BTM 指令执行后，WY0 = 0000 0000 1101。

1.3　数据块传输指令（BKMV）

数据块传输指令的助记符和意义如表 4-4 所示。

表4-4　数据块传输指令的助记符和意义

助记符	操作数（可作用的软元件）	名称，意义	步　数
F10（BKMV）	源 S1，S2：WX，WY，WR，SV，EV，DT，K，H 目标 D：WY，WR，SV，EV，DT	数据块传输。将数据块传输到指定区	5

数据块传输指令的格式如图4-8所示。

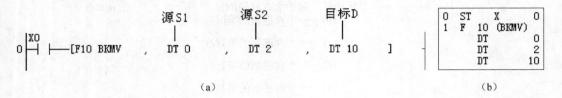

图4-8　数据块传输指令

（a）梯形图；（b）指令表

数据块传输指令的意义是：将从数据 S1 开始到 S2 结束的数据块传输到以目标 D 开始的块中。图4-8的执行情况是将 DT0、DT1、DT2 这3个数据块传输到 DT10、DT11、DT12 中去。

应用数据块传输指令要注意：S1、S2 必须是同类操作数；而且 S2 的地址必须大于 S1 的地址，否则会产生运算错误。

例4-4　执行图4-9程序，写出目标 D 的数值。

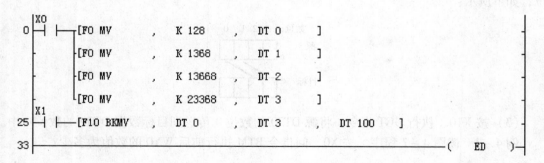

图4-9　执行 BKMV 指令

执行图4-9，首先接通 X0，再接通 X1，结果为：

$$DT100 = 0000\ 0000\ 1000\ 0000 = K128$$
$$DT101 = 0000\ 0101\ 0101\ 1000 = K1368$$
$$DT102 = 0011\ 0101\ 0110\ 0100 = K13668$$
$$DT103 = 0101\ 1011\ 0100\ 1000 = K23368$$

1.4　数据块复制指令（COPY）

数据块复制指令的助记符和意义如表4-5所示。

表4-5　数据块复制指令的助记符和意义

助记符	操作数（可作用的软元件）	名称，意义	步　数
F11（COPY）	源 S：WX，WY，WR，SV，EV，DT，K，H 目标 D1、D2： WY，WR，SV，EV，DT	数据块复制。将数据块 S 的数值复制到从 D1 到 D2 的块中	5

数据块复制指令的格式如图4-10所示。

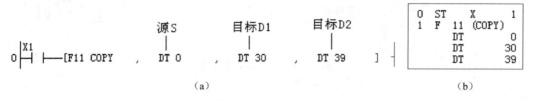

图4-10　数据块复制指令

(a) 梯形图；(b) 指令表

图4-10的意义是将源 DT0 的数值复制到从目标 DT30 到目标 DT39 共 10 个数据寄存器中。

应用数据块复制指令要注意：D1、D2 必须是同类操作数；而且 D2 的地址必须大于 D1 的地址，否则会产生运算错误。

例4-5　执行图4-11程序，写出结果。

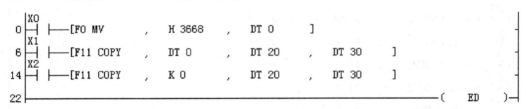

图4-11　COPY 指令的执行

执行图4-11所示指令，按 X0，将 H3668 送到 DT0。按 X1，将 DT0 的值 H3668 送到从 DT20 到 DT30 共 11 个数据寄存器中。按 X2，将 K0 的值送到从 DT20 到 DT30 共 11 个数据寄存器中，即对 DT20～DT30 清零。

1.5　数据交换指令（XCH，DXCH，SWAP）

数据交换指令的助记符和意义如表4-6所示。

表4-6　数据交换指令的助记符和意义

助记符	操作数（可作用的软元件）	名称，意义	步　数
F15（XCH）	目标 D1，D2： WY，WR，SV，EV，DT	16 位数据交换。交换两个 16 位数据	5
F16（DXCH）		32 位数据交换。交换两个 32 位数据	5
F17（SWAP）	目标 D： WY，WR，SV，EV，DT	16 位数据高、低字节交换。交换 16 位数据的高、低字节	3

数据交换指令的格式如图4－12所示。

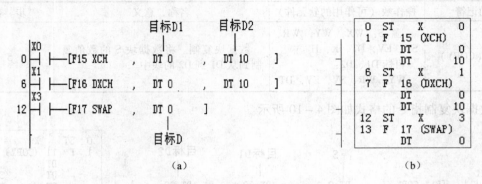

图4－12 数据交换指令

（a）梯形图；（b）指令表

图中 XCH 指令的意义是将目标 D1 的 DT0 数据与目标 D2 的 DT10 数据交换。DXCH 指令的意义是将目标 D1 的（DT1、DT0）数据与目标 D2 的（DT11、DT10）数据交换。SWAP 的意义是将 DT0 数据的高字节与低字节交换。这三个指令的应用如例4－6所示。

例4－6 执行图4－13程序，按 X0、X1 后，再按 X2、X3、X4，结果如何？

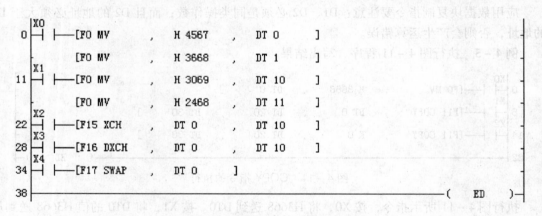

图4－13 数据交换指令的应用

如图4－13所示，按 X0、X1 后，再按 X2，执行 XCH 指令，则 DT0 与 DT10 交换了数据：

$$DT0 = H3069 = 0011\ 0000\ 0110\ 1001$$
$$DT10 = H4567 = 0100\ 0101\ 0110\ 0111$$

按 X3，执行 DXCH 指令，则 DT1、DT0 与 DT11、DT10 交换了数据：

$$DT0 = H4567 = 0100\ 0101\ 0110\ 0111$$
$$DT1 = H2468 = 0010\ 0100\ 0110\ 1000$$
$$DT10 = H3069 = 0011\ 0000\ 0110\ 1001$$
$$DT11 = H3668 = 0011\ 0110\ 0110\ 1000$$

按 X4，执行 SWAP 指令，将 DT0 的高、低字节交换，$DT0 = H6745 = 0110\ 0111\ 0100\ 0101$

任务2 数据运算类指令

任务目标

学会数据运算类指令的输入和编程方法。

任务分解

2.1 二进制数算术运算指令

二进制数算术运算指令包括16位和32位二进制数的加、减、乘、除以及加1、减1运算。

1. 二进制加法运算指令（+，D+）

二进制加法运算指令的助记符和意义如表4-7所示。

表4-7 二进制加法运算指令的助记符和意义

助记符	操作数（可作用的软元件）	名称，意义	步 数
F20（+）	源S，S1，S2： WX，WY，WR，SV， EV，DT，K，H 目标D： WY，WR，SV，EV， DT	16位数据加法。S+D→D	5
F21（D+）		32位数据加法。（D+1，D）+（S+1，S）→（D+1，D）	7
F22（+）		16位数据加法。S1+S2→D	7
F23（D+）		32位数据加法。（S1+1，S1）+（S2+1，S2）→（D+1，D）	10

二进制加法运算指令的格式如图4-14所示。

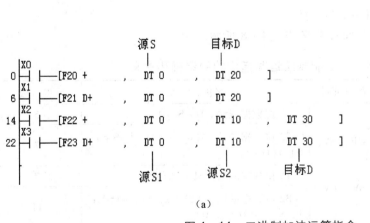

图4-14 二进制加法运算指令

（a）梯形图；（b）指令表

图中，第0步按X0，进行16位加法，将DT0+DT20→DT20。第6步按X1，进行32位加法，将（DT1，DT0）+（DT21，DT20）→（DT21，DT20）。第14步按X2，进行16位加法，将DT0+DT10→DT30。第22步按X3，进行32位加法，将（DT1，DT0）+（DT11，DT10）→（DT31，DT30）。

例4-7 执行图4-15程序，按X0，再按X1、X2、X3、X4，结果如何？

107

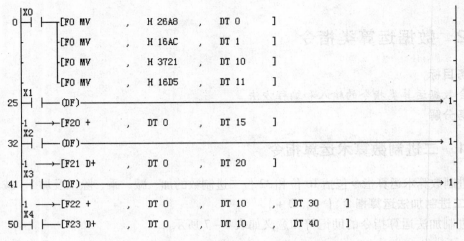

图 4-15 二进制加法的数值运算

执行图 4-15 的结果如下：

$$DT0 = H26A8$$
$$DT1 = H16AC$$
$$DT10 = H3721$$
$$DT11 = H16D5$$
$$DT15 = H26A8$$
$$(DT21, DT20) = H16AC26A8$$
$$DT30 = H5DC9$$
$$(DT41, DT40) = H2D815DC9$$

2. 二进制减法运算指令（-，D-）

二进制减法运算指令的助记符和意义如表 4-8 所示。

表 4-8 二进制减法运算指令的助记符和意义

助记符	操作数（可作用的软元件）	名称，意义	步 数
F25（-）	源 S，S1，S2： WX，WY，WR，SV，EV，DT，K，H 目标 D： WY，WR，SV，EV，DT	16 位数据减法。D-S→D	5
F26（D-）		32 位数据减法。（D+1，D）-（S+1，S）→（D+1，D）	7
F27（-）		16 位数据减法。S1-S2→D	7
F28（D-）		32 位数据减法。（S1+1，S1）-（S2+1，S2）→（D+1，D）	11

二进制减法运算指令的格式如图 4-16 所示。

图中，第 0 步按 X0，进行 16 位减法，将 DT10-DT0→DT10。第 6 步按 X1，进行 32 位减法，将（DT11，DT10）-（DT1，DT0）→（DT11，DT10）。第 14 步按 X2，进行 16 位减法，将 DT1-DT7→DT20。第 22 步按 X3，进行 32 位减法，将（DT1，DT0）-（DT8，DT7）→（DT31，DT30）。

例 4-8 执行图 4-17 程序，按 X0 后，再按 X1，结果如何？

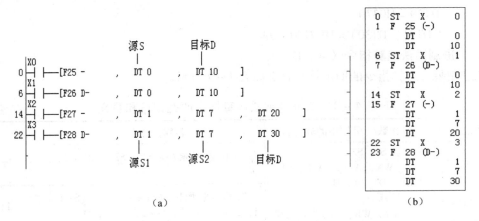

图 4－16 二进制减法运算指令

(a) 梯形图; (b) 指令表

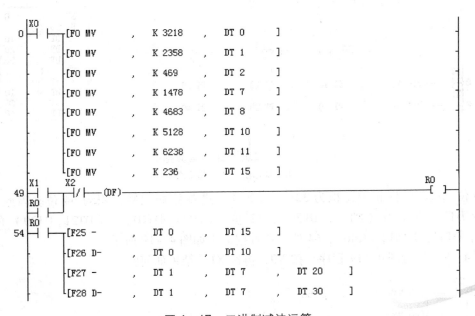

图 4－17 二进制减法运算

运算结果为: 按 X0, DT0 = K3218 = H0C92

DT1 = K2358 = H0936

DT2 = K469 = H01D5

DT7 = K1478 = H05C6

DT8 = K4683 = H124B

DT10 = K5128 = H1408

DT11 = K6238 = H185E

DT15 = K236 = H00EC

按 X1, DT15 = HF45A

(DT11, DT10) = H5280775

DT20 = H0370

（DT31，DT30）= HD7E3BC0A

3. 二进制乘法运算指令 （＊，D＊）

二进制乘法运算指令的助记符和意义如表4 –9 所示。

表4 –9　二进制乘法运算指令的助记符和意义

助记符	操作数（可作用的软元件）	名称，意义	步　数
F30 （＊）	源 S1, S2： 　WX，WY，WR，SV， EV，DT，K，H	16 位数据乘法。S1 × S2→（D + 1，D）	7
F31 （D＊）	目标 D： 　WY，WR，SV，EV，DT	32 位数据乘法。（S1 + 1，S1）×（S2 + 1，S2）→（D + 3，D + 2，D + 1，D）	11

二进制乘法运算指令的格式如图4 –18 所示

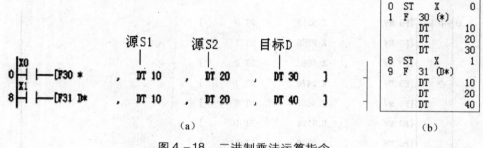

(a)

(b)

图4 –18　二进制乘法运算指令

(a) 梯形图；(b) 指令表

16 位二进制数据相乘，积为 32 位。32 位二进制数据相乘，积为 64 位。因此，图中 DT10 × DT20 的积为（DT31，DF30），32 位。（DT11，DT10）×（DT21，DT20）的积为（DT43，DT42，DT41，DT40），64 位。其数据运算如图4 –19 所示。

例4 –9　执行图4 –19 程序，按 X0，再按 X1，结果如何？

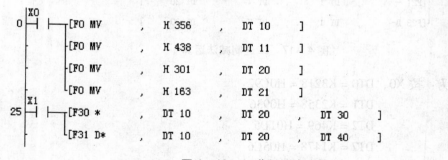

图4 –19　二进制乘法运算

程序执行的结果为：

DT10 = 0000 0011 0101 0110 = K854

DT11 = 0000 0100 0011 1000 = K1080

DT20 = 0000 0011 0000 0001 = K769

DT21 = 0000 0001 0110 0011 = K355

DT30 = 0000 0101 0101 0110 = K1366

DT31 = 0000 0000 0000 1010 = K10

DT40 = 0000 0101 0101 0110 = K1366

DT41 = 01001100 1000 0100 = K19588

DT42 = 1101 1001 1011 1001 = K − 9799

DT43 = 0000 0000 0000 0101 = K5

（DT31，DT30）= K656726

（DT41，DT40）= K1283720534

（DT43，DT42）= K383417

4. 二进制除法运算指令（%，D%）

二进制除法运算指令的助记符和意义如表 4 − 10 所示。

表 4 − 10 二进制除法运算指令的助记符和意义

助记符	操作数（可作用的软元件）	名称，意义	步 数
F32（%）	源 S1，S2： WX，WY，WR，SV， EV，DT，K，H 目标 D： WY，WR，SV，EV，DT	16 位 数 据 除 法。S1/S2 → D … （DT9015 或 DT90015）	7
F33（D%）		32 位数据除法。（S1 +1，S1）/（S2 + 1，S2）→（D + 1，D）…（DT9016， DT9015）或（DT90016，DT90015）	11

二进制除法运算指令的格式如图 4 − 20 所示。

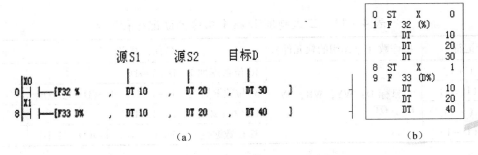

图 4 − 20 二进制除法运算指令

（a）梯形图；（b）指令表

图中，16 位二进制数据相除，DT10/DT20，商放在 DT30，余数放在特殊数据寄存器 DT9015（例如 FP1 型 PLC），或放在特殊数据寄存器 DT90015（例如 FP − X 型 PLC）。32 位二进制数据相除，（DT11，DT10）/（DT21，DT20），商放在（DT41，DT40），余数放在特殊数据寄存器（DT9016，DT9015）或（DT90016，DT90015）。

例 4 − 10 执行图 4 − 21 程序，按 X0，再按 X1，结果如何？

程序执行的结果为：

DT10 = 0000 0000 1001 1111 = K159

DT11 = 0000 0000 0100 0100 = K68

DT20 = 0000 0000 0001 0111 = K23

DT21 = 0000 0000 0010 0110 = K38

DT10/DT20, 商 DT30 = 0000 0000 0000 0110 = K6

余数 DT90015 = 0000 0000 1000 1000 = K21

(DT11, DT10)/(DT21, DT20),

商 (DT41, DT40) = 0000 0000 0000 0001 = K1

余数 DT90016 = 0000 0000 0001 1110 = K30

DT90015 = 0000 0000 1000 1000 = K136

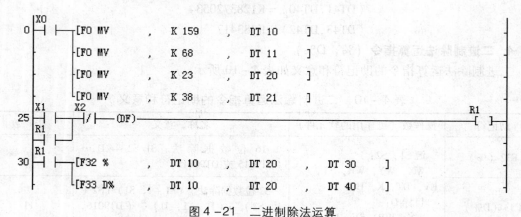

图 4-21 二进制除法运算

5. 二进制数据加 1/减 1 指令 (+1, -1)

二进制数据加 1/减 1 指令的助记符和意义如表 4-11 所示。

表 4-11 二进制加 1/减 1 指令的助记符和意义

助记符	操作数（可作用的软元件）	名称，意义	步 数
F35（+1）	目标 D: WY, WR, SV, EV, DT	16 位数据加 1。D + 1→D	3
F36（D+1）		32 位数据加 1。(D + 1, D) + 1→(D + 1, D)	3
F37（-1）		16 位数据减 1。D - 1→D	3
F38（D-1）		32 位数据减 1。(D1 + 1, D) - 1→(D + 1, D)	3

二进制数据加 1/减 1 指令的格式如图 4-22 所示

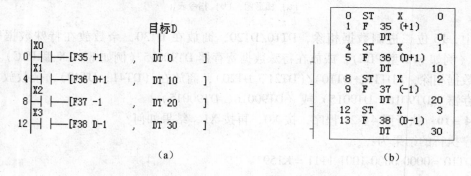

(a)   (b)

图 4-22 二进制数据加 1/减 1 指令

(a) 梯形图；(b) 指令表

图中，执行加1指令，当X0接通时，DT0+1→DT0；当X1接通，（DT11，DT10）+1→（DT11，DT10）。执行减1指令，当X2接通时，DT20−1→DT20；当X3接通时，（DT31，DT30）−1→（DT31，DT30）。

例4-11　执行图4-23程序，按X0，程序执行的结果如何？

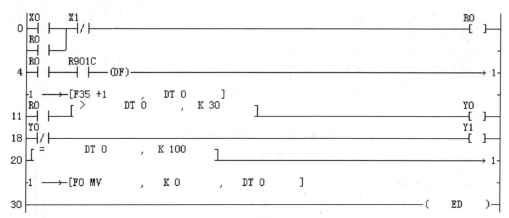

图4-23　二进制数据加1指令的应用

图中，X0接通，DT0每秒加1。当DT0的当前值小于K30时，Y1得电；当DT0的当前值大于K30时，Y0得电，一直到DT0的当前值等于K100，DT0清零。第2个循环开始。

2.2　BCD数算术运算指令

BCD数算术运算包括BCD数的加、减、乘、除。

1. BCD数加法运算指令（B+，DB+）

BCD数加法运算指令的助记符和意义如表4-12所示。

表4-12　BCD数加法运算指令的助记符和意义

助记符	操作数（可用软元件）	名称，意义	步　数
F40（B+）	源S，S1，S2： WX，WY，WR，SV，EV，DT，K，H 目标： WY，WR，SV，EV，DT	4位BCD数据加法。D+S→D	5
F41（DB+）		8位BCD数据加法。（D+1,D）+（S+1,S）→（D+1,D）	7
F42（B+）		4位BCD数据加法。S1+S2→D	7
F43（DB+）		8位BCD数据加法。（S1+1,S）+（S2+1,S2）→（D+1,D）	11

BCD数加法运算指令的格式如图4-24所示。

图4-24中的DT0、DT10、DT20等都是BCD数。当X0接通时，执行4位BCD数加法运算指令，DT10+DT0→DT10。当X1接通时，执行8位BCD数加法运算指令，（DT21，DT20）+（DT1，DT0）→（DT21，DT20）。当X2接通时，执行4位BCD数加法运算指令，DT0+DT10→DT30。当X3接通时，执行8位BCD数加法运算指令，（DT1，DT0）+（DT11，DT10）→（DT41，DT40）。

例4-12　执行图4-25（a）程序，按X0，再按X1，结果如何？

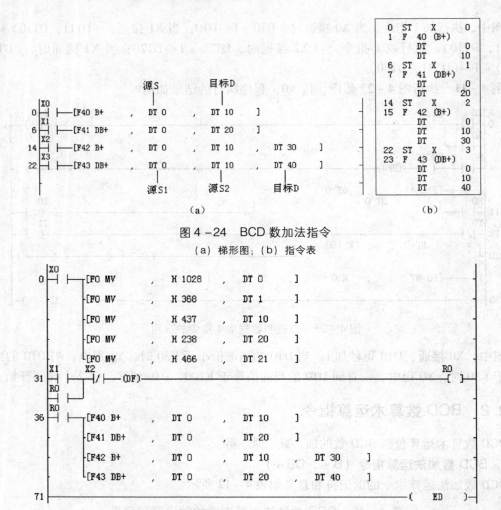

图 4 −24 BCD 数加法指令

(a) 梯形图；(b) 指令表

图 4 −25 (a) BCD 数加法指令的应用

执行图 4 −25 (a) 的程序，结果如图 4 −25 (b) 所示。

图 4 −25 (b) 图 (a) 的执行结果

2. BCD 数减法运算指令（B−，DB−）

BCD 数减法运算指令的助记符和意义如表 4−13 所示。

表 4−13 BCD 数减法运算指令的助记符和意义

助记符	操作数（可作用的软元件）	名称，意义	步 数
F45（B−）	源 S, S1, S2: WX, WY, WR, SV, EV, DT, K, H 目标: WY, WR, SV, EV, DT	4 位 BCD 数据减法。D−S→D	5
F46（DB−）		8 位 BCD 数据减法。（D+1, D）− （S+1, S）→（D+1, D）	7
F47（B−）		4 位 BCD 数据减法。S1−S2→D	7
F48（DB−）		8 位 BCD 数据减法。（S1+1, S）− （S2+1, S2）→（D+1, D）	11

BCD 数减法运算指令的格式如图 4−26 所示。

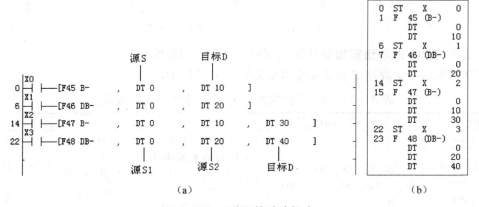

图 4−26 BCD 数减法指令

（a）梯形图；（b）指令表

图 4−26 中的 DT0、DT1、DT10、DT20 等都是 BCD 数。当 X0 接通时，执行 4 位 BCD 数减法运算指令，DT10−DT0→DT10。当 X1 接通时，执行 8 位 BCD 数减法运算指令，（DT21, DT20）−（DT1, DT0）→（DT21, DT20）。当 X2 接通时，执行 4 位 BCD 数减法运算指令，DT0−DT10→DT30。当 X3 接通时，执行 8 位 BCD 数减法运算指令，（DT1, DT0）−（DT21, DT20）→（DT41, DT40）。

例 4−13 执行图 4−27（a）程序，按 X4，再按 X0、X1、X2、X3，结果如何？

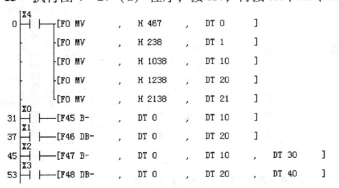

图 4−27（a） BCD 数减法指令的应用

执行图4-27（a），结果如图4-27（b）所示：

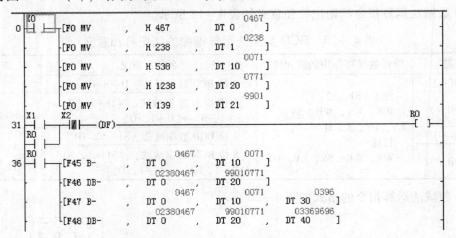

图4-27（b）（a）图的执行结果

3. BCD 数乘/除法运算指令（B∗，DB∗，B%，DB%）

BCD 数乘除法运算指令的助记符和意义如表4-14所示。

表4-14　BCD 数乘除法运算指令的助记符和意义

助记符	操作数（可用软元件）	名称，意义	步 数
F50（B∗）	源 S, S1, S2：WX, WY, WR, SV, EV, DT, K, H 目标：WY, WR, SV, EV, DT	4 位 BCD 数据乘法。S1×S2→(D+1, D)	7
F51（DB∗）		8 位 BCD 数据乘法。(S1+1, S1) - (S2+1, S2)→(D+3, D+2, D+1, D)	11
F52（B%）		4 位 BCD 数除法。S1/S2 → D … (DT9015 或 DT90015)	7
F53（DB%）		8 位 BCD 数除法。(S1+1, S)/(S2+1, S2) → (D+1, D) … (DT9016, DT9015 或 DT90016, DT90015)	11

BCD 数乘除法运算指令的格式如图4-28所示。

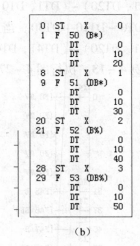

（a）

（b）

图4-28　BCD 数乘/除法指令

（a）梯形图；（b）指令表

图中，DT0、DT1、DT10、DT11 都是 BCD 数。接通 X0，4 位 BCD 数 DT0 × DT10→（DT21，DT20）。接通 X1，8 位 BCD 数（DT1，DT0）×（DT11，DT10）→（DT33，DT32，DT31，DT30）。接通 X2，4 位 BCD 数 DT0 ÷ DT10→DT40。接通 X3，8 位 BCD 数（DT1，DT0）÷（DT11，DT10）→（DT51，DT50）。其数据运算如图 4 -29 所示。

例 4 -14 执行图 4 -29 程序，按 X0，再按 X1，X3，结果如何？

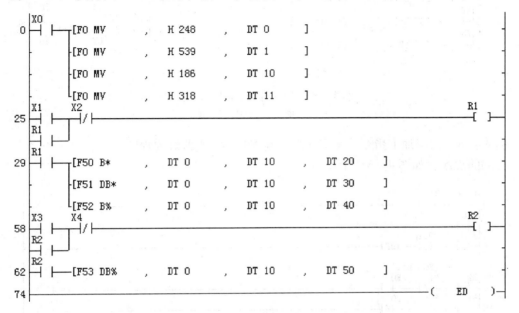

图 4 -29 BCD 数乘/除法指令的应用

执行图 4 -29 程序，得

（DT21，DT20）= H00046128
（DT33，DT32，DT31，DT30）= H0017141991226128
DT40 = H1，   ⋯DT90015 = H0062
（DT51，DT50）= H1，   ⋯（DT90016，DT90015）= H02210062

4. BCD 数加 1/减 1 指令（B +1，DB +1，B -1，DB -1）

BCD 数加 1/减 1 指令的助记符和意义如表 4 -15 所示。

表 4 -15 BCD 数加 1/减 1 指令的助记符和意义

助记符	操作数（可用软元件）	名称，意义	步 数
F55 （B +1）	目标 D：WY，WR，SV，EV，DT	4 位 BCD 数据加 1。D +1→D	3
F56 （DB +1）		8 位 BCD 数据加 1。（D +1，D）+1→（D +1，D）	3
F57 （B -1）		4 位 BCD 数据减 1。D -1→D	3
F58 （DB -1）		8 位 BCD 数据减 1。（D +1，D）-1→（D +1，D）	3

BCD 数据加 1/减 1 指令的格式如图 4 -30 所示。

图 4 -30 中的 DT10、DT20、DT30、DT40 等都是 BCD 数。图中，执行加 1 指令，当 X0 接通时，DT10 +1→DT10；当 X1 接通时，（DT21，DT20）+1→（DT21，DT20）。执行减 1 指令，当 X2 接通时，DT30 -1→DT30；当 X3 接通时，（DT41，DT40）-1→（DT41，DT40）。

117

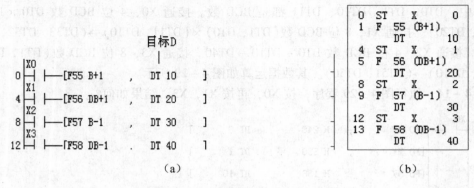

图4-30　BCD数据加1/减1指令
(a) 梯形图; (b) 指令表

例4-15　试用加1指令,编写循环点亮Y0~Y7八盏灯的程序。

所编的程序,如图4-31所示。

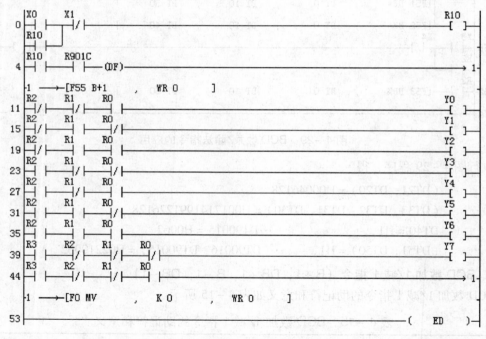

图4-31　加1指令的应用

图中按X0,R10得电,每秒执行4位BCD数WR0加1指令,当WR0=1~8时,灯Y0~Y7逐个点亮。

2.3　逻辑运算指令

逻辑运算指令包括逻辑与、逻辑或、逻辑异或、逻辑异或非。

1. 逻辑与/或运算指令 (WAN, WOR)

逻辑与/或运算指令的助记符和意义如表4-16所示。

表4-16　逻辑与/逻辑或运算指令的助记符和意义

助记符	操作数（可作用的软元件）	名称，意义	步　数
F65（WAN）	源S1，S2： WX，WY，WR，SV， EV，DT，K，H	逻辑与。将两个16位数据按位进行 逻辑"与"运算，结果送目标D。	7
F66（WOR）	目标D： WY，WR，SV，EV，DT	逻辑或。将两个16位数据按位进行 逻辑"或"运算，结果送目标D。	7

逻辑与/逻辑或运算指令的格式如图4-32所示。

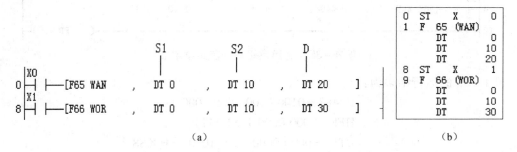

图4-32　逻辑与/逻辑或运算指令

(a) 梯形图；(b) 指令表

逻辑与、逻辑或的运算公式为：

$$Y = A \times B$$
$$Y = A + B$$

其真值表如图4-33所示。

A	B	Y
0	0	0
0	1	0
1	0	0
1	1	1

(a)

A	B	Y
0	0	0
0	1	1
1	0	1
1	1	1

(b)

图4-33　逻辑与/逻辑或真值表

(a) 逻辑与；(b) 逻辑或

例4-16　图4-34是逻辑与/逻辑或的运算例子，写出它的执行结果。

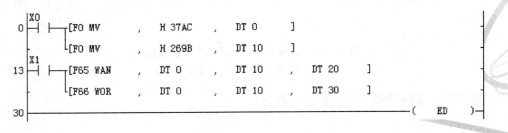

图4-34　逻辑与/逻辑或的运算

执行图4-34的结果为：

$$DT0 = 0011\ 0111\ 1010\ 1100$$
$$DT10 = 0010\ 0110\ 1001\ 1011$$
$$DT20 = 0010\ 0110\ 1000\ 1000$$
$$DT30 = 0011\ 0111\ 1011\ 1111$$

利用逻辑与的运算，常常可以用来屏蔽某数据的低位字节或高位字节，如图 4 – 35 所示。

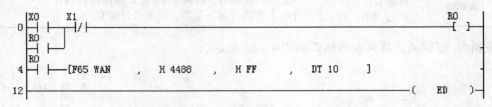

图 4 – 35　利用逻辑与屏蔽高位字节

图 4 – 35 的运行结果为：

$$H4488 = 0100\ 0100\ 1000\ 1000$$
$$HFF = 0000\ 0000\ 1111\ 1111$$
$$DT10 = 0000\ 0000\ 1000\ 1000\ = H0088$$

2. 逻辑异或/异或非指令（XOR，XNR）

逻辑异或/异或非运算指令的助记符和意义如表 4 – 17 所示。

表 4 – 17　逻辑异或/异或非运算指令的助记符和意义

助记符	操作数（可作用的软元件）	名称，意义	步　数
F67（XOR）	源 S1，S2：WX，WY，WR，SV，EV，DT，K，H	逻辑异或。将两个 16 位数据按位进行逻辑"异或"运算，结果送目标 D。	7
F68（XNR）	目标 D：WY，WR，SV，EV，DT	逻辑异或非。将两个 16 位数据按位进行逻辑"异或非"运算，结果送目标 D。	7

逻辑异或/逻辑异或非运算指令的格式如图 4 – 36 所示。

（a）　　　　　　　　　　　　　　（b）

图 4 – 36　逻辑异或/逻辑异或非运算指令

（a）梯形图；（b）指令表

逻辑异或、逻辑异或非的运算公式为：

$$Y = A\bar{B} + \bar{A}B$$
$$Y = \overline{A\bar{B} + \bar{A}B}$$

其真值表如图 4 – 37 所示。

A	B	Y
0	0	0
0	1	1
1	0	1
1	1	0

(a)

A	B	Y
0	0	1
0	1	0
1	0	0
1	1	1

(b)

图4-37 逻辑异或/逻辑异或非真值表

(a) 逻辑异或；(b) 逻辑异或非

例4-17 图4-38是逻辑异或/异或非的运算例子，写出它的执行结果。

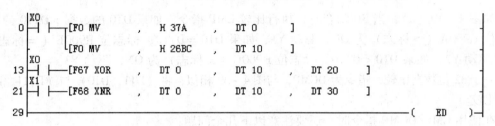

图4-38 逻辑异或/异或非的运算

执行图4-38的结果如下：

$$DT0 = 0000\ 0011\ 0111\ 1010$$
$$DT10 = 0010\ 0110\ 1011\ 1100$$
$$DT20 = 0010\ 0101\ 1100\ 0110$$
$$DT30 = 1101\ 1010\ 0011\ 1001$$

任务3 数据比较指令

任务目标

数据比较指令包括数据比较、数据区比较和数据块比较指令。

学会数据比较类指令的输入和编程方法。

任务分解

3.1 数据比较指令（CMP，DCMP）

数据比较指令的助记符和意义如表4-18所示：

表4-18 数据比较指令的助记符和意义

助记符	操作数（可作用的软元件）	名称，意义		步 数
F60（CMP）	源 S1，S2：WX，WY，WR，SV，EV，DT，K，H	16位数据比较	当 S1 > S2，R900A 为 ON	5
F61（DCMP）		32位数据比较	当 S1 = S2，R900B 为 ON 当 S1 < S2，R900C 为 ON	9

数据比较指令的格式如图4-39所示：

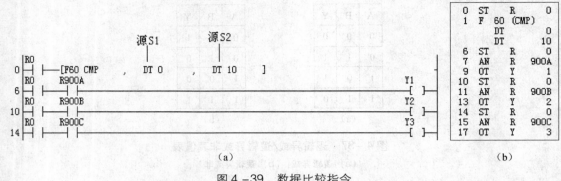

图 4 –39 数据比较指令

(a) 梯形图；(b) 指令表

如图 4 –39（a），当 R0 闭合时，执行比较 CMP 指令，如果 DT0 的数据 > DT10 的数据，标志位 R900A（>标志）为 ON，驱动 Y1；如果 DT0 = DT10，标志位 R900B（=标志）为 ON，驱动 Y2；如果 DT0 < DT10，标志位 R900C（<标志）为 ON，驱动 Y3。

对于 32 位数据比较，指令为 DCMP，与图 4 –39 相似，将（DT1，DT0）与（DT11，DT10）进行比较。

在使用 CMP/DCMP 指令时，还要注意以下几个问题：

（1）在执行比较指令时，触发条件 R0 必须一直闭合。

（2）比较指令标志 R900A、R900B、R900C 随着比较指令的执行而更新。如果在一个程序中使用两个或两个以上的比较指令的时候，一定要在使用完比较指令后，立即使用比较指令标志，如图 4 –40 所示。

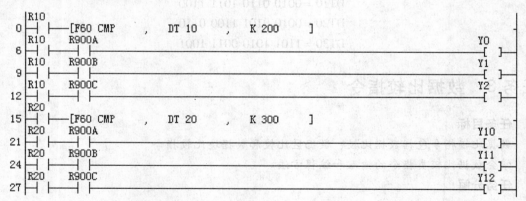

图 4 –40 连续使用比较指令的情况

（3）当要比较 BCD 数或无符号二进制数（0 ~ FFFF）时，标志位的状态如表 4 –19 所示：

表 4 –19 比较 BCD 数或无符号二进制数时的标志位的状态

S1、S2 的关系	标志位			
	R900A（>标志）	R900B（=标志）	R900C（<标志）	R9009（进位标志）
S1 < S2	×	OFF	×	ON
S1 = S2	OFF	ON	OFF	OFF
S1 > S2	×	OFF	×	OFF

×：表示根据情况 ON 或 OFF

使用情况如图4-41所示：

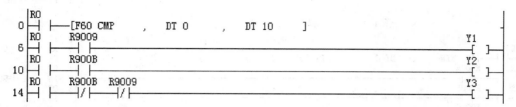

图4-41 BCD数据的比较

图中当DT0<DT10时，R9009为ON，驱动Y1；当DT0=DT10时，R900B为ON，驱动Y2；当DT0>DT10时，R9009为OFF且R900B为OFF，驱动Y3。

例4-18 读图4-42程序，描述程序的运行情况。

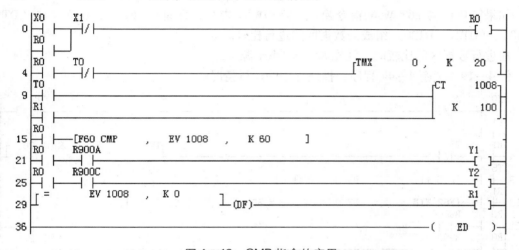

图4-42 CMP指令的应用

图4-42是数据比较指令的一个应用例子。T0为2秒定时器，每2秒C1008计数1次。将C1008的当前值EV1008与K60比较，如果EV1008小于K60，Y2得电，如果EV1008大于K60，Y1得电。当EV1008等于K0时，R1得电，使计数器C1008复位，重复上述过程。

3.2 数据区段比较指令（WIN，DWIN）

数据区段比较指令的助记符和意义如表4-20所示。

表4-20 数据区段比较指令的助记符和意义

助记符	操作数（可用软元件）	名称，意义		步 数
F62（WIN）	源 S1，S2，S3：WX，WY，WR，SV，EV，DT，K，H	16位数据区段比较。	当 S1>S3，R900A 为 ON	7
F63（DWIN）		32位数据区段比较。	当 S2≤S1≤S3，R900B 为 ON 当 S1<S2，R900C 为 ON	13

数据区段比较指令的格式如图4-43所示。

图中S1是待比较的数据，S2是下限数据，S3是上限数据。S2、S3构成一数据区间。当S1<S2时，标志位R900C为ON；当S1>S3时，标志位R900A为ON；当S2≤S1≤S3时，标志位R900B为ON。

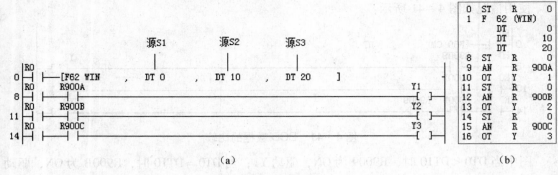

图4-43　数据区段比较指令

(a) 梯形图；(b) 指令表

如果第0行的 F62 WIN 指令换成 F63 DWIN 指令，即是将 (DT1, DT0) 与 (DT11, DT10)、(DT21, DT20) 组成的数据区间进行比较。

在进行数据区间比较时，注意源 S2 应小于源 S3。

例4-19　读图4-44程序，描述程序的运行情况。

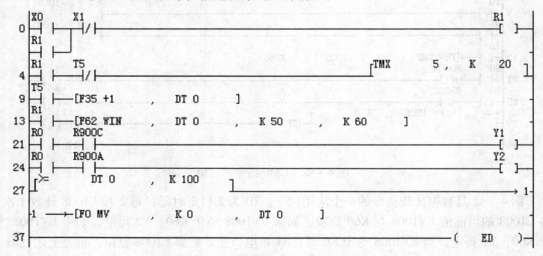

图4-44　数据区段比较指令的应用

图4-44为数据区段比较指令的应用程序。图中使用了数据区段比较指令和加1指令控制 Y1、Y2 的工作。

3.3　数据块比较指令（BCMP）

数据块比较指令的助记符和意义如表4-21所示。

表4-21　数据块比较指令的助记符和意义

助记符	操作数（可作用的软元件）	名称，意义	步 数
F64(BCMP)	源 S1：WX, WY, WR, SV, EV, DT, K, H 源 S2, S3：WX, WY, WR. SV. EV, DT	数据块比较。根据 S1 指定的内容，比较 S2 指定的数据块内容和 S3 指定的数据块内容。当比较结果为 S2 = S3，则 R900B 为 ON	7

数据块比较指令的格式如图4-45所示。

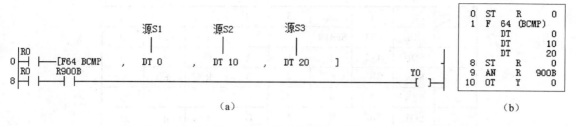

图4-45 数据块比较指令

(a)梯形图;(b)指令表

图中S1为指定的控制数据,意义如下:

$$S1=DT0=H1\ 0\ 0\ 4$$

被比较的字节数,范围H01~H99 H04,即比较4个字节

由S2指定的数据块起始字节位址0,从低位字节开始;1,从高位字节开始

由S3指定的数据块起始字节位址0,从低位字节开始;1,从高位字节开始

图4-45的意思是:将DT10从低位0开始的4个字节与DT20从高位1开始的4个字节进行比较,如图4-46所示。如果相等,则R900B为ON。

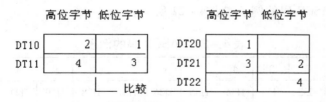

图4-46 数据块比较的意义

任务4 数据转换指令

任务目标

数据转换指令包括二进制数、十六进制数、BCD数据、ASCII码之间的转换,以及解码、编码等内容。学会数据比较类指令的输入和编程方法。

任务分解

4.1 区块校验码计算指令(BCC)

1. ASCII码

在PLC通信和PLC网络中,经常遇到ASCII码,本节首先介绍ASCII码。

ASCII码是以1字节用十六进制数或二进制数表示数字、字母或符号的一种编码方式。

如图 4 – 47 所示。

R\C	0	1	2	3	4	5	6	7
0	NUL	DEL	SPACE	0	@	P	、	p
1	SOH	DC₁	!	1	A	Q	a	q
2	STX	DC₂	"	2	B	R	b	r
3	ETX	DC₃	#	3	C	S	c	s
4	EOT	DC₄	$	4	D	T	d	t
5	ENQ	NAK	%	5	E	U	e	u
6	ACK	SYN	&	6	F	V	f	v
7	BEL	ETB	'	7	G	W	g	w
8	BS	CAN	(	8	H	X	h	x
9	HT	EM	)	9	I	Y	i	y
A	LF	SUB	*	:	J	Z	j	z
B	VT	ESC	+	;	K	[	k	{
C	FF	FS	:	<	L	¥	i	|
D	CR	GS	-	=	M	]	m	}
E	SO	RS	.	>	N	^	n	~
F	SI	US	/	?	O	_	o	DEL

图 4 – 47　ASCII 码

数字或字母的 ASCII 码的例子如表 4 – 22 所示。

表 4 – 22　ASCII 码的例子

	0	1	2	3	4	5	6	7	8	9	A	B	C	D
ASCII 码	H30	H31	H32	H33	H34	H35	H36	H37	H38	H39	H41	H42	H43	H44

2. 区块校验码计算指令

区块校验码计算指令的助记符和意义如表 4 – 23 所示。

表 4 – 23　区块校验码计算指令的助记符和意义

助记符	操作数（可作用的软元件）	名称，意义	步　数
F70（BCC）	源 S1, S3：WX, WY, WR, SV, EV, DT, K, H 源 S2：WX, WY, WR, SV, EV, DT 目标 D：WY, WR, SV, EV, DT	计算区块校验码。 S1 – 指定 BCC 码的计算方法 S2 – 计算 BCC 码起始的 16 位区 S3 – 指定 BCC 计算的字节数 D – 目标 D 的低位字节存储 BCC 的计算结果	9

区块校验码计算指令的格式如图 4 – 48 所示。

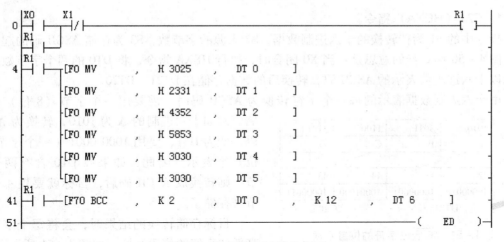

图4-48 区块校验码计算指令

(a) 梯形图; (b) 指令表

图中 S1 指定 BCC 码的计算方法:

$$K0 - 加法运算$$
$$K1 - 减法运算$$
$$K2 - 异或运算$$

图4-48 的意思是: 当 R1 为 ON 时,对 DT0 为首址的 12 个字节的 ASCII 码字符串进行异或运算,运算的结果放在目标 DT10 的低字节中。

例4-20 执行图4-49 程序,按 X0,结果如何?

图4-49 是将 ASCII 码字符串 "%01#RCSX0000" 送 DT0~DT5,并进行 BCC 计算。

图4-49 BCC 计算的例子

程序运行的最终结果得到 BCC 码存放在目标 DT6 的低位字节中:

$$DT6 = H001D$$

运算过程如下:

首先将 H25 =0010 0101 与 H30 =0011 0000 进行异或运算,得 0001 0101。将此结果再与 H31 =0011 0001 进行异或运算,得 0010 0011。将此结果再与 H23 =0010 0011 进行异或运算,如此类推,最后得到 H1D,即为 BCC 码。

4.2 十六进制数据与 ASCII 码的转换指令 (HEXA,AHEX)

十六进制数据与 ASCII 码转换指令的助记符和意义如表4-24 所示。

表4-24　十六进制数与ASCII码转换指令的助记符和意义

助记符	操作数（可作用的软元件）	名称，意义	步　数
F71（HEXA）	源S1：WX，WY，WR，SV，EV，DT	十六进制数据→ASCII码。将16进制数据转换为以十六进制表示的ASCII码	7
F72（AHEX）	源S2：WX，WY，WR，SV，EV，DT，K，H 目标D：WY，WR，SV，EV，DT	ASCII码→十六进制数据。将十六进制字符的ASCII码转换为十六进制数据	7

十六进制数据与ASCII码转换指令的格式如图4-50所示。

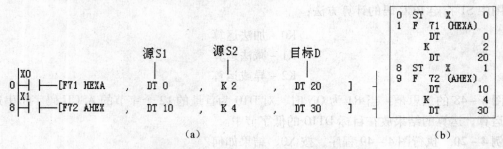

图4-50　十六进制数据与ASCII码转换指令
(a) 梯形图；(b) 指令表

1. F71（HEXA）指令

指令中的S1为待转换的十六进制数据，S2为源的字节数，S3为存储ASCII码的起始地址。图4-50第0步的意思是：当X0闭合时，执行HEXA指令，将DT0的两个字节数据转换成以十六进制数表示的ASCII码，转换后的数据存储在DT21、DT20。

由十六进制数据表示的每一个字符转换为ASCII码时，需要用一个字节（8位）来存储。例如十六进制的A为1010，转换为ASCII码，变为H41，要用1000 0001（一个字节，8位）来表示。因此，如果源DT0含有两个字节，则转换成ASCII码后，目标就要用4个字节来存储了。

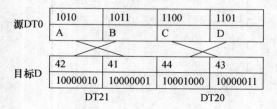

图4-51　高低位字符的位置互换

目标存储转换的结果时，会将每个字节的高低位字符的位置互换。如图4-51所示。

例4-21　执行图4-52程序，按X0，再按X1，结果如何？

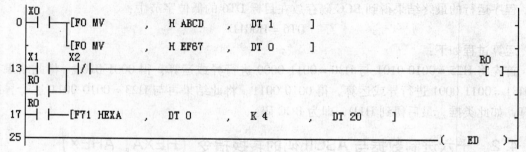

图4-52　HEXA指令的应用

图4-52是HEXA指令的应用例子。按X0，X1，得十六进制数表示的ASCII码。

$$DT20 = H3736$$
$$DT21 = H4645$$
$$DT22 = H4443$$
$$DT23 = H4241$$

使用 HEXA 指令时，要注意：

① S1 是十六进制的数据；

② 转换后的数据长度是源数据长度的两倍。

2. F72（AHEX）指令

AHEX 指令中的 S1 为待转换的 ASCII 码源的首址，S2 为源的字节数，S3 为存储转换后的十六进制数据的起始位址。图 4－50 第 8 步的意思是：当 X0 闭合时，执行 AHEX 指令，将 DT10 起的 4 个字节 ASCII 数据转换成十六进制数，转换后的数据存储在 DT30 中。

由于 2 字节的 ASCII 码将被转换为一个字节的十六进制数据，因此结果的十六进制数据的字节长度将是被转换的 ASCII 码长度的一半，而且转换后的高低字节的字符位置互换，如图 4－53 所示。

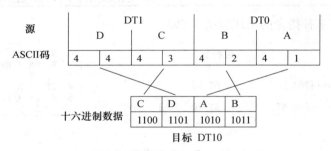

图 4－53　ASCII 码转换为十六进制数据

例 4－22　执行图 4－54 程序，按 X0，再按 X1，结果如何？

```
     X0
0    ├───┤[F0 MV      ,    H 4241    ,    DT 10     ]
         │
         ├[F0 MV      ,    H 4443    ,    DT 11     ]
         │
         ├[F0 MV      ,    H 4645    ,    DT 12     ]
         │
         └[F0 MV      ,    H 3836    ,    DT 13     ]
     X1    X2                                                          R10
25   ├──┤├──┤/├─────────────────────────────────────────────────────[ ]
     R10
     ├──┤├
     R10
29   ├──┤├──[F72 AHEX  ,    DT 10    ,    K 8       ,    DT 40     ]
37   ├────────────────────────────────────────────────────────(   ED   )
```

图 4－54　AHEX 指令的应用

图 4－54 是 AHEX 指令的应用例子。程序执行的结果如下：

源：DT10 = BA

　　DT11 = DC

　　DT12 = FE

　　DT13 = 86

目标：DT40 = CDAB

　　　　DT41 = 68EF

在进行 ASCII 码与十六进制数据之间的转换时，要注意：

① S1 指定的 ASCII 码是十六进制的数字（0 ~ F），否则会出错；

② S2 指定的字节数量不要超过 S1 指定的数据区范围；

③ 结果的数据长度是被转换的 ASCII 码的一半。

4.3   二进制数求反/求补指令（INV，NEG）

二进制数求反/求补指令的助记符和意义如表 4 – 25 所示。

表 4 – 25   二进制数求反/求补指令的助记符和意义

助记符	操作数（可用软元件）	名称，意义	步　数
F84（INV）	目标 D：WY，WR，SV，EV，DT	16 位数据求反。将 16 位二进制数据的每位取反	3
F85（NEG）		16 位数据求补。求 16 位数据对 2 的补码	3

二进制数求反/求补指令的格式如图 4 – 55 所示。

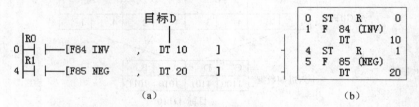

图 4 – 55   二进制数求反/求补指令

(a) 梯形图；(b) 指令表

1. F84（INV）指令

INV 指令的目标 D 是 16 位二进制数据，其意义是将 DT0 的数据每位取反，再存储在 DT0 中。INV 指令通常用于控制使用负逻辑运算的外围设备，如 7 段显示器中。

例 4 – 23   执行图 4 – 56 程序，按 X0，再按 X1，结果如何？

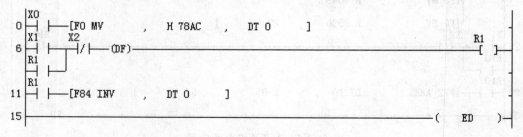

图 4 – 56   INV 指令的应用

图 4 – 56 是 INV 指令的应用例子。程序执行的结果如下：

源 DT0 = 0111 1000 1010 1100 = 30892

取反后 DT0 = 1000 0111 0101 0011 = – 30893

2. F85（NEG）指令

NEG 指令的源是 16 位二进制数据，指令的意思是对此数据求补。求补操作是将此数据求反后，再加1。应用这个指令可以将正数变为负数，或将负数变为正数。

例4-24　执行图4-57程序，按X0，再按X1，结果如何？

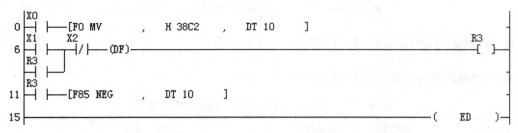

图4-57　NEG指令的应用

图4-57是NEG指令的应用例子。程序执行的结果为：

源 DT10 = 0011 1000 1100 0010 = H38C2 = 14530

求补后DT10 = 1100 0111 0011 1110 = HC73E = -14530

4.4　二进制数取绝对值指令（ABS，DABS）

二进制数取绝对值指令的助记符和意义如表4-26所示。

表4-26　二进制数取绝对值指令的助记符和意义

助记符	操作数（可作用的软元件）	名称，意义	步　数
F87（ABS）	目标 D：WY，WR，SV，	16位数据取绝对值	3
F88（DABS）	EV，DT	32位数据取绝对值	3

数据取绝对值的格式如图4-58所示。

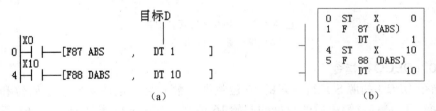

图4-58　数据取绝对值指令

(a) 梯形图；(b) 指令表

图中ABS是对16位数据取绝对值指令，将目标数据取绝对值后再存储回目标。DABS是对32位数据取绝对值指令。

例4-25　执行图4-59程序，按X0，再按X1，结果如何？

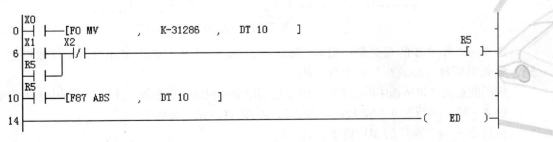

图4-59　数据取绝对值指令的应用

图 4 - 59 是数据取绝对值指令的应用例子。程序执行的结果为：

$$源\ DT10 = K - 31286 = 1000\ 0101\ 1100\ 1010$$
$$取绝对值后\ DT10 = K31286\ = 0111\ 1010\ 0011\ 0110$$

4.5 解码和编码指令（DECO，ENCO）

解码和编码指令的助记符和意义如表 4 - 27 所示。

表 4 - 27 解码和编码指令的助记符和意义

助记符	操作数（可用软元件）	名称，意义	步数
F90（DECO）	源 S，n：WX，WY，WR，SV，EV，DT，K，H	数据解码。根据 n 的内容对以 S 指定的 16 位数据的内容进行解码	7
F92（ENCO）	目标 D：WY，WR，SV，EV，DT	数据编码。根据 n 的内容对以 S 指定的数据的内容进行编码	7

解码和编码指令的格式如图 4 - 60 所示。

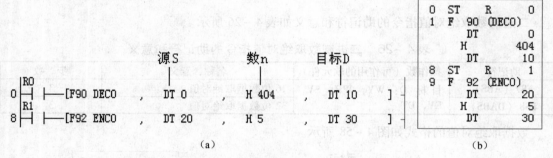

图 4 - 60 解码和编码指令

(a) 梯形图；(b) 指令表

1. F90（DECO）指令

解码指令 DECO 的源 S 是待解码的 16 位数据。数 n 是规定待解码的起始位和解码位数的 16 位数据。D 是存放解码后的数据的起始 16 位区。其中 n 的意义如图 4 - 61 所示：

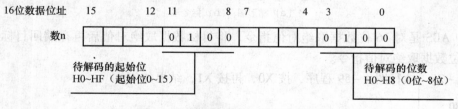

图 4 - 61 解码指令的数 n 的意义

图 4 - 61 第 0 步的意义是：当 R0 为 ON 时，对源 DT0 的第 4 位开始的 4 位数据进行解码，解码后的数值存放在目标 DT10 中。

解码的意义是将所选中的数据区间的二进制数据转换出十进制数，并且在目标中表示出来。

例 4 - 26 执行图 4 - 62 程序，按 X0，再按 X1，结果如何？

执行图 4 - 62 程序的 MV 指令，

$$DT0 = H32E8 = 0011\ 0010\ 1110\ 1000 = K13032$$

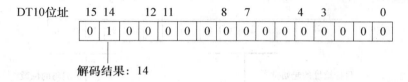

图4-62 对DT0解码的程序

执行DECO指令，n=H404，意义是对DT0从第4位开始，共4位进行解码，即对"1110"进行解码，二进制的"1110"的数值为14，将此结果在目标DT10上表示出来如下（此时DT10的数值等于2^{14}）：

DT10位址

15	14		12	11			8	7			4	3			0
0	1	0	0	0	0	0	0	0	0	0	0	0	0	0	0

解码结果：14

解码后DT10=0100 0000 0000 0000=K16384

由此知如果选中源的3位进行解码，目标要用$2^3=8$位来显示解码的结果；如果选中源的4位进行解码，目标要用$2^4=16$位来显示解码的结果；如果选中源的5位进行解码，目标要用$2^5=32$位来显示解码的结果，依此类推。

例4-27 读图4-63所示程序。描述程序运行的结果。

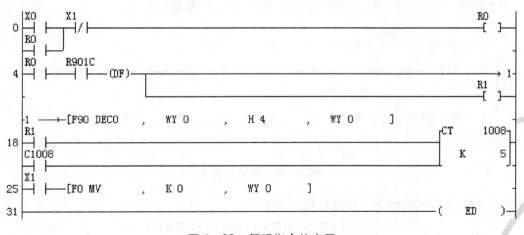

图4-63 解码指令的应用

图4-63程序的运行情况如下：按X0，每隔1秒，Y0得电→Y1得电→Y2得电→Y4得电→Y0得电，循环。

其运行机制为：

由于数n=H4，待解码的位数为4位（0~3），解码的起始位为0位。按X0后，每隔1秒解码1次。

第1次，源WY0=0，解码后Y0=1；

第2次，源 Y0 = 1，解码后，由于 $2^0 = 1$，所以 Y1 = 1；

第3次，源 Y1 = 1，解码后，由于 $2^1 = 2$，所以 Y2 = 1；

第4次，源 Y2 = 1，解码后，由于 $2^2 = 4$，所以 Y4 = 1；

第5次，由于计算器 C1008 计数到达 K5，C1008 的常开触点闭合，C1008 复位，过程循环。

2. F92（ENCO）指令

编码指令是解码指令的逆操作。编码的意义是将十进制数编成（转换成）二进制数。

ENCO 指令的源 S 是待编码的 16 位常数或 16 位区数据。数 n 是规定待编码的起始位和编码位数的 16 位数据。目标 D 是存放编码后数据的起始 16 位区。数 n 的意义如图 4 – 64 所示。

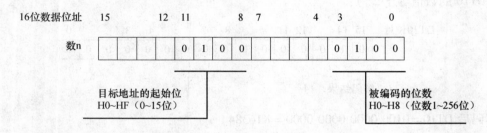

图 4 – 64　编码指令的数 n 的意义

图 4 – 60 第 8 步的意义是：当 R1 为 ON 时，执行编码 ENCO 指令，并将编码的结果存放在目标 DT30 中。

例 4 – 28　执行图 4 – 65 程序，按 X0，再按 X1，结果如何？

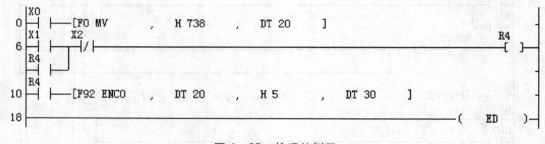

图 4 – 65　编码的例子

图 4 – 65 是编码的例子。程序执行的结果是：

$$源\ DT20 = H738 = 0000\ 0111\ 0011\ 1000$$

$$编码后\ DT30 = K10 = 0000\ 0000\ 0000\ 1010$$

也就是说，执行编码指令 ENCO，只对源 DT20 的最高的 ON 位进行编码，得 K10，其二进制数为 1010。

4.6　七段码显示指令（SEGT）

七段码是用 a、b、c、d、e、f、g 七段（发光二极管）来显示 0 ~ F 十六进制数，其显示的方式如图 4 – 66 所示。

待解码的数据		待解码结果								7段码显示	7段码组合
十六进制	二进制	/	g	f	e	d	c	b	a		
H0	0 0 0 0	0	0	1	1	1	1	1	1	0	
H1	0 0 0 1	0	0	0	0	0	1	1	0	1	
H2	0 0 1 0	0	1	0	1	1	0	1	1	2	
H3	0 0 1 1	0	1	0	0	1	1	1	1	3	
H4	0 1 0 0	0	1	1	0	0	1	1	0	4	
H5	0 1 0 1	0	1	1	0	1	1	0	1	5	
H6	0 1 1 0	0	1	1	1	1	1	0	1	6	
H7	0 1 1 1	0	0	1	0	0	1	1	1	7	
H8	1 0 0 0	0	1	1	1	1	1	1	1	8	
H9	1 0 0 1	0	1	1	0	1	1	1	1	9	
HA	1 0 1 0	0	1	1	1	0	1	1	1	A	
HB	1 0 1 1	0	1	1	1	1	1	0	0	b	
HC	1 1 0 0	0	0	1	1	1	0	0	1	C	
HD	1 1 0 1	0	1	0	1	1	1	1	0	d	
HE	1 1 1 0	0	1	1	1	1	0	0	1	E	
HF	1 1 1 1	0	1	1	1	0	0	0	1	F	

图4-66 七段码显示十六进制数

七段码显示指令的助记符和意义如表4-28所示。

表4-28 七段码显示指令的助记符和意义

助记符	操作数（可作用的软元件）	名称，意义	步 数
F91（SEGT）	源 S：WX, WY, WR, SV, EV, DT, K, H 目标 D：WY, WR, SV, EV, DT	16位数据七段码译码。将16位数据转换为用七段码显示的4位数字	5

七段码显示指令的格式如图4-67所示。

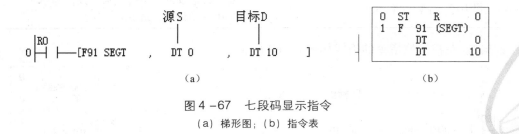

（a）   （b）

图4-67 七段码显示指令

(a) 梯形图；(b) 指令表

图中源S是待显示的16位数据（含4位的十六进制数），目标D是存放转换后的七段码显示的4位的十六进制数的起始16位区。显示1位七段码数据要用1个字节，因此显示4位十六进制数要用4个字节。

例4-29 执行图4-68程序，按X0，再按X1，结果如何？

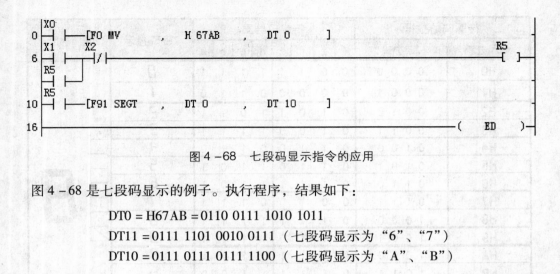

图4-68 七段码显示指令的应用

图4-68是七段码显示的例子。执行程序，结果如下：

DT0 = H67AB = 0110 0111 1010 1011

DT11 = 0111 1101 0010 0111（七段码显示为"6"、"7"）

DT10 = 0111 0111 0111 1100（七段码显示为"A"、"B"）

任务5 数据移位指令

任务目标

数据移位指令包括数据右/左移 n 位、右/左移1个十六进制位、右/左移1个字、数据右/左循环移位等指令。学会以上指令的使用是本节任务目标。

任务分解

5.1 数据右/左移 n 位指令（SHR，SHL）

数据右/左移 n 位指令的助记符和意义如表4-29所示。

表4-29 数据右/左移 n 位指令的助记符和意义

助记符	操作数（可作用的软元件）	名称，意义	步 数
F100（SHR）	目标D：WY，WR，SV，EV，DT	16位数据以位为单位右移。以位为单位将16位数据右移指定的位数	7
F101（SHL）	数 n：WX，WY，WR，SV，EV，DT，K，H	16位数据以位为单位左移。以位为单位将16位数据左移指定的位数	7

数据右/左移 n 位指令的格式如图4-69所示。

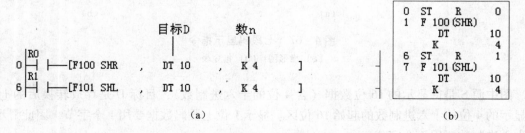

（a）

（b）

图4-69 数据右/左移 n 位指令

（a）梯形图；（b）指令表

（1）F100（SHR）指令

16 位数据右移 n 位指令 SHR 的目标 D 是待右移的 16 位数据；数 n 是指定移动的位数。n 只有 16 位区的低 8 位有效，移动的总位数可以在 1 位到 255 位（K1 ~ K255）指定。

例 4 – 30 执行图 4 – 70 程序，按 X0，再按 X1，结果如何？

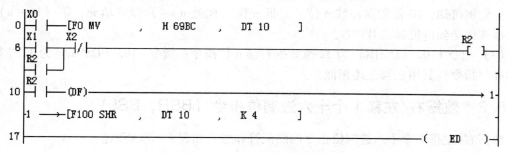

图 4 – 70　SHR 指令的应用

图 4 – 70 是 SHR 指令的应用例子。执行上述程序，按 X0，得

$$DT10 = H69BC = 0110\ 1001\ 1011\ 1100$$

按 X1，DT10 右移 4 位后，得

$$DT10 = 0000\ 0110\ 1001\ 1011$$

由此例可知，16 位数据右移 n 位后，高 n 位（此处 n = 4）以 0 填充，第（n – 1）位的数据被传送到进位标志 R9009。右移 4 位的示意图如图 4 – 71 所示。

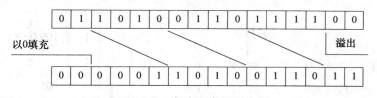

图 4 – 71　右移 4 位的示意图

如按 X2 后，再按 X1，DT10 又右移 4 位，得

$$DT10 = 0000\ 0000\ 0110\ 1001$$

（2）F101（SHL）指令

16 位数据左移 n 位指令 SHL 的目标 D 是待左移的 16 位数据；数 n 是指定移动的位数。n 只有 16 位区的低 8 位有效，移动的总位数可以在 1 位到 255 位（K1 ~ K255）指定。

例 4 – 31 执行图 4 – 72 程序，按 X0，再按 X1，结果如何？

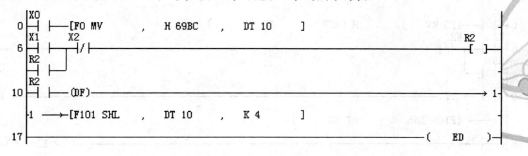

图 4 – 72　SHL 指令的应用

图 4 – 72 是 SHL 指令的应用例子。执行程序，按 X0，得

$$DT10 = H69BC = 0110\ 1001\ 1011\ 1100$$

按 X1，DT10 左移 4 位后，得

$$DT10 = 1001\ 1011\ 1100\ 0000$$

由此例可知，16 位数据左移 n 位后，低 n 位（此处 n = 4）以 0 填充，第（16 – n）位的数据被传送到进位标志 R9009。

（3）指令 F102（DSHR）为 32 位数据右移 n 位指令；指令 F103（DSHL）为 32 位数据左移 n 位指令，其用法与上述相似。

5.2　数据右/左移 1 个十六进制位指令（BSR，BSL）

数据右/左移 1 个十六进制位指令的助记符和意义如表 4 – 30 所示。

表 4 – 30　数据右/左移 1 个十六进制位指令的助记符和意义

助记符	操作数（可作用的软元件）	名称，意义	步　数
F105（BSR）	目标 D: WY, WR, SV, EV, DT	16 位数据右移 1 个十六进制位。将指定的 16 位数据右移 1 个十六进制位	3
F106（BSL）		16 位数据左移 1 个十六进制位。将指定的 16 位数据左移 1 个十六进制位	3

数据右/左移 1 个十六进制位指令的格式如图 4 – 73 所示。

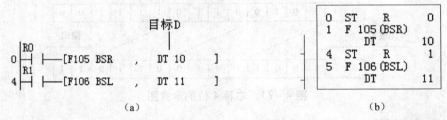

图 4 – 73　数据右/左移 1 个十六进制位指令

(a) 梯形图；(b) 指令表

1. F105（BSR）指令

BSR 是数据右移 1 个十六进制位指令，目标 D 是指定的 16 位数据。图 4 – 73 的第 0 步意义是：当 R0 为 ON 时，将目标 DT10 的数据右移 1 个十六进制位。

例 4 – 32　执行图 4 – 74 程序，按 X0，再按 X1，结果如何？

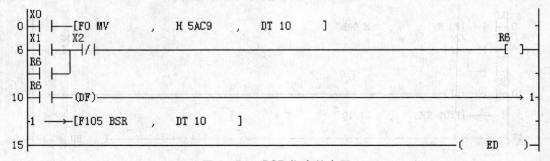

图 4 – 74　BSR 指令的应用

图4-74 是 BSR 指令的应用例子。程序执行的结果如下：

按 X0，得 DT10 = H5AC9 = 0101 1010 1100 1001

按 X1，DT10 被右移 1 个十六进制位，移动后得

$$DT10 = 0000\ 0101\ 1010\ 1100 = H05AC$$

被移走的第 1 个十六进制位（低 4 位）被传送到特殊数据寄存器 DT9014（或 DT90014）中。本例使用 FP-X 型 PLC，得

$$DT90014 = 0000\ 0000\ 0000\ 1001$$

如按 X2 后，再按 X1，DT10 又右移 1 个十六进制位，得

$$DT10 = 0000\ 0000\ 0101\ 1010$$

2. F106（BSL）指令

BSL 是数据左移 1 个十六进制位指令，目标 D 是指定的 16 位数据。图4-73 第 4 步的意义是：当 R1 为 ON 时，将目标 DT11 的数据左移 1 个十六进制位。

例4-33 执行图4-75 程序，按 X0，再按 X1，结果如何？

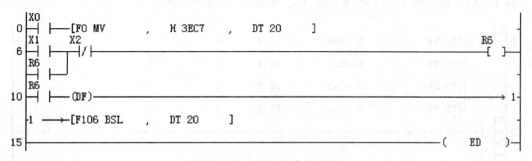

图4-75 BSL 指令的应用

图4-75 是 BSL 指令的应用例子。程序执行结果如下：

按 X0，得 DT20 = H3EC7 = 0011 1110 1100 0111

按 X1，DT20 被左移 1 个十六进制位，移动后得

$$DT20 = 1110\ 1100\ 0111\ 0000 = HEC70$$

被移走的第 4 个十六进制位（高 4 位）被传送到特殊数据寄存器 DT9014（或 DT90014）中：

$$DT90014 = 0000\ 0000\ 0000\ 0011$$

5.3 数据区右/左移 1 个字指令（WSHR，WSHL）

数据区右/左移 1 个字指令的助记符和意义如表4-31 所示。

表4-31 数据右/左移 1 个字指令的助记符和意义

助记符	操作数（可作用的软元件）	名称，意义	步 数
F110（WSHR）	目标 D1，D2：WY，WR，SV，EV，DT	数据区右移 1 个字（16 位）。将指定范围内的多个 16 位数据右移 1 个字（16 位）	3
F111（WSHL）		数据区左移 1 个字（16 位）。将指定范围内的多个 16 位数据左移 1 个字（16 位）	3

数据区右/左移 1 个字指令的格式如图4-76 所示。

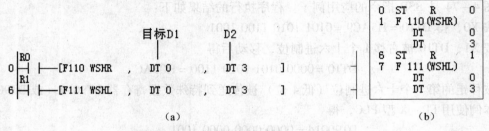

图 4 – 76 数据区右/左移 1 个字指令

(a) 梯形图；(b) 指令表

1. F110（WSHR）指令

WSHR 是在指定的数据区范围内右移 1 个字指令。其中目标 D1 是数据区的起始字，D2 是数据区的结束字。图 4 – 76 的第 0 步的意义是：当 R0 为 ON 时，将 DT0（低位字）到 DT3（高位字）的数据区右移 1 个字。

例 4 – 34 执行图 4 – 77 程序，按 X0，再按 X1，结果如何？

```
    X0
 0 ├┤├──[F0 MV      ,   H 2368   ,   DT 0    ]
       ├[F0 MV      ,   H 6823   ,   DT 1    ]
       ├[F0 MV      ,   H 68AB   ,   DT 2    ]
       └[F0 MV      ,   H 13A8   ,   DT 3    ]
    X1    X2                                          R8
25 ├┤├───┤/├──────────────────────────────────────[    ]
    R8
    │
    R8
29 ├┤├───(DF)──────────────────────────────────────────1
 1 ──────[F110 WSHR  ,   DT 0   ,   DT 3    ]
36 ────────────────────────────────────────────(  ED  )
```

图 4 – 77 WSHR 指令的应用

图 4 – 77 是数据区范围内右移 1 个字指令的应用程序。执行 WSHR 指令，数据区右移 1 个字如图 4 – 78 所示。

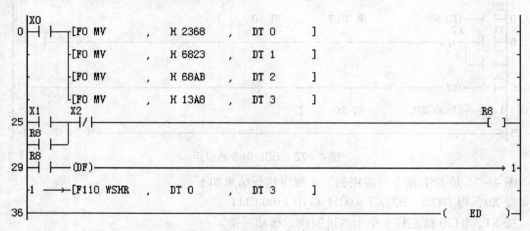

数据寄存器	DT3	DT2	DT1	DT0
十六进制数	13A8	68AB	6823	2368

填充0   移走

数据寄存器	DT2	DT2	DT1	DT0
十六进制数	0000	13A8	68AB	6823

图 4 – 78 图 4 – 77 的执行结果

使用 WSHR 指令时要注意：目标 D1、D2 必须为同一类型的数据，且 D1 ≤ D2。

2. F111（WSHL）指令

WSHL 指令是在指定的数据区范围内左移 1 个字指令。其中目标 D1 是数据区的起始字，

D2 是数据区的结束字。图 4 - 76 的第 6 步的意义是：当 R1 为 ON 时，将 DT0（低位字）到 DT3（高位字）的数据区左移 1 个字。

例 4 - 35　执行图 4 - 79 程序，按 X0，再按 X1，结果如何？

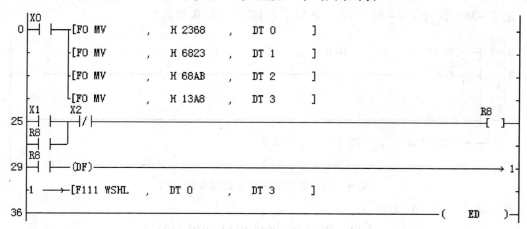

图 4 - 79　WSHL 指令的应用

图 4 - 79 是 WSHL 的应用程序。程序的执行结果为：

左移前：DT0 = H2368　　　　　左移后：DT0 = H0000

DT1 = H6823　　　　　　　　　　 DT1 = H2368

DT2 = H68AB　　　　　　　　　　 DT2 = H6823

DT3 = H13A8　　　　　　　　　　 DT3 = H68AB

5.4　数据右/左循环移位指令（ROR，ROL）

数据右/左循环移位指令的助记符和意义如表 4 - 32 所示。

表 4 -32　数据右/左循环移位指令的助记符和意义

助记符	操作数（可作用的软元件）	名称，意义	步　数
F120（ROR）	目标 D：WY、WR、SV、EV、DT	16 位数据循环右移。将指定的 16 位数据循环右移	5
F121（ROL）	数 n：WX、WY、WR、SV、EV、DT、K、H	16 位数据循环左移。将指定的 16 位数据循环左移	5

数据右/左循环移位指令的格式如图 4 - 80 所示。

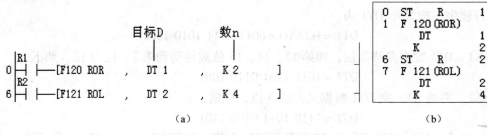

(a)　　　　　　　　　　　　　　　(b)

图 4 - 80　数据右/左循环移位指令

(a) 梯形图；(b) 指令表

（1）F120（ROR）指令

数据右循环移位指令的目标 D 是右循环待移位的 16 位数据，数 n 是当每次 R1 闭合，数据向右循环移动的位数。数据右循环移位指令的应用如例 4 - 36 所示。

例 4 - 36 执行图 4 - 81 程序，按 X0，再按 X1，结果如何？

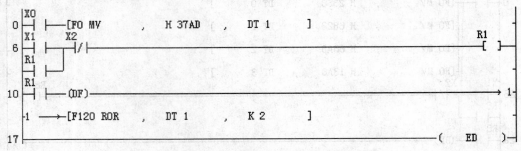

图 4 - 81 数据右循环移位指令的应用

执行程序，按 X0，DT1 为：

$$DT1 = H37AD = 0011\ 0111\ 1010\ 1101$$

按 X1，DT1 数据右移 2 位，即第 0、1 两位被移动到第 14、15 位，如下：

$$DT1 = 0100\ 1101\ 1110\ 1011$$

按 X2，再按 X1，则 DT1 数据又右移 2 位，变成：

$$DT1 = 1101\ 0011\ 0111\ 1010$$

（2）F121（ROL）指令

数据左循环移位指令的目标 D 是左循环待移位的 16 位数据，数 n 是当每次 R2 闭合，数据向左循环移动的位数。数据左循环移位指令的应用如例 4 - 37 所示。

例 4 - 37 执行图 4 - 82 程序，按 X0，再按 X1，结果如何？

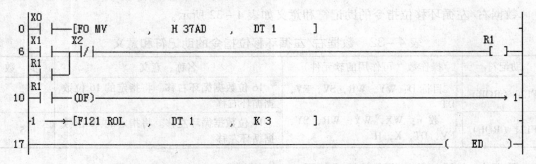

图 4 - 82 数据左循环移位指令的应用

执行程序，按 X0，DT1 为：

$$DT1 = H37AD = 0011\ 0111\ 1010\ 1101$$

按 X1，DT1 数据左移 3 位，即第 15、14、13 位被移动到第 2、1、0 位，如下：

$$DT1 = 1011\ 1101\ 0110\ 1001$$

按 X2，再按 X1，则 DT1 数据又左移 3 位，变成：

$$DT1 = 1110\ 1011\ 0100\ 1101$$

（3）指令 F125（DROR）为 32 位数据循环右移 n 位指令，F126（DROL）为 32 位数据循环左移 n 位指令，其使用方法与 ROR、ROL 相似。

例4-38 试编写用 ROL 指令使 Y0～Y15 共 16 盏灯循环点亮的程序。

所编的程序如图4-83所示。

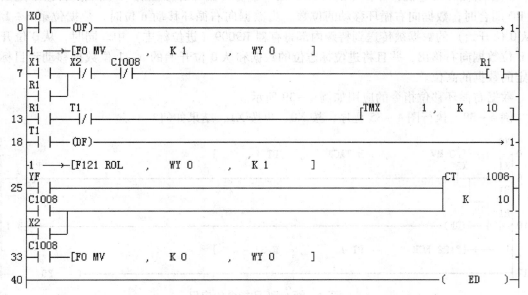

图4-83 16盏灯循环点亮的程序

图中第0步是使 Y0 置1的语句。第7至第18步是使用左循环移位指令 ROL 令 WY0 数据每秒左移1位的语句，于是 Y0～Y15 共15盏灯顺次点亮。第25至第33步是计数10次，并且当计数次数到达时，使程序停止的语句。

5.5 数据右/左带进位循环移位指令（RCR，RCL）

16位数据右/左带进位循环移位指令的助记符和意义如表4-33所示。

表4-33 数据右/左带进位循环移位指令的助记符和意义

助记符	操作数（可作用的软元件）	名称，意义	步　数
F122（RCR）	目标D：WY，WR，SV，EV，DT	16位数据带进位循环右移。将指定的16位数据带进位循环右移	5
F123（RCL）	数 n：WX，WY，WR，SV，EV，DT，K，H	16位数据带进位循环左移。将指定的16位数据带进位循环左移	5

数据右/左带进位循环移位指令的格式如图4-84所示。

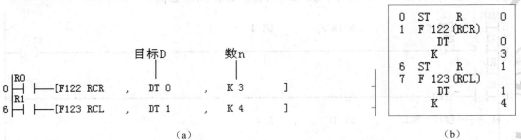

图4-84 数据右/左带进位循环移位指令

(a) 梯形图；(b) 指令表

(1) F122（RCR）指令

数据右循环带进位移位指令的目标 D 是带进位右循环待移位的 16 位数据，数 n 是当每次 R0 闭合时，数据向右循环移动的位数。当数据向右循环移动 n 位时，数据位第 n−1 位（从 0 位开始）的数据被传送到特殊内部寄存器 R9009（进位标志）中。同时，从 0 位开始的 n 位数据向右移出，并且将进位标志位的数据和从 0 位开始的 n−1 位数据移动到目标 D 指定的数据的高位。

数据右循环移位指令的应用如例 4−39 所示。

例 4−39 执行图 4−85 程序，按 X0，再按 X1，结果如何？

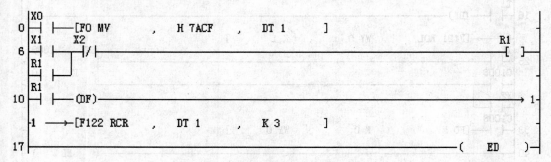

图 4−85 RCR 指令的应用

执行程序，当 X0 为 ON 时，则

DT1 = 0111 1010 1100 1111，起始进位标志 R9009 = "0"

按 X1，执行 RCR 指令，向右带进位循环移动 3 位，得：

DT1 = 1100 1111 0101 1001，进位标志 R9009 = "0"

按 X2，再按 X1，又执行一次 RCR 指令，向右带进位循环移动 3 位，得：

DT1 = 0101 1001 1110 1011，进位标志 R9009 = "0"。

(2) F123（RCL）指令

数据左循环带进位移位指令的目标 D 是带进位左循环待移位的 16 位数据，数 n 是当每次 R1 闭合时，数据向左循环移动的位数。当数据向左循环移动 n 位时，数据位第 16−n 位（从 15 位开始的第 n 位开始）的数据被传送到特殊内部寄存器 R9009（进位标志）中。同时，从 15 位开始的 n 位数据向左移出，并且将进位标志位的数据和从 15 位开始的 n−1 位数据移动到目标 D 指定的数据的低位。

数据左循环移位指令的应用如例 4−40 所示。

例 4−40 执行图 4−86 程序，按 X0，再按 X1，结果如何？

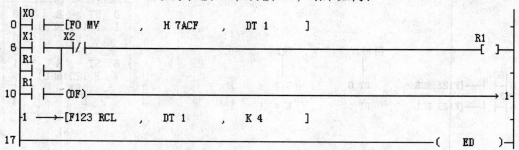

图 4−86 RCL 指令的应用

执行程序，当 X0 为 ON 时，则

　　　　DT1 = 0111 1010 1100 1111，起始进位标志 R9009 = "0"

按 X1，执行 RCL 指令，向左带进位循环移动 4 位，得：

　　　　DT1 = 1010 1100 1111 0011，进位标志 R9009 = "0"

按 X2，再按 X1，又执行一次 RCL 指令，向左带进位循环移动 4 位，得：

　　　　DT1 = 1100 1111 0011 0101，进位标志 R9009 = "0"。

（3）指令 F127（DRCR）为 32 位数据带进位右循环移位指令，指令 F128（DRCL）为 32 位数据带进位左循环移位指令，其用法与 RCR、RCL 指令相似。

任务6　位操作指令

任务目标

位操作指令包括数据位置位/复位、数据位求反、数据位 ON/OFF 测试与求和指令等。学会以上指令的使用是本节的任务目标。

任务分解

6.1　数据位置位/复位指令（BTS，BTR)

数据位置位/复位指令的助记符和意义如表 4 – 34 所示。

表 4 – 34　数据位置位/复位指令的助记符和意义

助记符	操作数（可作用的软元件）	名称，意义	步　数
F130（BTS）	目标 D：WY，WR，SV，EV，DT	16 位数据位置位。将 16 位数据指定位置位	5
F131（BTR）	数 n：WX，WY，WR，SV，EV，DT，K，H	16 位数据位复位。将 16 位数据指定位复位	5

数据位置位/复位指令的格式如图 4 – 87 所示。

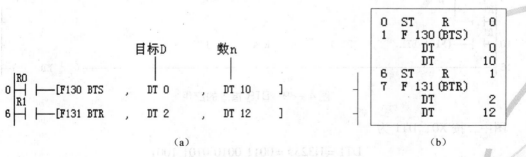

图 4 – 87　数据位置位/复位指令

（a）梯形图；（b）指令表

1. F130（BTS）指令

数据位置位指令 BTS 的目标 D 是待置位的 16 位数据，数 n 是待置位的数据位的位数。数 n 的取值范围为 n = K0 ~ K15（H0 ~ HF）。图 4 – 87 的第 0 步的意义是：当 R0 为 ON 时，按照数 DT10 所指定的数据位将目标 DT0 中的对应数据位置位为 ON，而其他未指定的数据位的内容不变。

BTS 指令的应用如例 4 - 41 所示。

例 4 - 41 执行图 4 - 88 程序, 按 X0, 再按 X1, 结果如何?

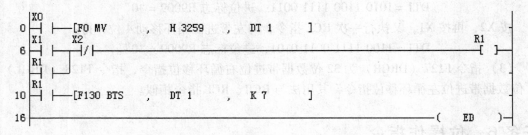

图 4 - 88 BTS 指令的应用

图中, 按 X0, DT1 为

$$DT1 = H3259 = 0011\ 0010\ 0101\ 1001$$

按 X1, 执行 BTS 指令, 令 DT1 的第 7 位置 ON, 得

$$DT1 = 0011\ 0010\ 1101\ 1001 = H32D9 。$$

2. F131 (BTR) 指令

数据位复位指令 BTR 的目标 D 是待复位的 16 位数据, 数 n 是待复位的数据位的位数, 数 n 的取值范围为 n = K0 ~ K15 (H0 ~ HF)。图 4 - 87 的第 6 步的意义是: 当 R1 为 ON 时, 按照数 DT12 所指定的数据位将目标 DT2 中的对应数据位复位为 OFF, 而其他未指定的数据位的内容不变。

BTR 指令的应用如例 4 - 42 所示。

例 4 - 42 执行图 4 - 89 程序, 按 X0, 再按 X1, 结果如何?

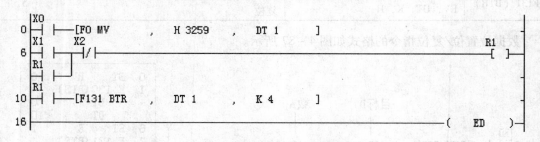

图 4 - 89 BTR 指令的应用

图中, 按 X0, DT1 为

$$DT1 = H3259 = 0011\ 0010\ 0101\ 1001$$

按 X1, 执行 BTR 指令, 令 DT1 的第 4 位复位为 OFF, 得

$$DT1 = 0011\ 0010\ 0100\ 1001 = H3249 。$$

6.2 数据位求反指令 (BTI)

数据位求反指令的助记符和意义如表 4 - 35 所示。

表4-35 数据位求反指令的助记符和意义

助记符	操作数（可作用的软元件）	名称，意义	步 数
F132（BTI）	目标D：WY，WR，SV，EV，DT 数 n：WX，WY，WR，SV，EV，DT，K，H	16位数据位求反。将16位数据指定位求反，ON→OFF，OFF→ON	5

数据位求反指令的格式如图4-90所示。

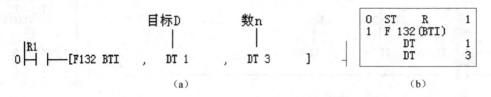

图4-90 数据位求反指令
(a) 梯形图；(b) 指令表

数据位求反指令BTI的目标D是待求反的16位数据，数n是待求反的数据位的位数，数n的取值范围为n＝K0～K15（H0～HF）。图4-90的意义是：当R1为ON时，按照数DT3所指定的数据位将目标DT1中的对应数据位求反（ON→OFF，OFF→ON），而其他未指定的数据位的内容不变。

BTI指令的应用如例4-43所示。

例4-43 执行图4-91程序，按X0，再按X1，结果如何？

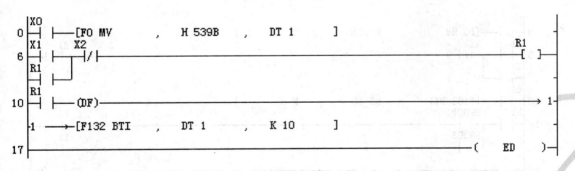

图4-91 BTI指令的应用

执行程序，按X0，DT1为：

$$DT1 = 0101\ 0011\ 1001\ 1011$$

按X1，执行BTI指令，将DT1的第10位取反，得：

$$DT1 = 0101\ 0111\ 1001\ 1011。$$

6.3 数据位 ON/OFF 测试指令（BTT）

数据位ON/OFF测试指令的助记符和意义如表4-36所示。

表4-36　数据位求反指令的助记符和意义

助记符	操作数（可用软元件）	名称，意义	步数
F133（BTT）	目标D：WY，WR，SV，EV，DT 数 n：WX，WY，WR，SV，EV，DT，K，H	16位数据位测试。检测16位数据的指定数据位的状态（ON或OFF）	5

数据位ON/OFF测试指令的格式如图4-92所示。

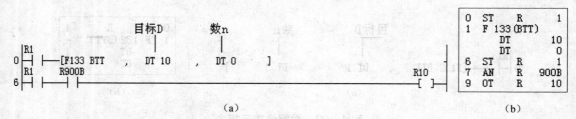

图4-92　数据位ON/OFF测试指令
(a) 梯形图；(b) 指令表

图中目标D是待进行数据位测试的16位数据，n是指定进行测试的数据位（数n的取值范围为n=K0~K15）。图4-92的意义是：当R1为ON时，将DT10数据的第n位进行ON/OFF测试。测试的结果传送到特殊内部继电器R900B。当待测试的数据位为ON（数据"1"）时，R900B变为OFF，当待测试的数据位为OFF（数据"0"）时，R900B变为ON。

指令BTT的应用如例4-44所示。

例4-44　执行图4-93程序，按X0，再按X1，结果如何？

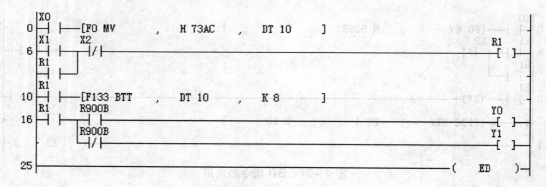

图4-93　BTT指令的应用

执行程序，按X0，DT10为：

$$DT10 = H73AC = 0111\ 0011\ 1010\ 1100$$

按X1，执行BTT指令，对DT10的第8位进行测试，得第8位为"1"。所以R900B为OFF，Y1得电。

当要对DT10的下一位数据进行ON/OFF测试时，就要两次或多次使用判断标志R900B。这时R900B会被自动刷新。在编程时要注意，当测试完一个位之后，要立即使用R900B，如图4-94所示。

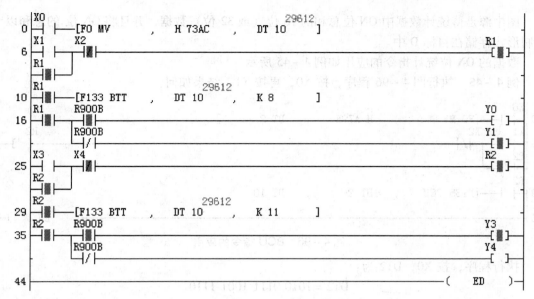

图4-94 进行两次测试

图中 X1 为测试 DT10 的第 8 位数据的按钮，由于 DT10 的第 8 位为 "1"，故 R900B 为 OFF，Y1 得电。图中 X3 为测试 DT10 的第 11 位数据的按钮，由于 DT10 的第 11 位为 "0"，故 R900B 为 ON，Y3 得电。

由图4-94可知，当多次使用 BTT 指令，R900B 都会自动被刷新。

6.4 数据 ON 位统计指令（BCU）

数据 ON 位统计指令的助记符和意义如表4-37所示。

表4-37 数据 ON 位统计指令的助记符和意义

助记符	操作数（可用软元件）	名称，意义	步 数
F135（BCU）	源 S：WX，WY，WR，SV，EV，DT，K，H	16 位数据 ON 位统计。统计 16 位数据的 ON 位的总和	5
F136（DBCU）	目标 D：WY，WR，SV，EV，DT	32 位数据 ON 位统计。统计 32 位数据的 ON 位的总和	7

数据 ON 位统计指令的格式如图4-95所示。

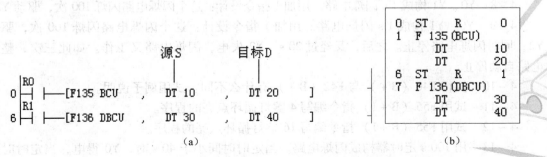

图4-95 数据位 ON 位统计指令

(a) 梯形图；(b) 指令表

图中源是待统计数据中 ON 位总和的 16 位（或 32 位）数据，并且将 ON 位的总和以十进制形式存储在目标 D 中。

数据的 ON 位统计指令的应用如例 4 - 45 所示。

例 4 - 45 执行图 4 - 96 程序，按 X0，再按 X1，结果如何？

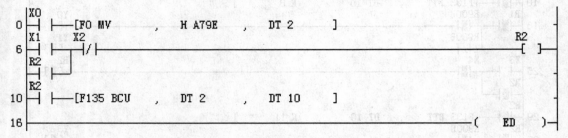

图 4 - 96 BCU 指令的应用

执行程序，按 X0，DT2 为：

$$DT2 = 1010\ 0111\ 1001\ 1110$$

按 X1，执行 BCU 指令，统计 DT2 的 ON 总和，并且将这总和存储在 DT10 中，其值为：

$$DT10 = 10$$

习 题 4

4 - 1 将 K176 传送到 WY0，哪些位元件得电？

4 - 2 试用传送指令编写电动机定子电路串电阻启动控制电路。

4 - 3 试用传送指令编写两台电动机 M1、M2 顺序进行 Y - △启动、反顺序停止的控制程序。要求 M1 启动后 20 s M2 启动；M2 停止 30 s 后 M1 停止。

4 - 4 设 DT100 = H302，DT101 = H302，DT102 = H302，执行 BKMV 指令，将他们送到 DT300，结果如何？

4 - 5 执行 COPY 指令，让 Y0 ~ Y1F 复位，试编写程序。

4 - 6 设 DT20 = H3644，DT30 = H3068，试将 DT20 的高低字节交换，再将 DT20，DT30 的数值交换。交换之后，DT20，DT30 的值等于多少？

4 - 7 设 DT0 = H1028，DT10 = H3048，对这两个数分别执行加法指令 F20 （ + ）以及 F22 （ + ），有什么不同？结果如何？

4 - 8 Y0、Y1 构成 1 s 闪烁电路。用加 1 指令设计：这个闪烁电路闪烁 100 次，驱动 Y2。

4 - 9 Y0、Y1 构成 1 s 闪烁电路。用加 1 指令设计：这个闪烁电路闪烁 100 次，驱动 Y2，同时闪烁电路停止。之后，又经过 20 s，Y2 失电，闪烁电路又工作。如此三次，整个电路自动停止。

4 - 10 执行 F40 （B + ）与 F42 （B + ）有什么不同？试用例子说明。

4 - 11 试用 F55 （B + 1）指令编写 4 盏灯循环点亮的程序。

4 - 12 试用 F55 （B + 1）指令编写 16 盏灯循环点亮的程序。

4 - 13 用 100 s 定时器构成闪烁电路。当定时时间小于 40 s 时，Y0 得电，当定时时间大于 40 s，而小于 100 s 时，Y1 得电。当定时时间等于 100 s 时，重复上述过程。

4 - 14 试用定时器、计数器和比较指令编写一个 Y1 亮 60 s、Y2 亮 40 s、Y1 亮时 Y2

灭、Y2 亮时 Y1 灭的闪烁电路。循环 100 次，电路停止。

4－15 试求 DT10 ＝ H3846，DT20 ＝ H284A 的逻辑与、逻辑或、逻辑异或、逻辑异或非的值，并屏蔽 DT10、DT20 的低位字节，然后再交换其高低字节。

4－16 试编程实现将 K －218 转换为 ASCII 码。

4－17 将 H6818 二进制数从第 3 位开始到第 10 位进行解码，结果放到 D20 中。

4－18 正确解释图 4 －97 程序的运行情况。

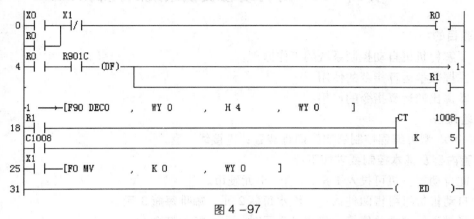

图 4 －97

4－19 编写程序将 H3AC7 左移 3 位，之后右移 7 位，最终结果如何？

4－20 详细解释图 4 －98 程序的执行情况。

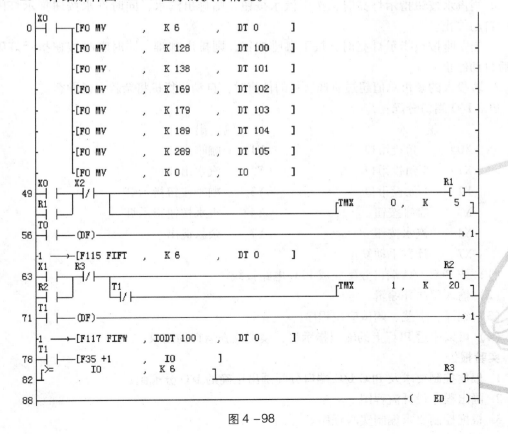

图 4 －98

4-21 试用 ROR 指令编写 Y0-Y7 共 8 盏灯循环点亮的程序。

4-22 试用 ROL 指令编写 Y0-Y11 共 12 盏灯循环点亮的程序。

4-23 设某空压机连续工作时间为 7 小时 45 分 30 秒，试用 SHMS 指令编写控制空压机工作时间的程序。

实训 PLC 对自动售货机系统的控制

一、实验目的

1. 了解售货机自动控制系统的工作原理。

2. 掌握数学运算指令的使用

3. 掌握比较运算指令的使用。

二、实验设备

SX-805 型可编程控制器实验训练装置；连接线一套。

三、实验内容及基本控制要求如下：

1. 此自动售货机可投入 1 角、5 角、1 元硬币。

2. 自动售货机可售两种饮料，汽水每瓶 2 元，咖啡每瓶 3 元。

3. 当投入的硬币总值等于或超过 2 元时，汽水指示灯亮。

4. 当投入的硬币总值等于或超过 3 元时，汽水和咖啡按钮指示灯都亮。

5. 当汽水按钮指示灯亮时，按下汽水按钮，则排出汽水，同时汽水按钮指示灯闪烁，7S 后自动停止。

6. 当咖啡按钮指示灯亮时，按下咖啡按钮，则排出咖啡，同时咖啡按钮指示灯闪烁，7S 后自动停止。

7. 若投入的硬币总值超过所选饮料的价值时，自动售货机将余款退还顾客。

四、PLC I/O 端口分配：

输 入		输 出	
X0	1 角投币口	Y1	咖啡出口
X1	5 角投币口	Y2	汽水出口
X2	1 元投币口	Y3	咖啡按钮指示灯
X3	咖啡按钮	Y4	汽水按钮指示灯
X4	汽水按钮	Y7	余款退出
X7	计数手动复位		

（1）按 PLC I/O 端口分配完成 PLC 电路接线。

（2）输入程序并编辑。

（3）编译、下载、调试应用程序。

（4）可以通过 PLC 上的输出指示灯，模拟检查运行的结果。

五、实验报告

1. 根据控制要求及 PLC I/O 端口分配画出正确的 I/O 分配图；

2. 画出程序设计流程图

3. 根据控制要求编制实验程序。

参考程序如下:

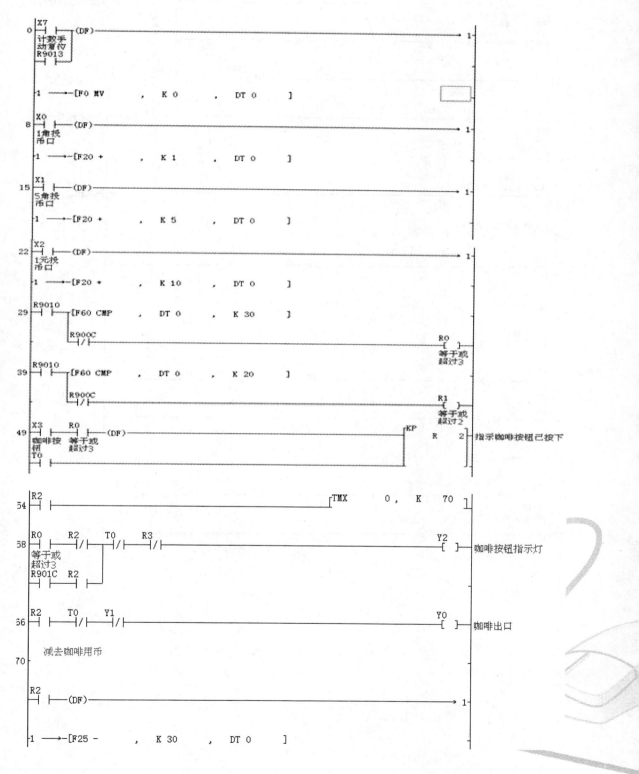

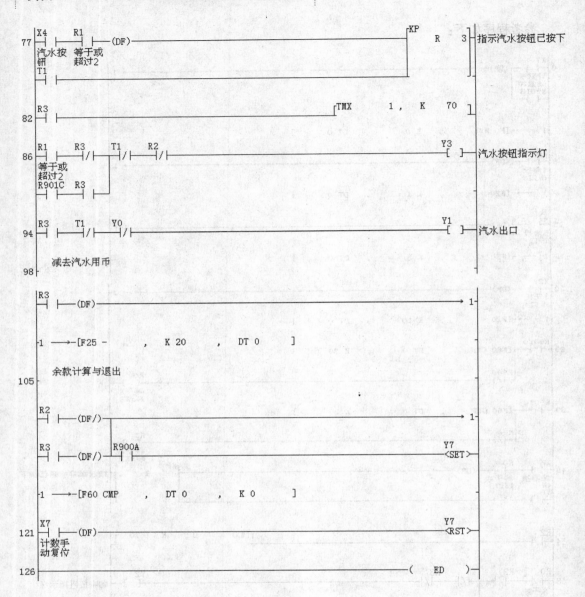

减去汽水用币

余款计算与退出

154

项目 5

FP 系列 PLC 的通信方式

任务 1 FP 系列 PLC 的通信方式

任务目标

了解 FP – X PLC 的网络通信，重点是 PC – link 通信模式和 MODBUS RTU 通信模式。

任务分解

1.1 数据通信的基本概念

数据通信是将"0"和"1"组成的数据信息从一台设备传送到另一台设备的过程。这里所指的设备，可以是计算机、PLC 或具有数据通信功能的其他设备。数据通信系统由数据发送设备、数据接收设备、通信介质（导线、光纤）、通信协议等组成。数据通信系统以一定的方式发送和接收数据。

1. 数据传送的方向

数据在通信线路上传送的方向有单工、半双工、全双工三种，如图 5 – 1 所示。

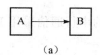 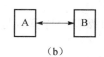

（a）　　　　　　　　（b）　　　　　　　　（c）

图 5 – 1　数据传送方向示意图

(a) 单工；(b) 半双工；(c) 双工

图中 5 – 1（a）为单工传送，数据传送始终保持一个方向，例如只能从 A 传送到 B。图 5 – 1（b）为半双工传送，A 与 B 都可以发送或接收数据，但某一时刻只允许一个方向的数据传送，例如某一时刻 A 端发送，B 端接收；下一时刻则可以 B 端发送，A 端接收。图 5 – 1（c）为双工传送，任何时刻 A 或 B 都可以同时发送或接收数据。

2. 通信格式

被传送的数据通常以约定的格式编码成一串脉冲，有起始位、停止位，如图 5 – 2 所示。图中传送的数据以起始位"0"开始，被传送的数据 7 ~ 8 位，之后是校验位和停止位。停止位占 1 ~ 2 位。校验位是为了检查数据在传送过程中因干扰产生误码而设，有奇校验和偶校验之分。

图 5 – 2　通信格式

3. 通信协议

通信协议是通信所必须遵守的规则。它是关于通信的各种电气技术、机械技术和软件技术的标准。不同厂家的 PLC 有不同的通信协议。例如三菱 PLC 有 MELSEC 通信协议等，松下 FP PLC 有 MEWTOCOL – COM 通信协议等。

4. 数据传输速率

数据传输速率的单位是 bit/s（位每秒），例如 9 600 bit/s，19 200 bit/s，57 600 bit/s，10 Mbit/s 等。

5. 并行通信和串行通信

并行通信是将传输数据的各位同时发送或同时接收的通信方式。假如被传输的数据有 n 位，则需要 n 根传输线。这种通信方式传输速度快，但线路复杂，不适用于长距离数据传输。

串行通信是将传输的数据以一位一位的方式发送和接收。串行数据只需要两根传输线，线路费用降低，适用于长距离数据传输。

串行通信设备（如计算机、PLC、触摸屏、变频器等）之间的串行通信广泛使用 RS232、RS422、RS485 等串行接口。例如 FP – X PLC 控制单元的编程口的串行接口为 RS232C，如图 5 – 3 所示。

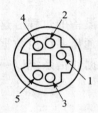

针号	名称	简称	信号方向
1	信号用接地	SG	—
2	发送数据	SD	单元→外部设备
3	接收数据	RD	单元←外部设备
4	（未使用）	—	—
5	+5 V	+5 V	单元→外部设备

图 5 – 3 FP – X 的编程串行接口 RS232

计算机的串行接口为 RS232 的 9 针接口。计算机与 FP – X PLC 的串行通信采用 RS232C 电缆，其接口连接如图 5 – 4 所示。

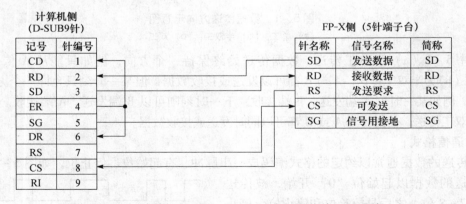

图 5 – 4 计算机与 FP – X PLC 的串行通信接口的连接

1.2 FP – X PLC 的通信插卡

FP – X PLC 与外部的图像处理装置、条形码识别器、打印机、PLC、变频器等设备的通信采用通信插卡，如表 5 – 1 所示。

表5-1 FP-X通信插卡

名 称	规 格	型 号
COM1	RS232C，5线式1通道	AFPX-COM1
COM2	RS232，3线式2通道	AFPX-COM2
COM3	RS485/RS422，（绝缘）1通道	AFPX-COM3
COM4	RS485，（绝缘）1通道；RS232C，5线式1通道	AFPX-COM4
COM5	Ethernet；RS232C，5线式1通道	AFPX-COM5
COM6	RS485，（绝缘）2通道	AFPX-COM6

通信插卡安装在 FP-X 控制单元的插卡安装部1上，如图5-5所示。

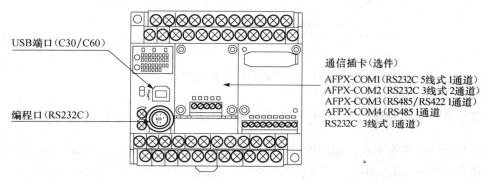

图5-5 插卡的安装

每个通信插卡的正面有 LED 显示以及接线端子。例如，通信插卡 AFPX-COM3 的正面的 LED 显示/接线排列如图5-6所示，背面开关如5-7所示。

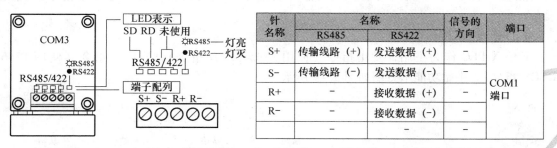

图5-6 通信插卡 COM3 的正面

SW1	RS485	RS422
1 2 3	ON	OFF
4	线端站时 ON	

图5-7 通信插卡 COM3 的背面开关

由上述图知，如果 FP-X 控制单元与具有 RS485 接口的外部设备相连接时，只需将 AFPX-COM3 的 S+、S- 分别与外部设备的传输线路（+）、（-）连接起来；而背面开关

SW1、SW2、SW3 均置 ON 位置，SW4 置 OFF 位置。如果 FP - X 控制单元与具有 RS422 接口的外部设备相连接时，则分别将其 S +、S - 与外部设备的接收数据端子（RD +）、（RD -）连接起来；R +、R - 分别与外部设备的发送数据端子（SD +）、（SD -）连接起来；背面开关 SW1、SW2、SW3 均置 OFF 位置，SW4 置 OFF 位置即可。如果是终端站，SW4 置 ON 位置。其等效电路如图 5 - 8 所示。

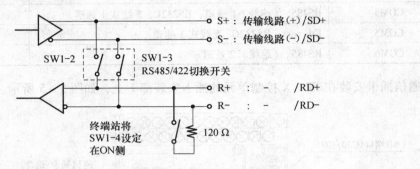

图 5 - 8　RS485/RS422 等效接线原理图

1.3　FP - X 通信插卡的通信功能

FP - X 通信插卡有 4 项通信功能：计算机链接功能，通用串行通信功能、PC（PLC）链接功能和 MODBUS RTU 功能。下面简单介绍计算机链接功能和通用串行通信功能。

1.3.1　计算机链接

计算机链接功能是指计算机与 PLC 或 PLC 与外部设备链接后进行通信的功能。计算机链接的通信协议是采用松下公司专用的 MEWTOCOL - COM 协议，具有 MEWTOCOL 主站功能和 MEWTOCOL 从站功能。主站是发出指令一侧的设备，从站是接收指令一侧的设备。

1. MEWTOCOL 主站功能

FP - X PLC 作为主站，发出指令（使用 F145 SEND 指令），或接收指令（使用 F146 RECV 指令）。主站功能示意图如图 5 - 9 所示。

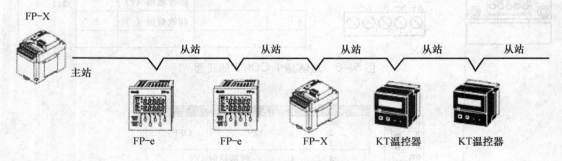

图 5 - 9　MEWTOCOL 主站功能

2. MEWTOCOL 从站功能

接收由链接计算机发出的指令，并进行处理，回传处理的结果。作为从站不必执行 F145 SEND 指令和 F146 RECV 指令。MEWTOCOL 从站示意图如图 5 - 10 所示。

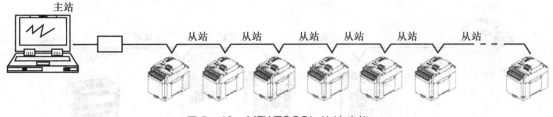

图5-10　MEWTOCOL从站功能

1.3.2　通用串行通信

通用串行通信是指使用COM口与图像处理器、条形码识别器等外部设备之间进行数据的发送和接收。如图5-11所示。

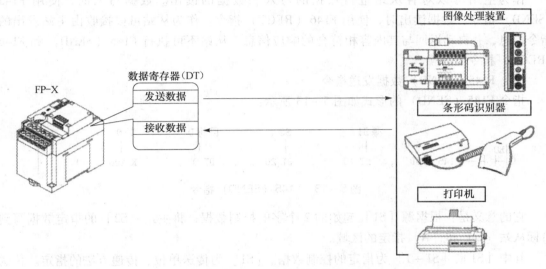

图5-11　串行数据通信

1. 数据发送

待发送的数据保存在作为发送缓冲区的数据寄存器（DT）中，发送时，执行F159（MTRN）指令，将数据从COM1口或COM2口发送到具有RS232接口的外部设备。

2. 数据接收

从外部设备传送来的数据，通过COM1口接收并保存在系统指定的接收数据缓冲区中。

3. 串行数据通信指令

串行数据通信的指令为F159（MTBN），指令的意义和用法见手册。

任务2　MODBUS RTU 通信功能

1. MODBUS RTU 通信功能

MODBUS RTU 通信是主站与从站进行的通信，主站可以对从站的数据进行读写操作。MODBUS RTU 通信使用 MODBUS RTU 通信协议，它允许 FP-X PLC 与其他设备（如 FP-e，KT 温控器，GT 显示器，变频器）之间的通信，可以组成常用的工业控制网络。网络具有主站、从站功能，最大可以在99台设备中进行通信。通信使用通信插卡，如图5-12所示。

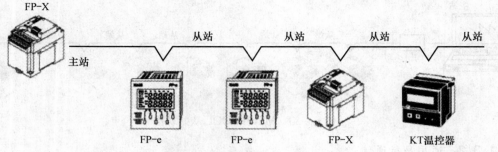

图5-12 MODBUS RTU 通信系统

2. 主站功能和从站功能

作为主站可以对各从站进行数据的写入和数据的读出。数据写入时,使用 F145（SEND）指令,数据读出时,使用 F146（RECV）指令。作为从站可以接收由主站发出的指令信息,并自动返回与其内容相符合的响应信息。从站不可执行 F145（SEND）和 F146（RECV）指令。

（1）F145（SEND）数据发送指令

指令 F145（SEND）的形式如图5-13所示:

```
         源S1          S2        目标D        数N
  R0
0 ─┤├──[F145 SEND  ,  DT 10  ,  DT 20  ,  DT 0  ,  K 100  ]──
```

图5-13 F145（SEND）指令

它的意义是:根据源［S1］起始的2个字的控制数据,将主站［S2］的指定数据写到目标从站［D］和［N］指定的区域。

其中［S1］、［S1+1］为指定的控制数据。［S1］为传送单位、传递方法的指定。传送字数据的格式如图5-14（a）所示,传送位数据的格式如图5-14（b）所示。例如H1,即 H01,意即传送字数据,发送1个字。又如 H800F,意即将本站存储区的位15的位数据发送到目标站存储区的0位。

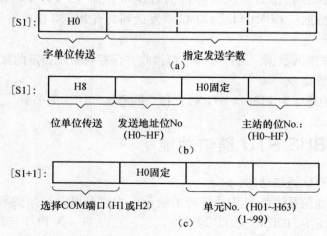

图5-14 源［S1］的格式

（a）传送字数据的［S1］格式;（b）传送位数据的［S1］格式;（c）从站指定［S1+1］格式

图 5 – 14（c）的 ［S1 + 1］为从站指定，如选择 COM1 口发送数据，取 H1；如选择 COM2 口发送数据，取 H2。从站的站号取 H00 – H63（0 – 99）。

图 5 – 13 的 ［S2］用来指定主站存储发送数据的存储区域。［D］，［N］用来指定从站的存储区域，［D］的设备编号常指定为 0，两者结合起来指定从站存储区的种类的编号。例如 ［D］为 DT0，［N］为 K100，即得从站的数据寄存器为 DT100。

（2）F146（RECV）数据接收指令

指令 F146（RECV）的形式如图 5 – 15 所示：

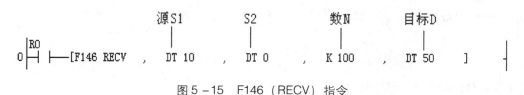

图 5 – 15 F146（RECV）指令

图中 ［S1］、［S1 + 1］的意义与图 5 – 14 的意义和格式相同。图 5 – 15 的意义是：以 ［S1］、［S1 + 1］两个字的控制数据，将从站 ［S2］和 ［N］所指定区域的数据，读入到主站 ［D］指定的存储区域中。

3. MODBUS RTU 通信的实例

下面以两台 FP – X PLC 进行 MODBUS RTU 通信为例，说明如何构筑 MODBUS 通信。

1）在两台 FP – X 控制单元上安装通信插卡 AFPX – COM3，并进行接线。

2）分别设置站号 No. 1（主站）和站号 No. 2（从站）的 COM1 口数据，如图 5 – 16 所示。图中，下拉"No. 410 站号"为"1"或"2"，下拉"No. 412 通信模式"为"MODBUS RTU"。

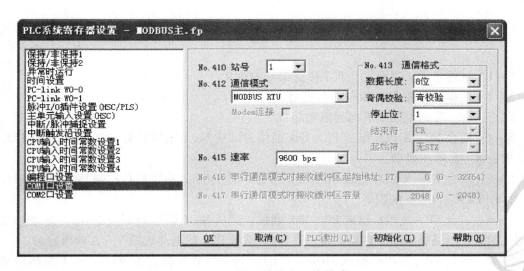

图 5 – 16 设置站号和通信模式

3）编写主站程序，如图 5 – 17 所示。

4）编写从站程序，如图 5 – 18 所示。

MODBUS 通信的从站编写，不要使用 F145（SEND）和 F146（RECV）指令。

```
     R9010
0 ├──┤ ├──[F0 MV      ,    H 1      ,    DT 10    ]
          [F0 MV      ,    H 1002   ,    DT 11    ]
          [F0 MV      ,    K 200    ,    DT 20    ]
     R901C        R9044
17├──┤ ├────────┤ ├──(DF)────────────────────────────────────→ 1-
   1 ──→[F145 SEND   ,   DT 10   ,   DT 20   ,   DT 0   ,   K 300   ]
     R901C        R9044
31├──┤ ├────────┤ ├──(DF/)───────────────────────────────────→ 1-
   1 ──→[F145 SEND   ,   DT 10   ,   DT 10   ,   DT 0   ,   K 300   ]
```

图5-17　主站的程序

```
     R9010
0 ├──┤ ├──[F0 MV      ,    DT 300   ,    DT 500   ]
```

图5-18　从站的程序

在图5-17的SEND指令中，[S1]为H1，[S1+1]为H1002，意义为传送1个字，从COM1口发送，从站站号为No.2。

执行程序第17步，主站于R901C上升沿，通过COM1口将一个数据K200发送到从站DT300；于R901C下降沿，通过COM1口将一个数据H1发送到从站DT300。

从站程序是将DT300数据赋值给DT500。于是在从站上看到DT500的数据在K200和K1这两个数字之间闪烁。

图5-17中使用了特殊内部继电器R9044。R9044是COM1口执行SEND/RECV指令的标志。当可执行时，为ON；当不可执行时，为OFF。

习　题　5

5-1　试述单工、半双工、双工传送信号的意义。

5-2　数据传输速率19 200 bit/s的意义是什么?

5-3　FP-X通信插卡有何通信功能?

5-4　两台FP-X PLC组成PC-link通信。试从No.1站号PLC控制No.2站号PLC的电动机的Y-△降压启动。

5-5　两台FP-X PLC组成PC-link通信。试从No.2站号PLC控制No.1站号PLC的两盏灯作1 s亮、1 s灭的闪烁。

5-6　三台FP-X PLC组成PC-link通信。试从No.1站号PLC控制No.2站号PLC的电动机的定子电路串联降压启动。20 s后No.3站号PLC的电动机的Y-△降压启动。

5-7　两台FP-X PLC组成MODBUS RTU通信模式。试将K300从No.1主站传输到No.2从站PLC。此数值作为定时器的设定值，驱动从站电动机工作。

5-8　两台FP-X PLC组成MODBUS RTU通信模式。试将K1000从No.1主站传输到No.2从站PLC。20 s后，又将K3000从No.1主站传输到No.2从站PLC。之后，这两个数据闪烁显示。

下 篇

组态监控技术

项目 6

初识组态王软件

任务 1　软件的安装

任务目标

了解组态软件的基本知识，掌握组态王软件的安装及组态王程序组所包含的相应内容。

任务分解

1. 什么是组态软件

组态软件是指一些数据采集与过程控制的专用软件，一般英文简称有三种，分别 HMI/MMI/SCADA，对应全称分别为 Human and Machine Interface/Man and Machine Interface/Supervisory Control and Data Acquisition，中文译为人机界面/人机界面/监视控制和数据采集。

工控组态软件是应用于工业控制领域的专用组态软件，是处在自动控制系统监控层一级的软件平台和开发环境，使用灵活的组态方式，为用户提供快速构建工业自动控制系统监控功能的、通用层次的软件工具。组态软件大都支持各种主流工控设备和标准通信协议，并且提供分布式数据管理和网络功能。

2. 组态软件的结构和功能

组态软件从总体结构上看，一般都是由系统开发环境（或称组态环境）与系统运行环境两大部分组成。系统开发环境是自动化工程设计师为实施其控制方案，在组态软件的支持下进行应用程序的系统生成工作所必须依赖的工作环境，通过建立一系列用户数据文件，生成最终的图形目标应用系统，供系统在运行环境运行时使用。系统运行环境是将目标应用程序装入计算机内并投入实时运行时使用的，是直接针对现场操作使用的。系统开发环境和系统运行环境之间的联系纽带是实时数据库。

（1）丰富的画面组态功能。

① 功能强大的工具箱，支持无限色和过渡色，轻松构造逼真、美观的控制画面。

② 丰富的图库以及方便易用的图库精灵，工程人员可开发自己的个性化图库。

③ 按钮有多种形状和效果，支持点位图按钮，用户可做出生动的控制效果。

④ 支持多种图形格式，如 GIF. JPG. BMP 等，用户可充分利用已有资源创建仿真实时监控画面。

⑤ 可视化动画连接向导，轻松完成复杂动画动作。

（2）良好的开放性。组态软件能与多种通信协议互联，支持丰富的硬件设备。

（3）丰富的功能模块。内置多种控件，如多种曲线控件和多媒体视频控件以及窗口控件。能完成实时监控、显示实时曲线、历史曲线、生成各种功能报表、报警窗口等，使系统具有良好的人机交互功能。

（4）强大的数据库支持。配有实时数据库、历史数据库，可存储各种数据，并可实现和其他应用软件的数据交换。

（5）可编程的命令语言。用户可以根据自己的需要编写命令语言程序，利用这些命令语言程序来增强应用程序的灵活性，处理一些算法和操作。

（6）周密的系统安全防范。对于不同的操作者，赋予不同的操作权限，保证整个系统的安全可靠运行。

（7）强大的网络功能。

① 完全基于网络功能，支持分布式历史数据库和分布式报警系统。

② 采用多种方式实现数据库和画面的远程监控。

3. 当今流行的组态软件

（1）MCGS（最新版本 V5.5）

（2）组态王（最新版本 V6.5）

（3）力控

（4）WinCC（最新版本 V6.0）

4. 组态王软件的安装

（1）启动计算机系统。

（2）在光盘驱动器中插入"组态王"软件的安装盘，系统自动启动 Install. exe 安装程序，如图 6-1 所示。该安装界面左侧有一列按钮，将鼠标移动到按钮上时，会在右边图片位置上显示各按钮中安装内容提示。

图 6-1 组态王安装界面

① "安装阅读"按钮：安装前阅读，用户可以获取到关于版本更新信息、授权信息、服务和支持信息等。

② "安装组态王程序"按钮：安装组态王程序。

③ "安装组态王驱动程序"按钮：安装组态王 I/O 设备驱动程序。

④ "安装加密锁驱动程序"按钮：安装授权加密锁驱动程序。

⑤ "退出" 按钮：退出安装程序。

（3）开始安装。点击 "安装组态王程序" 按钮，将自动安装 "组态王" 软件到用户的硬盘目录，并建立应用程序组。

5. 组态王程序组

安装完 "组态王" 之后，在系统菜单 "开始 \ 程序" 中生成名称为 "组态王 6.53 " 的程序组。该程序组中包括 4 个文件和 3 个文件夹的快捷方式，内容如下：

组态王 6.53：组态王工程管理器程序（ProjectManager）的快捷方式，用于新建工程、工程管理等。

工程浏览器：组态王单个工程管理程序的快捷方式，内嵌组态王画面开发系统（TouchExplorer），即组态王开发系统。

运行系统：组态王运行系统程序（TouchView）的快捷方式。工程浏览器（TouchExplorer）和运行系统（TouchView）是各自独立的 Windows 应用程序，均可单独使用；两者又相互依存，在工程浏览器的画面开发系统中设计开发的画面应用程序，必须在画面运行系统（TouchView）环境中才能运行。

任务 2 工程管理器

任务目标

熟悉组态王工程管理器的启动和使用，学会集中管理用户本机上的所有工程。

任务分解

2.1 工程管理器介绍

对于系统集成商和用户来说，一个系统开发人员可能保存有很多个组态王工程，对于这些工程的集中管理以及新开发工程中的工程备份等都是比较繁琐的事情。工程管理器实现了对组态王各种版本工程的集中管理，使用户在进行工程开发和工程的备份、数据词典的管理上方便了许多，其主要作用就是为用户集中管理本机上的所有组态王工程。工程管理器的主要功能包括新建工程，删除工程，搜索指定路径下的所有组态王工程，修改工程属性，工程的备份、恢复，数据词典的导入、导出，以及切换到组态王工程开发或运行环境等。

2.2 新建工程

组态王提供新建工程向导。利用向导新建工程，使用户操作更简便。选择菜单栏 "文件"｜"新建工程" 命令，或按工具栏中的 "新建工程" 按钮，或选择快捷菜单 "新建工程" 命令后，将弹出 "新建工程向导之一" 对话框，如图 6-2 所示。

1. 新建工程向导之一

单击 "取消" 按钮，将退出新建工程向导。单击 "下一步" 按钮，继续新建工程，此时弹出 "新建工程向导之二" 对话框，如图 6-3 所示。

2. 新建工程向导之二

在对话框的文本框中输入新建工程的路径。如果输入的路径不存在，系统将自动提示用户。或单击 "浏览" 按钮，从弹出的路径选择对话框中选择工程路径（可在弹出的路径选择对话框中直接输入路径）。

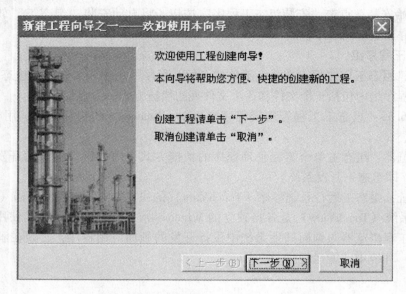

图 6-2 "新建工程向导之一"对话框

图 6-3 "新建工程向导之二"对话框

单击"下一步"按钮，将进入"新建工程向导之三"对话框，如图6-4所示。

3. 新建工程向导之三

在"工程名称"文本框中输入新建工程的名称，名称的有效长度小于32个字符。在"工程描述"文本框中输入对新建工程的描述文本，描述文本的有效长度小于40个字符。

单击"完成"按钮，将确认新建的工程，完成新建工程操作。

新建工程的路径是向导之二中指定的路径，在该路径下会以工程名称为目录建立一个文件夹。完成后弹出"是否将新建的工程设为组态王当前工程"对话框，如图6-5所示。单

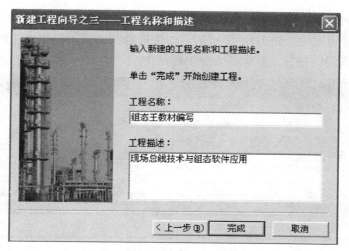

图6-4 "新建工程向导之三"对话框

击"是"按钮,将新建的工程设置为组态王的当前工程;单击"否"按钮,不改变当前工程的设置。

完成以上操作就可以新建一个组态王工程的工程信息了。此处新建的工程,在实际上并未真正创建工程,只是在用户给定的工程路径下设置了工程信息。当用户将此工程作为当前工程,并且切换到组态王开发环境时,才真正创建工程。

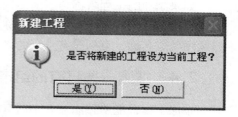

图6-5 新建工程设定

2.3 添加一个已有的组态王工程

在工程管理器中使用"添加工程"命令来找到一个已有的组态王工程,并将工程的信息显示在工程管理器的信息显示区中。选择菜单栏"文件"|"添加工程"命令或快捷菜单的"添加工程"命令后,弹出添加工程路径选择对话框,如图6-6所示。

图6-6 添加工程路径选择对话框

选择想要添加的工程所在的路径。单击"确定"按钮，将选定的工程路径下的组态王工程添加到工程管理器中，如图6-7所示。如果选择的路径不是组态王的工程路径，则添加不了。单击"取消"按钮，将取消添加工程操作。

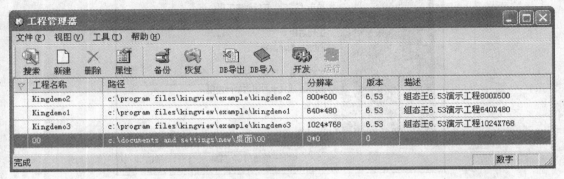

图6-7 添加工程操作图

如果添加的工程名称与当前工程信息显示区中存在的工程名称相同，则被添加的工程将动态生成一个工程名称，在工程名称后添加序号。当存在多个具有相同名称的工程时，将按照顺序生成名称，直到没有重复的名称为止。

2.4 搜索一些已有的组态王工程

添加工程只能单独添加一个已有的组态王工程，要想找到更多的组态王工程，只能使用"搜索工程"命令。选择菜单栏"文件"|"搜索工程"命令，或单击工具条"搜索"按钮，或选择快捷菜单"搜索工程"命令后，弹出搜索工程路径选择对话框，如图6-8所示。

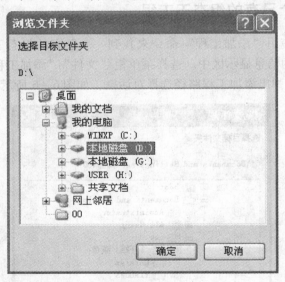

图6-8 搜索工程路径选择对话框

路径的选择方法与Windows的资源管理器相同。选定有效路径之后，单击"确定"按钮，工程管理器开始搜索工程，将搜索指定路径及其子目录下的所有工程。搜索完成后，搜索结果自动显示在管理器的信息显示区内，工程路径选择对话框自动关闭。单击"取消"按钮，将取消搜索工程操作。

如果搜索到的工程名称与当前工程信息表格中存在的工程名称相同，或搜索到的工程中有相同的名称，在工程信息被添加到工程管理器时，将动态地生成工程名称，在工程名称后添加序号。当存在多个具有相同名称的工程时，将按照顺序生成名称，直到没有重复的名称为止。

2.5　设置一个工程为当前工程

在工程管理器工程信息显示区中选中加亮想要设置的工程，选择菜单栏"文件"|"设为当前工程"命令或快捷菜单"设为当前工程"命令，即可设置该工程为当前工程。以后进入组态王开发系统或运行系统时，系统将默认打开该工程。被设置为当前工程的工程在工程管理器信息显示区的第一列中用一个图标（小红旗）来标识，如图6-9所示。

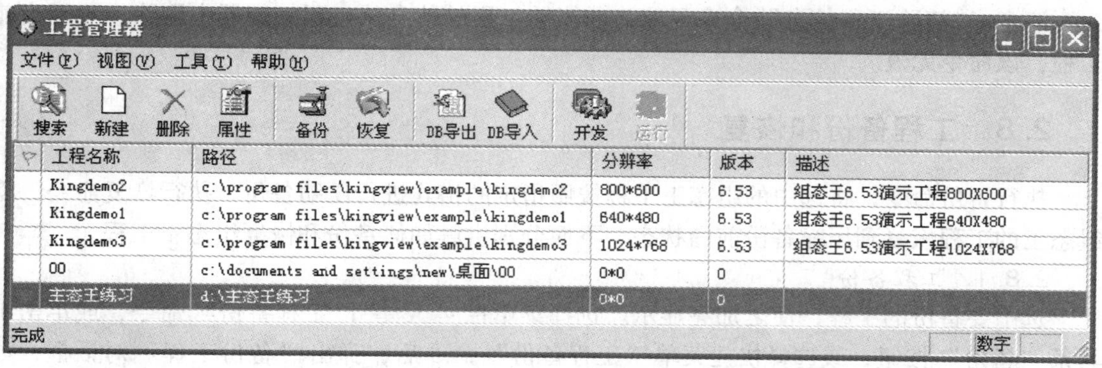

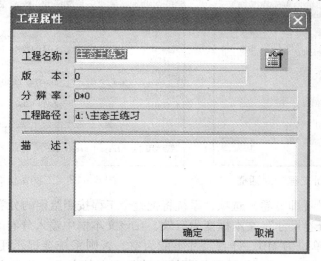

图6-9　设置一个工程为当前工程

注意：只有当组态王的开发系统或运行系统没有打开时，该项有效。

2.6　修改当前工程的属性

工程属性主要包括工程名称和工程描述两部分。选中要修改属性的工程，使之加亮显示，选择菜单栏"文件"|"工程属性"命令，或单击工具条"属性"按钮，或选择快捷菜单"工程属性"命令后，弹出修改工程属性的对话框，如图6-10所示。

图6-10　工程属性修改对话框

"工程名称"文本框中显示的为原工程名称，用户可直接修改。"版本""分辨率"文本框中分别显示开发该工程的组态王软件版本和工程的分辨率。"工程路径"文本框中显示该工程所在的路径。"描述"文本框中显示该工程的描述文本，允许用户直接修改。

2.7 清除当前不需要显示的工程

选中要清除信息的工程，使之加亮显示，选择菜单栏"文件"|"清除工程信息"命令或快捷菜单"清除工程信息"命令后，将显示的工程信息条从工程管理器中清除，不再显示。执行该命令不会删除工程或改变工程。用户可以通过执行"搜索工程"或"添加工程"命令，重新使该工程信息显示到工程管理器中。

注意："清除工程信息"命令只能将非当前工程的信息从工程管理器中删除。对于当前工程，该命令无效。

2.8 工程备份和恢复

执行备份命令，将选中的组态王工程按照指定的格式进行压缩备份。执行恢复命令，将组态王的工程恢复到压缩备份前的状态。下面分别讲解如何备份和恢复组态王工程。

2.8.1 工程备份

选中要备份的工程，使之加亮显示。选择菜单栏"工具"|"工程备份"命令，或单击工具条"备份"按钮，或选择快捷菜单"工程备份"命令后，弹出"备份工程"对话框，如图6-11所示。

工程备份文件分为两种形式，即不分卷与分卷，不分卷是指将工程压缩为一个备份文件，无论该文件有多大。分卷是指将工程备份为若干指定大小的压缩文件。系统的默认方式为不分卷。

选择"默认（不分卷）"选项，系统将把整个工程压缩为一个备份文件。单击"浏览"按钮，选择备份文件存储的路径和文件名称，如图6-12所示。工程被存储成扩展名.cmp的文件，如filename.cmp。工程备份完成后，生成一个filename.cmp文件。

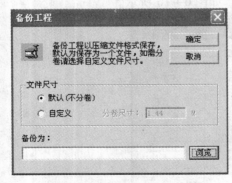

图6-11 "备份工程"对话框

图6-12 工程备份路径选择

选择"自定义"（即分卷）选项，系统将把整个工程按照给定的分卷尺寸压缩为给定大小的多个文件。"分卷尺寸"文本框变为有效，在该文本框中输入分卷的尺寸，即规定每个备份文件的大小，单位为MB。分卷尺寸不能为空，否则系统会提示用户输入分卷尺寸大小。单击"浏览"按钮，选择备份文件存储的路径和文件名称。分卷文件存储时会自动生成一系列文件，生成的第一个文件的文件名为所定义的文件名 .cmp，其他依次为文件名 .c01，文件名 .c02，…。例如，定义的文件名为 filename，则备份产生的文件为 filename. cmp，filename. c01，filename. c02，…。

如果用户指定的存储路径为软驱，在保存时若磁盘满，则系统会自动提示用户更换磁盘。在这种情况下，建议用户使用"自定义"方式备份工程，备份过程中，在工程管理器的状态栏的左边有文字提示，右边有备份进度条标识当前进度。

注意：备份的文件名不能为空。

2.8.2 工程恢复

选择要恢复的工程，使之加亮显示。选择菜单栏"工具"|"工程恢复"命令，或单击工具条"恢复"按钮，或选择快捷菜单"工程恢复"命令后，弹出"选择要恢复的工程"对话框，如图 6–13 所以。

选择组态王备份文件，即扩展名为 .cmp 的文件，如上例中的 filename. cmp，单击"打开"按钮，弹出"恢复工程"对话框，如图 6–14 所示。

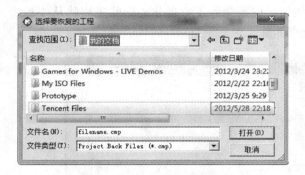

图 6–13 "选择要恢复的工程"对话框

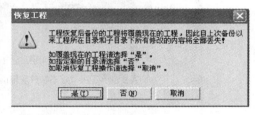

图 6–14 "恢复工程"对话框

单击"是"按钮，则以前备份的工程覆盖当前的工程。如果恢复失败，系统会自动将工程还原为恢复前的状态。恢复过程中，工程管理器的状态栏上会有文字提示信息和进度条，显示恢复进程。单击"取消"按钮，则取消恢复工程操作。单击"否"按钮，则另行选择工程目录，将工程恢复到别的目录下。单击后，弹出路径选择对话框，如图 6–15 所示。

图 6–15 工程恢复路径确认

在"恢复到此路径"文本框里输入恢复工程的新的路径，或单击"浏览…"按钮，在弹出的路径选择对话框进行选择。如果输入的路径不存在，系统会提示用户自动创建该路径。路径输入完成后，单击"确定"按钮恢复工程。工程恢复期间，在工程管理器的状态栏上会有恢复信息和进度显示。工程恢复完成后，弹出恢复成功与否信息框，如

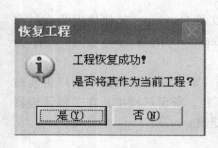

图6-16 工程恢复确认

图6-16所示。

单击"是"按钮，将恢复的工程作为当前工程；单击"否"按钮，返回工程管理器。恢复的工程名称若与当前工程信息表格中存在的工程名称相同，则恢复的工程添加到工程信息表格时将动态地生成一个工程名称，在工程名称后添加序号。例如，原工程名为"Demo"，则恢复后的工程名为"Demo（2）"。恢复的工程路径为指定路径下的以备份文件名为子目录名称的路径。

2.9 工程删除

选择要删除的工程，该工程为非当前工程，使之加亮显示。选择菜单栏"文件"|"删除工程"命令，或单击工具条"删除"按钮，或选择快捷菜单"删除工程"命令后，为防止用户误操作，将弹出"删除工程"确认对话框，提示用户是否确定删除，如图6-17所示。单击"是"按钮，删除工程；单击"否"按钮，取消删除工程操作。删除工程将从工程管理中删除该工程的信息，工程所在目录将全部删除，包括子目录。

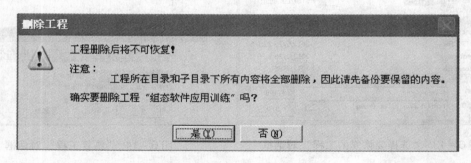

图6-17 "删除工程"确认对话框

注意：删除工程将把工程的所有内容全部删除，不可恢复。用户应谨慎操作。

任务3 工程浏览器

任务目标

熟悉组态王工程浏览器的启动和使用，学会组态王开发界面的使用，熟悉系统开发环境。

任务分解

3.1 工程浏览器介绍

工程浏览器是组态王的一个重要组成部分，它将图形画面、命令语言、设备驱动程序、配方、报警和网络等工程元素集中管理，使工程人员可以一目了然地查看工程各个组成部分。工程浏览器简便易学，操作界面和Windows中的资源管理器非常类似，为工程的管理提供了方便、高效的手段。组态王开发系统内嵌于组态王工程浏览器，又称为画面开发系统，是应用程序的集成开发环境，工程人员在这个环境里进行系统开发。

1. 概述

组态王工程浏览器的结构如图6-18所示。

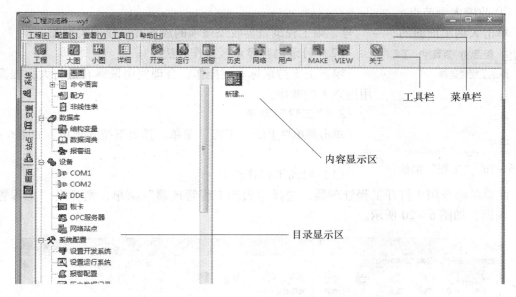

图6-18　工程浏览器的结构

工程浏览器左侧是工程目录显示区，主要展示工程的各个组成部分，包括"系统"、"变量"、"站点"和"画面"四部分。这四部分的切换是通过工程浏览器最左侧的Tab标签实现的。

"系统"部分共有"Web"、"文件"、"数据库"、"设备"、"系统配置"和"SQL访问管理器"六大项。"Web"为组态王For Internet功能画面发布工具。"文件"主要包括"画面"、"命令语言"、"配方"和"非线性表"。其中，"命令语言"又包括"应用程序命令语言"、"数据改变命令语言"、"事件命令语言"、"热键命令语言"和"自定义函数命令语言"。"数据库"主要包括"结构变量"、"数据词典"和"报警组"。"设备"主要包括"串口1（COM1）"、"串口2（COM2）"、"DDE"、"板卡"、"OPC服务器"和"网络站点"。"系统配置"主要包括"设置开发系统"、"设置运行系统"、"报警配置"、"历史数据记录"、"网络配置"、"用户配置"和"打印配置"。"SQL访问管理器"主要包括"表格模板"和"记录体"。

"变量"部分主要为变量管理，包括变量组。

"站点"部分显示定义的远程站点的详细信息。

"画面"部分用于对画面进行分组管理，创建和管理画面组。

工程浏览器右侧是目录内容显示区，其中将显示每个工程组成部分的详细内容，同时对工程提供必要的编辑、修改功能。

组态王的工程浏览器有Tab标签条、菜单栏、工具栏、工程目录显示区、目录内容显示区和状态栏组成。工程目录显示区以树形结构图显示功能节点，用户可以扩展或收缩工程浏览器中所列的功能项。

（1）工程目录显示区操作方法

① 打开功能配置对话框

双击功能项节点，则工程浏览器扩展该项的成员并显示出来。

② 扩展大纲节点

单击大纲项前面的"＋"号，则工程浏览器扩展该项的成员并显示出来。

③ 收缩大纲节点

单击大纲项前面的"－"号，则工程浏览器收缩该项的成员并只显示大纲项。

（2）目录内容显示区操作方法

组态王支持鼠标右键操作，合理使用鼠标右键将大大提高使用组态王的效率。

2."工程"菜单

单击菜单栏上的"工程"菜单，弹出下拉式菜单，如图6-19所示。

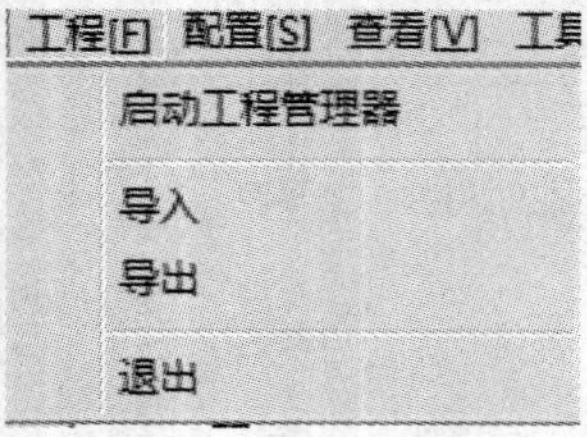

图6-19　"工程"菜单

（1）启动工程管理器

此菜单命令用于打开工程管理器，选择"启动工程管理器"菜单，则弹出"工程管理器"画面，如图6-20所示。

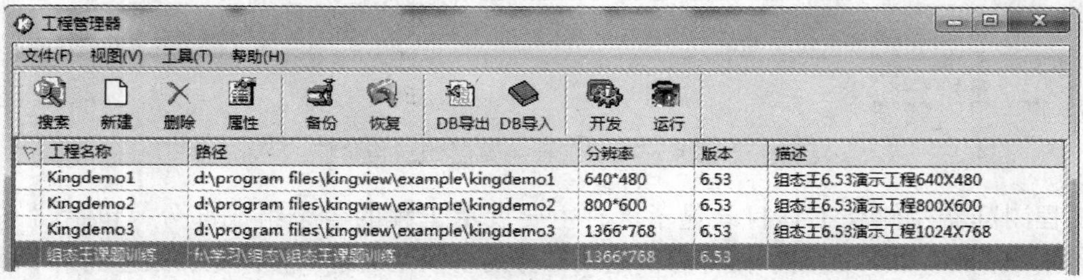

图6-20　组态王工程管理器

（2）导入

此菜单命令用于将另一组态王工程的画面和命令语言等导入到当前工程中。

（3）导出

此菜单命令用于将当前组态王工程的画面和命令语言导出到指定文件夹中。

（4）退出

此菜单命令用于关闭工程浏览器，选择"退出"菜单，则退出工程浏览器。若界面开发系统中有的画面内容被改变而没有保存，程序会提示工程人员选择是否保存。

如果要保存已修改的画面内容，单击"是"按钮或按字母键"Y"；若不保存，单击"否"按钮或按字母键"N"，则可退出组态王工程浏览器。单击"取消"按钮取消退出操作，则不会退出工程浏览器。

3."配置"菜单

单击菜单栏上的"配置"菜单，弹出下拉式菜单，如图6-21所示。

（1）开发系统（M）

此菜单命令用于对开发系统的外观进行设置。

（2）运行系统（V）

此菜单命令用于设置运行系统的外观、定义运行系统的基准频率、设定运行系统启动时自动打开的主画面等。选择"运行系统"

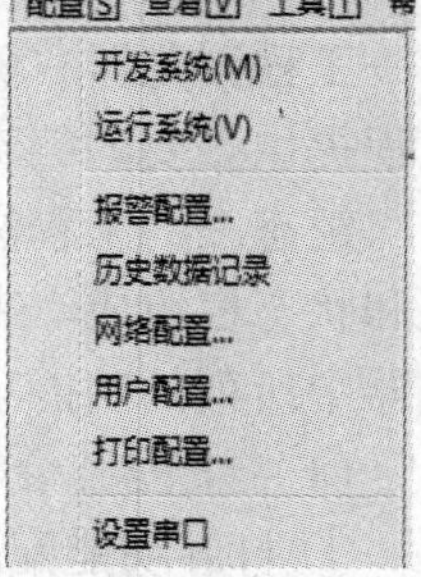

图6-21　"配置"菜单

命令，弹出"运行系统设置"对话框，如图 6-22 所示。

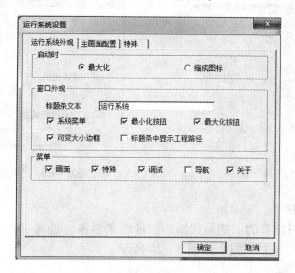

图 6-22　"运行系统设置"对话框

（3）打印配置

此菜单命令用于配置"画面"、"实时报警"、"报告"打印时的打印机。

4. "查看"菜单

单击菜单栏上的"查看"菜单，弹出下拉式菜单，如图 6-23 所示。

（1）工具条

此菜单命令用于显示/关闭工程浏览器的工具条。当工具条菜单左边出现"✓"号时，显示工具条；当工具条菜单左边没有出现"✓"号时，工具条消失。

（2）状态条

此菜单命令用于显示/关闭工程浏览器的状态条。当状态条菜单左边出现"✓"号时，显示状态条；当状态条菜单左边没有出现"✓"号时，状态条消失。

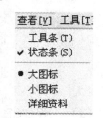

图 6-23　"查看"菜单

（3）大图标

此菜单命令用于将目录内容显示区中的内容以大图标显示。

（4）小图标

此菜单命令用于将目录内容显示区中的内容以小图标显示。

（5）详细资料

此菜单命令用于将目录内容显示区中各成员项所包含的全部详细内容显示出来。

5. "工具"菜单

单击菜单栏上的"工具"菜单，弹出下拉式菜单，如图 6-24 所示。

（1）查找数据库变量

此菜单命令用于查找指定数据库中的变量，并且显示该变量的详细情况供用户修改。单击工程浏览器"工程目录显示区"中的"变量词典"项，该菜单命令由灰色（不可用）变为黑色（可以），并弹出"查找"对话框，如图 6-25 所示。

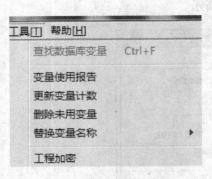

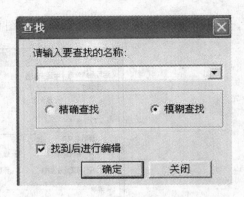

图6-24 "工具"菜单　　　　　　　　　图6-25 "查找"对话框

（2）替换变量名称

此菜单命令用于将已有的旧变量用新的变量名来替换，选择"工具"|"替换变量名称"命令，弹出"变量替换"对话框，如图6-26所示。

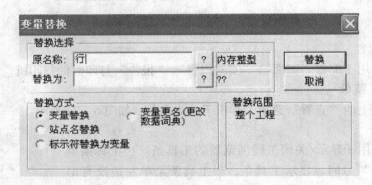

图6-26 "变量替换"对话框

（3）工程加密

为了防止其他人员修改工程，可以对开发的工程进行加密，也可以将加密的工程进行取消工程密码保护的操作。

6. "帮助"菜单

单击菜单栏上的帮助菜单，弹出下拉式菜单，如图6-27所示。

此菜单用于弹出信息框，显示组态王的版本情况和组态王的帮助信息。

图6-27 "帮助"菜单

3.2　新建一个画面

使用工程管理器新建一个组态王工程后，进入组态王工程浏览器，新建组态王画面。新建画面的方法有3种。

第一种：在"系统"标签页的"画面"选项下新建画面。选择工程浏览器左边"工程目录显示区"中的"画面"项，将在浏览器右面的"目录内容显示区"中显示"新建"图标。双击该图标，弹出"新画面"对话框，如图6-28所示。

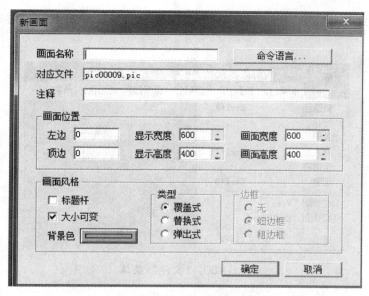

图6-28 "新画面"对话框

第二种：在"画面"标签页中新建画面。

第三种：单击工具条上的"MAKE"按钮，或右击工程浏览器的空白处，从显示的快捷菜单中选择"切换到Make"命令，进入组态王"开发系统"。选择"文件"|"新画面"菜单命令，将弹出"新画面"对话框。

3.3 查找一个画面

在工程浏览器的工具栏中，提供了"大图""小图"和"详细"三种控制画面在目录内容显示区中显示方式的工具。无论以哪种方式显示，画面在目录内容显示区中都是按照画面名称的顺序排列的。可以从排好顺序的画面中直接查找所需画面。

另外，组态王还提供了查找画面的工具。选择工程浏览器左边"工程目录显示区"中的"画面"项，在右边的"目录内容显示区"的空白处右击显示快捷菜单，选择"查找"命令，弹出"查找"对话框，如图6-29所示。

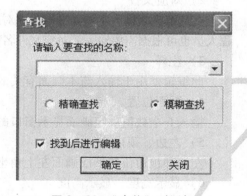

图6-29 "查找"对话框

输入所要查找的画面的名称，选择查找方式，即模糊查找或精确查找，然后选择是否查找到后直接编辑。选择完成后单击"确定"按钮，开始查找画面。

如果查找到的话，将高亮显示所查找到的第一个符合条件的画面。如果没有找到，系统会提示没有找到画面。

3.4 组态王画面开发系统菜单详解

3.4.1 "文件"菜单

"文件"菜单中的各命令用于对画面进行建立、打开、保存、删除等操作。若某一菜单条为灰色，表明此菜单命令当前无效。单击"文件"菜单，弹出下拉式菜单，如图6-30所示。

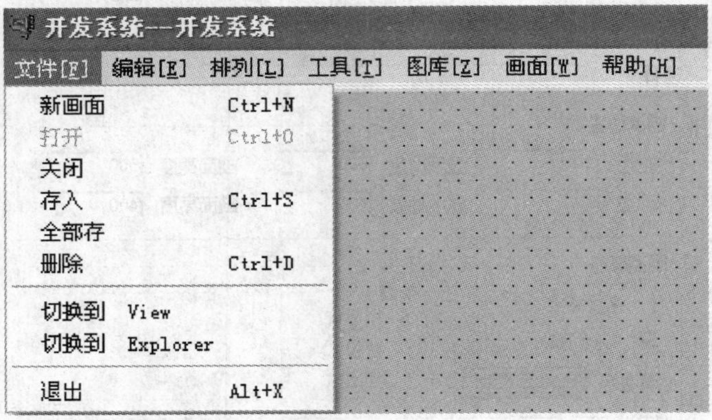

图6-30 "文件"菜单

1. 新画面

此菜单命令用于新建画面。

在对话框中可定义画面的名称、大小、位置和风格，以及画面在磁盘上对应的文件名。该文件名可由组态王自动生成，工程人员可以根据自己的需要进行修改。输入完成后单击"确定"按钮，使当前操作有效；或单击"取消"按钮，放弃当前操作。

1）画面名称

在此编辑框内输入新画面的名称，画面名称最长为20个字符。如果在"画面风格"栏里选中"标题栏"选择框，此名称将出现在新画面的标题栏中。

2）对应文件

在此编辑框输入本画面在磁盘上对应的文件名，也可由组态王自动生成默认的文件名。工程人员也可根据需要输入。对应文件名称最长为8个字符。画面文件的扩展名必须为.pic。

3）注释

此编辑框用于输入与本画面有关的注释信息。注释最长为49个字符。

4）画面位置

输入6个数值决定画面显示窗口的位置、大小和画面大小。

5）左边、顶边

左边和顶边位置形成画面左上角坐标。

6）显示宽度、显示高度

指显示窗口的宽度和高度。以像素为单位计算。

7）画面宽度、画面高度

指画面的大小，是画面总的宽度和高度，总是大于或等于显示窗口的宽度和高度。

可以通过对画面属性中显示窗口大小和画面大小的设置来实现组态王的大画面漫游功能。大画面漫游功能也就是组态王制作的画面不再局限于屏幕大小，可以绘制任意大小的画面，通过拖动滚动条来查看，并且在开发和运行状态都提供画面移动和导航功能。

画面的最大宽度和高度为4个显示屏幕大小（以1024×768为标准显示屏幕大小），也就是说，可定义画面的最大宽度和高度为4096×3072。如指定的画面宽度或高度小于显示窗口的大小，则自动设置画面大小为显示窗口大小。

8）画面风格——标题栏

此选择用于决定画面是否有标题栏。若有标题栏，选中此选项，在其前面的小方框中有"√"显示，开发系统画面标题栏上将显示画面名称。

9）画面风格——大小可变

此选择用于决定画面在开发系统（TouchExplorer）中是否能由工程人员改变大小。改变画面大小的操作与改变 Windows 窗口相同。鼠标移动到画面边界时，鼠标箭头变为双向箭头，拖动鼠标，可以修改画面的大小。

10）画面风格——类型

主要指在运行系统中，有覆盖式和替换式两种画面类型可供选择。覆盖式是指新画面出现时，它重叠在当前画面之上，关闭新画面后，被覆盖的画面又可见。替换式是指新画面出现时，所有与之相交的画面自动从屏幕上和内存中删除，即所有画面被关闭。建议使用替换式画面以节约内存。

11）画面风格——边框

画面边框有 3 种样式，可从中选择一种。只有当"大小可变"选项没被选中时，该选项才有效，否则灰色显示无效。

12）画面风格——背景色

此按钮用于改变窗口的背景色，按钮中间是当前默认的背景色。用鼠标按下此按钮后，出现一个浮动的调色板窗口，可从中选择一种颜色。

13）命令语言（画面命令语言）

根据程序设计者的要求，画面命令语言可以在画面显示时执行、隐含时执行，或者在画面存在期间定时执行。如果希望定时执行，还需要指定时间间隔。

执行画面命令语言的方式有 3 种，即显示时、存在时和隐含时。这 3 种执行方式的含义如下。

（1）显示时：每当画面由隐含变为显示时，"显示时"编辑框中的命令语言被执行一次。

（2）存在时：只要该画面存在，即画面处于打开状态，则"存在时"编辑框中的命令语言按照设置的频率被反复执行。

（3）隐含时：每当画面由显示变为隐含时，"隐含时"编辑框中的命令语言被执行一次。

2. 打开

此菜单命令用于打开画面，选择"文件"|"打开"命令，完后操作。

3. 关闭

此菜单命令用于关闭画面。

4. 存入

此菜单命令用于保存画面。

5. 全部存

此菜单命令用于保存全部画面。选择"文件"|"全部存"命令，组态王将所有已经打开并且内容发生改变的画面存入对应的文件。

图6-31　"编辑"菜单

6. 删除

此菜单命令用于删除画面。选择"文件"|"删除"命令，弹出"删除画面"对话框。

7. 切换到 View

此菜单命令用于从画面制作系统直接进入画面运行系统。

8. 切换到 Explorer

此菜单命令用于从画面制作系统直接进入工程浏览器。

9. 退出

此菜单命令将组态王开发系统制作程序最小化，并回到工程浏览器。

3.4.2　"编辑"菜单

"编辑"菜单的各命令用于对图形对象进行编辑。单击"编辑"菜单，弹出下拉式菜单，如图6-31所示。

为了使用这些命令，应首先选中要编辑的图形对象（对象周围出现8个小矩形），然后选择"编辑"菜单中合适的命令。菜单命令变成灰色，表示此命令对当前图形对象无效。

1. 取消

此菜单命令用于取消以前执行过的命令，从最后一次操作开始。

2. 重做

此菜单命令用于恢复取消的命令。从最后一次操作开始。

3. 剪切

此菜单命令将选中的一个或者多个图形对象从画面中删除，并复制到粘贴缓冲区中。剪切命令与拷贝命令的相同之处是都把当前选中的一个或者多个图形对象复制到粘贴缓冲区中；不同之处是剪切命令删除当前画面中选中的一个或者多个图形对象，拷贝命令保留当前画面中选中的一个或者多个图形对象，其操作方式与拷贝命令完全相同。

4. 拷贝

此菜单命令将当前选中的一个或者多个图形对象拷贝到粘贴缓冲区中。当选中一个或者多个图形对象时（对象周围出现8个小矩形），灰色的拷贝命令将变成正常的显示颜色，表示此命令可对当前选中的所有图形对象进行拷贝操作。执行该命令，将把选中的图形对象拷贝到粘贴缓冲区中。

5. 粘贴

此菜单命令将当前粘贴缓冲区中的一个或者多个图形对象复制到指定的位置。只有执行了拷贝命令或剪切命令后，此命令才有效，这时"粘贴"项由灰色变成正常颜色。

6. 删除

此菜单命令用于删除一个或者多个选中的图形对象。只有选中图形对象后，删除命令才由灰色变成正常颜色，此时命令有效。

7. 复制

此菜单命令将当前选中的一个或者多个图形对象直接在画面上进行复制，而不需要送到粘贴缓冲区中。当选中一个或者多个图形对象时，灰色的"复制"命令将变成正常的显示颜色，表示此命令可对当前选中的一个或者多个图形对象进行复制操作。执行"复制"命令后，在原先的图形对象上面出现一个新复制出来的图形对象。

8. 锁定

此菜单命令用于锁定、解锁图素。当图素锁定时，不能对图素的位置和大小进行操作，而复制、粘贴、删除、图素前移/后移等操作不会受到影响。

9. 粘贴点位图

此菜单命令用于将剪贴板中的点位图复制到当前选中的点位图对象中，并且复制的点位图将进行缩放，以适应点位图对象的大小。组态王中可以嵌入各种格式的图片，如 Bmp、Jpg、Jpeg、Png、Gif 等。图形的颜色只受显示系统的限制。

向组态王点位图中加载图片有两种方法：一种是打开图片文件，选择所要加载的图片部分，使用"复制"命令或者按热键 Ctrl + C 将选择的图片部分复制到 Windows 的剪贴板中。另一种方法是在组态王中进入开发系统画面，单击工具箱中的"点位图"按钮，在画面上绘制图片区域，然后使用"粘贴点位图"命令，将图片粘贴到组态王画面中。

10. 位图——原始大小

此菜单命令使选中的点位图对象中的点位图恢复到与图片本身一样的原有尺寸，而不管点位图对象矩形框的大小。点位图恢复到原有尺寸是为了避免缩放引起的图像失真。

11. 拷贝点位图

此菜单命令将当前选中的点位图对象中的点位图复制到剪贴板中。只有选中点位图对象后，拷贝点位图命令才有效。

12. 全选

此菜单命令使画面上所有图形对象都处于选中状态。

13. 画面属性

此菜单命令用于对画面属性进行修改。

14. 动画连接

此菜单命令用于弹出选中图形对象的"动画连接"对话框。在画面上选中图形对象后，单击"编辑"|"动画连接"菜单，弹出"动画连接"对话框。此命令效果与双击图形对象相同。

15. 水平移动向导

此菜单命令用于使用可视化向导定义图素的水平移动的动画连接。在画面上选择图素，然后选择该命令，鼠标形状变为小"十"字形。选择图素水平移动的起始位置，单击鼠标左键，鼠标形状变成向左的箭头，表示当前定义的是运行时图素向左移动的距离，移动鼠标，箭头随之移动，并画出一条移动轨迹线。当向左移动到左边界后，单击鼠标左键，鼠标形状变为向右的箭头，表示当前定义的是运行时图素向右移动的距离，移动鼠标，箭头随之移动，并画出一条移动轨迹线。当到达水平移动的右边界时，单击鼠标左键，弹出"水平移动动画连接"对话框。

16. 垂直移动向导

此菜单命令用于使用可视化向导定义图素的垂直移动的动画连接。在画面上选择图素，然后选择该命令，鼠标形状变为小"十"字形。选择图素垂直移动的起始位置，单击鼠标左键，鼠标形状变为向上的箭头，表示当前定义的是运行时的图素向上移动的距离，移动鼠标，箭头随之移动，并画出一条移动轨迹线。当向上移动到上边界后，单击鼠标左键，鼠标形状变为向下的箭头，表示当前定义的是运行时图素向下移动的距离，移动鼠标，箭头随之移动，并画出一条移动轨迹线，当到达垂直移动的下边界时，单击鼠标左键，弹出"垂直移动动画连接"对话框。

17. 滑动杆水平输入向导

此菜单命令用于使用可视化向导定义图素的水平滑动杆输入的动画连接。在画面上选择图素，然后选择该命令，鼠标形状变为小"十"字形。选择图素水平移动的起始位置，单击鼠标左键，鼠标形状变为向左的箭头，表示当前定义的是运行时图素向左移动的距离，移动鼠标，箭头随之移动，并画出一条移动轨迹线。当向左移动到左边界后，单击鼠标左键，鼠标形状变为向右的箭头，表示当前定义的是运行时图素向右移动的距离，移动鼠标，箭头随之移动，并画出一条移动轨迹线，当到达水平移动的右边界时，单击鼠标左键，弹出"水平滑动杆输入动画连接"对话框。

18. 滑动杆垂直输入向导

此菜单命令用于使用可视化向导定义图素的滑动杆垂直输入的动画连接。在画面上选择图素，然后选择该命令，鼠标形状变为小"十"字形。选择图素垂直移动的起始位置，单击鼠标左键，鼠标形状变为向上的箭头，表示当前定义的是运行时图素向上移动的距离，移动鼠标，箭头随之移动，并画出一条移动轨迹线。当向上移动到上边界后，单击鼠标左键，鼠标形状变为向下的箭头，表示当前定义的是运行时图素向下移动的距离，移动鼠标，箭头随之移动，并画出一条移动轨迹线，当到达垂直移动的下边界时，单击鼠标左键，弹出"垂直滑动杆输入动画连接"对话框。

19. 旋转向导

此菜单命令用于使用可视化向导定义图素的旋转的动画连接。在画面上选择图素，然后选择该命令，光标形状变成小"十"字形。在画面上的相应位置单击鼠标左键，选择图素旋转时的围绕中心，鼠标形状变成逆时针方向的旋转箭头，表示现在定义的是图素逆时针旋转的起始位置和旋转角度。移动鼠标，环绕选定的中心，则一个图素形状的虚线框会随鼠标的移动而移动。确定逆时针旋转的起始位置后，单击鼠标左键，鼠标形状变为顺时针方向的旋转箭头，表示现在定义的是图素顺时针旋转的起始位置和旋转角度，方法同逆时针定义。选定好顺时针的位置后，单击鼠标左键，弹出"旋转动画连接"对话框。

20. 变量替换

此菜单命令用于替换画面中引用的变量名，使该变量被替换为"数据词典"已有的同类型变量名。

（1）旧变量

输入想被替换的旧变量名，单击后面的"？"按钮，弹出"选择变量名"对话框，进行变量名选择。

（2）替换为

输入新的变量名，单击后面的"？"按钮，弹出"选择变量名"对话框，进行变量名的选择。

（3）选中的图素

只将当前画面中选中图素的旧变量名替换为相应的新变量名。

（4）当前画面

只将当前画面中的该旧变量名替换为相应的新变量名。

（5）所有画面

无论引用此变量的画面是否打开，都将替换为相应的新变量名。

21．字符串替换

此菜单命令用于将画面中的文本文字、按钮上的文字进行替换。

22．插入控件

此菜单命令用于打开控件选择窗口，创建控件。

控件是组态王的重要特色。它不同于 ActiveX 控件，是由组态王开发的。组态王已经提供了多种功能强大、方便实用的控件，而且正在开发更多种类的控件。在"创建控件"对话框中，用户可以根据需要选择相应的控件插入到画面中。

23．插入通用控件

此菜单命令用于打开通用控件选择窗口，创建通用控件。

3.4.3　"排列"菜单

"排列"菜单的各命令用于调整画面中图形对象的排列方式。单击"排列"菜单，弹出下拉式菜单，如图 6-32 所示。

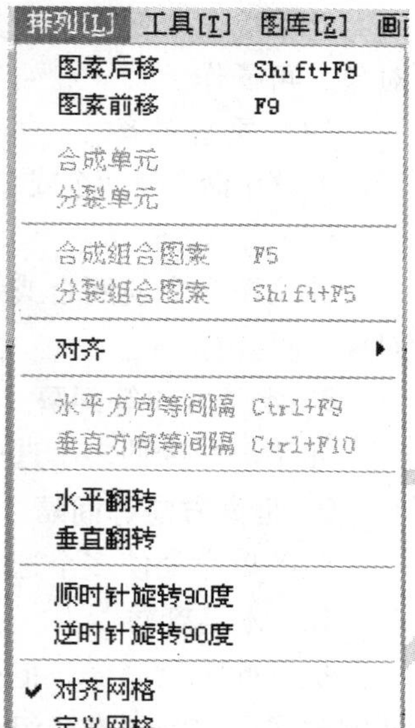

在使用这些命令之前，首先要选中需要调整排列方式的两个或两个以上的图形对象，再从"排列"菜单项的下拉式菜单中选择命令，执行相应的操作。

1．图素后移

此菜单命令使一个或多个选中的图素对象移至所有其他与之相交的图素对象后面，作为背景。此图素后移操作命令正好是图素前移操作命令的相反过程，两者的使用方法完全相同。

2．图素前移

此菜单命令使一个或多个选中的图素对象移至所有其他与之相交的图素对象前面，作为前景。

3．合成单元

此菜单命令用于对所有图形元素或复杂对象进行合成。图形元素或复杂对象在合成前可以进行动画连接，合成后生成的新图形对象不能再进行动画连接。

图 6-32　"排列"菜单

4．分裂单元

此菜单命令是"合成单元"命令的逆过程，把用"合成单元"命令形成的图形对象分解为合成前的单元，而且保持它们原有属性不变。

5．合成组合图素

此菜单命令是将两个或多个选中的基本图素（没有任何动画连接）对象组合成一个整体，作为构成画面的复杂元素。按钮、趋势曲线、报警窗口、有连接的对象或一个单元不能作为基本图素来合成复杂元素单元。合成后形成的新的图形对象可以进行动画连接。

6. 分裂组合图素

此菜单命令将选中的单元分解成为原来合成组合图素前所用的两个或多个基本因素对象，此命令正好是合成组合图素的逆操作。执行"分裂组合图素"命令后，原先组合图素中的动画连接会自动消失，恢复为组合前的图形对象没有任何动画连接的状态。

7. 对齐

1）上对齐

此菜单命令使多个被选中对象的上边界与最上面的一个对象平齐。先选中多个图形对象，再操作。

2）执行"上对齐"命令前/执行"上对齐"命令后

（1）水平对齐

此菜单命令使两个或多个选中对象的中心处于同一水平线上。先选中多个图形对象，再操作。

（2）下对齐

此菜单命令使两个或多个选中对象的下边界与最下边的一个对象对齐，先选中多个图形对象，再操作。

（3）左对齐

此菜单命令使两个或多个选中对象的左边界与最左边的一个对象对齐。先选中多个图形对象，再操作。

（4）垂直对齐

此菜单命令使两个或多个选中对象的中心在竖直方向对齐。先选中多个图形对象，再操作。

（5）右对齐

此菜单命令使两个或多个选中对象的右边界与最右边的一个对象对齐。先选中多个图形对象，再操作。

8. 水平方向等间隔

此菜单命令使多个选中对象在水平方向上的间隔相等。先选中多个图形对象，再操作。

9. 垂直方向等间隔

此菜单命令使多个选中对象在竖直方向上的间隔相等。先选中多个图形对象，再操作。

10. 水平翻转

执行此菜单命令，把被选中的图素水平翻转，也可以翻转多个图素合成的组合图素。翻转的轴线是包围图素或组合图素的矩形框的垂直对称轴。不能同时翻转多个图素对象。

11. 垂直翻转

执行此菜单命令，把被选中的图素垂直翻转，也可以翻转多个图素合成的组合图素。翻转的轴线是包围图素或组合图素的矩形框的水平对称轴。不能同时翻转多个图素对象。

12. 顺时针旋转90°

执行此菜单命令，把被选中的单个图素以图素中心为圆心顺时针旋转90°，也可以旋转多个图素合成的组合图素，但是不能同时旋转多个图素对象。

13. 逆时针旋转90°

执行此菜单命令，把被选中的单个图素以图素中心为圆心逆时针旋转90°，也可以旋转多个图素合成的组合图素，但是不能同时旋转多个图素对象。

14. 对齐网格

此菜单命令用于显示/隐藏画面上的网格，并且决定画面上图形对象的边界是否与栅格对齐，对齐网格后，图形对象的移动也将以栅格为距离单位。

15. 定义网格

此菜单命令定义网格是否显示、网格的大小以及是否需要对齐网格。

选中"显示网格"时（选择框内出现"√"），画面背景上显示网格；选中"对齐网格"后，各图形对象的边界与栅格对齐，图形对象的移动也将以栅格为距离单位。

3.4.4 "工具"菜单

"工具"菜单的各命令用于激活绘制图素的状态，图素包括线、填充形状（封闭图形）和文本三类简单对象，以及按钮、趋势曲线、报警窗口等特殊复杂图素。每种对象都有影响其外观的属性，如线颜色、填充颜色、字体颜色等，可在绘制时定义。如果选中"工具"菜单中的某一个命令，则在该命令前面出现"√"。单击"工具"菜单，弹出下拉式菜单，如图6-33所示。

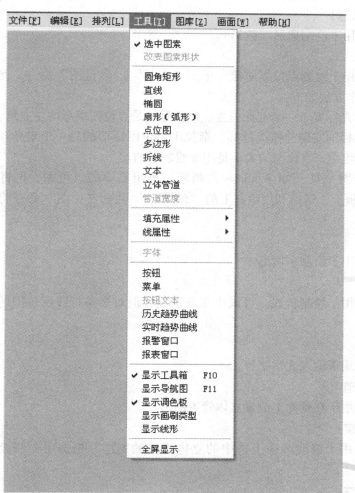

图6-33 "工具"菜单

1. 选中图素

此菜单命令用于图形对象的选择、拖动和重定尺寸。这是鼠标的默认工作方式，又是其他绘图工具完成操作后的自动返回方式。

2. 改变图素形状

此菜单命令用于改变圆角矩形的圆角弧的半径、扇形或弧形的角度、多边形、直线或折线的各顶点的相对位置。

利用鼠标切换、拖动焦点，可改变图素的形状；也可用键盘的 Tab 键切换焦点；或用光标键拖动这些焦点，直到工程人员满意为止。

3. 圆角矩形

此菜单命令用于绘制矩形或圆角矩形。

4. 直线

此菜单命令用于绘制直线。

5. 椭圆

此菜单命令用于绘制椭圆（圆）。

6. 扇形（弧形）

此菜单命令用于绘制扇形（弧形）。

7. 点位图

此菜单命令用于绘制点位图对象。单击"工具"|"点位图"命令，此时鼠标光标变为"十"字形，操作方法如下：

（1）将鼠标光标置于一个起始位置，此位置就是点位图矩形的左上角。

（2）按下鼠标的左键并拖拽鼠标，牵拉出点位图矩形的另一个对角顶点即可。在牵拉点位图矩形的过程中，点位图的大小是用虚线表示的。

（3）使用绘图工具（如 Windows 的画笔）画出需要的点位图，再将此点位图拷贝到 Windows 的剪切板上，最后利用组态王的"编辑"|"粘贴点位图"命令将此点位图粘贴到点位图矩形内。

8. 多边形

此菜单命令用于绘制多边形。

9. 折线

此菜单命令用于绘制折线。可画出多条折线，但对多条折线所包围的区域不进行颜色填充。

10. 文本

此菜单命令用于输入文字字符。

11. 立体管道

此菜单命令用于在画面上放置立体管道图形。

12. 管道宽度

此菜单命令用于修改画面上选中的立体管道的宽度。先选中要修改的立体管道，再操作。

13. 填充属性

填充属性是指以何种画线方式来充满指定的封闭区域。

14. 线属性

线属性包括线型和线宽。系统提供了6种线型、5种线宽。如果要改变一条直线或折线的线属性，先选中这个图形对象，然后选择"工具"|"线属性"命令，从中选择一种即可。

15. 字体

此菜单命令用于改变字体的默认设置。

16. 按钮

此菜单命令用于绘制按钮。

17. 菜单

此菜单命令允许用户将经常要调用的功能做成菜单形式，以方便管理。对该菜单可以设置权限，提高系统操作的安全性。选择"工具"|"菜单"命令，鼠标光标变为"十"字形，操作方法如下：

（1）将鼠标光标置于一个起始位置，此位置就是矩形菜单按钮的左上角。

（2）按下鼠标的左键并拖拽鼠标，牵拉出菜单的按钮的另一个对角顶点即可。在牵拉矩形菜单按钮的过程中，其大小是以虚线矩形框表示的。松开鼠标左键，则菜单出现并固定，如图6-34所示。

图6-34 "菜单"图

绘制出菜单后，更重要的是对菜单进行功能定义，即定义菜单下的各功能项及其功能。双击绘制出的菜单按钮，或者在菜单按钮上右击，选择"动画连接"，将弹出"菜单定义"对话框，如图6-35所示。

1）菜单文本

用于定义主菜单的名称，用户可以输入任何文本（包括空格），但长度不能超过31个字符。

2）菜单项

用于定义各个子菜单的名称。菜单项定义为树型结构，用户可以将各个功能做成下拉菜单的形式。运行时，通过单击该下拉菜单完成用户需要的功能。

自定义菜单支持到二级菜单。每级菜单最多可定义255个项或子项，两级菜单名都可输入任何文本（包括空格），但长度不能超过31个字符。两级菜单的定义方法如下。

（1）一级菜单

右击"菜单项"下的编辑框，出现快捷菜单命令，如图6-36所示。

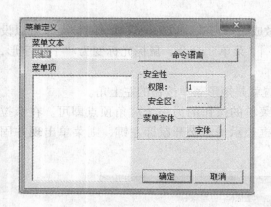

图6-35 "菜单定义"对话框

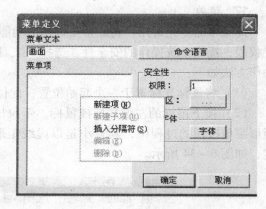

图6-36 "菜单项"编辑框

选择"新建项"命令。菜单项内出现输入子菜单名称状态，即可新建第一级子菜单。当输入完一项后，按下回车键或是单击鼠标左键，即可完成新建项输入。或者直接使用快捷键Ctrl+N，也可输入第一级子菜单名称。如图6-37所示，建立一个"画面"菜单按钮，新建"打印"一级菜单项。

（2）二级菜单

用鼠标选中想要新建子菜单的一级菜单，单击右键，出现快捷菜单命令，如图6-38所示。

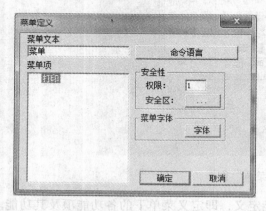

图6-37 新建项

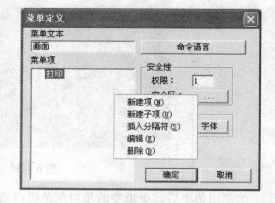

图6-38 新建子项

选择"新建子项"命令，菜单项内出现输入子菜单名称状态，即可新建第二级子菜单。当输入完一项后，按下回车键或是单击鼠标左键，即可完成新建项输入。或者直接使用快捷键Ctrl+U，也可输入第二级子菜单名称。如图6-39所示，在"打印"菜单项中建立两个二级菜单，即"打印实时数据报表"和"打印历史数据报表"。

还可以对已经建立好的各个菜单进行修改。选中想要修改的菜单，右击弹出快捷菜单，其中有"编辑（E）"和"删除（D）"两个命令。除此之外，组态王还提供了快捷键对菜单进行修改，即 Ctrl + N：新建菜单项；Ctrl + U：新建子菜单项；Ctrl + E：编辑当前选中的菜单（子）项；Ctrl + D：删除当前选中的菜单（子）项。

如图 6 - 40 所示，自定义一个菜单，它有两个一级菜单，分别为"打印"和"页面设置"。其中，"打印"菜单中有两个二级菜单，分别为"打印实时数据报表"和"打印历史数据报表"。

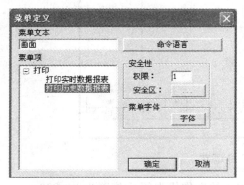
图6-39　新建二级子项

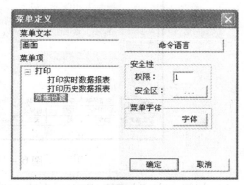
图6-40　自定义菜单

3）命令语言

自定义菜单就是允许用户在运行时单击菜单各项以执行已定义的功能。单击"命令语言"按钮可以调出"命令语言"界面，在编辑区书写命令语言来完成菜单各项要执行的功能。

该命令实际是执行一个系统函数 void OnMenuClick（LONG MenuIndex，LONG ChildMenuIndex）。函数的参数说明如下：

（1）MenuIndex：第一级菜单项的索引号；

（2）ChildMenuIndex：第二级菜单项的索引号。当没有第二级菜单项时，在命令语言中条件应为 ChildMenuIndex = = -1。

在命令语言编辑区中按照工程需要对 MenuIndex 和 ChildMenuIndex 的不同值定义不同的功能。MenuIndex 和 ChildMenuIndex 都是从等于0开始。MenuIndex = =0 表示一级菜单中的第一个菜单；ChildMenuIndex = =0 表示所属一级菜单中的第一个二级菜单，如图6-41所示。

该命令语言的含义为：

（1）当菜单下拉菜单的第一项"打印"时，继续弹出下一级子菜单。单击子菜单第一项"打印实时数据报表"时，执行函数"ReportPrint2（"实时数据报表"）;"，即打印实时数据报表。

（2）当单击"打印"子菜单第二项"打印历史数据报表"时，执行函数"ReportPrint2（"历史数据报表"）;"，即打印历史数据报表。

（3）当单击下拉菜单的第二项"页面设置"时，执行函数"ReportPageSetup（"历史数据报表"）;"，即设置历史数据报表页面。

4）安全性

定义菜单按钮运行时的权限，即没有授权的用户不可以操作该菜单按钮，不能执行菜单的各项功能。

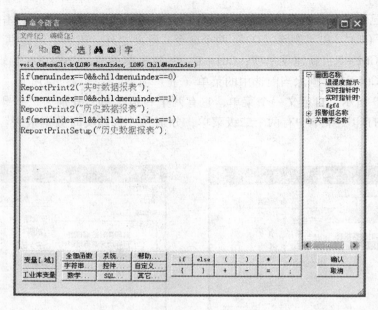

图 6-41 命令语言

（1）权限：在"权限"文本框中输入菜单按钮的操作优先级，范围为 1～999。

（2）安全区：单击右侧的按钮，弹出"选择安全区"画面，从中选择该菜单按钮的操作安全区。安全区只允许选择，不允许直接输入，以防止输入错误。

18. 按钮文本

此菜单命令用于修改按钮上的文本显示。只有选中按钮对象时，"按钮文本"菜单命令才由灰色（禁止使用）变成亮色（允许使用），表示此菜单命令有效。

19. 历史趋势曲线

此菜单命令用于绘制历史趋势曲线。历史趋势曲线可以把历史数据直观地显示在一张有格式的坐标图上。一个历史趋势曲线对象可同时为 8 个数据变量绘图，每个画面中可绘制数目不限的历史趋势曲线对象。

20. 实时趋势曲线

此菜单命令用于绘制实时趋势曲线。实时趋势曲线可以把数据的变化情况实时地显示在一张有格式的坐标图上，每个实时趋势曲线对象可同时为 4 个数据变量绘图，每个画面可绘制数目不限的实时趋势曲线对象。

21. 报警窗口

此菜单命令用于创建报警窗口。

22. 报表窗口

此菜单命令用于创建报表窗口。

23. 显示工具箱

此菜单命令用于浮动的图形工具箱在可见或不可见之间切换。工具箱默认是可见的，此时菜单选项左边有"√"。单击"工具"｜"显示工具箱"命令，浮动的图形工具箱在画面上消失，同时菜单选项左边的"√"消失。再次单击该命令，工具箱又变为可见。

24. 显示导航图

此菜单命令用于浮动的导航图在可见或不可见之间切换。导航图默认是不可见的，此时菜单选项左边没有"√"显示。此菜单命令只有在画面宽度（高度）大于显示窗口宽度（高度）时才有效，即在定义了大画面功能时才会有效。

25. 显示调色板

此菜单命令用于浮动的图形调色板在可见或不可见之间切换。调色板默认是可见的，此时菜单选项左边有"√"。单击"工具"｜"显示调色板"命令，浮动的调色板在画面上消失，同时菜单选项左边的"√"消失。再次单击该命令，调色板又变为可见。

26. 显示画刷类型

此菜单命令用于浮动的画刷类型在可见或不可见之间切换。画刷类型默认是不可见的，此时菜单选项左边没有"√"。单击"工具"｜"显示画刷类型"命令，浮动的画刷类型在画面上显示，同时菜单选项左边有"√"。再次单击该命令，画刷类型又变为不可见。

27. 显示线形

此菜单命令用于浮动的线形类型在可见或不可见之间切换。线形类型默认是不可见的，此时菜单选项左边没有"√"显示。单击"工具"｜"显示线形"命令，浮动的线形类型在画面上显示，同时菜单选项左边有"√"。再次单击该命令，线形类型又变为不可见。

28. 全屏显示

此菜单命令的功能与工具箱中的"全屏显示"按钮的功能相同，用于将画面开发环境整屏显示。单击"工具"｜"全屏显示"命令，则画面开发系统的标题栏和菜单条消失；再用鼠标左键单击工具箱中的"全屏显示"按钮，则画面开发系统的标题栏和菜单条重新出现。

3.4.5 "图库"菜单

"图库"菜单用于打开图库、调出图库内容、创建新图库精灵及转化图素等操作。单击"图库"菜单，弹出下拉式菜单，如图6-42所示。

图6-42　"图库"菜单

1. 创建图库精灵

此菜单命令用于把图素、复杂图素、单元或它们的任意组合转化为图库精灵。在画面上选中所有需要转换成图库精灵的图形对象，然后选用此命令。在弹出的对话框中输入图库精灵的名称。

2. 转换成普通图素

此菜单命令的功能与"创建图库精灵"相反，用于把画面上的图库精灵分解为组成精灵的各个图形对象。

3. 打开图库

此菜单命令用于打开图库管理器，从而在画面上加载各种图库精灵。

4. 生成精灵描述文本

此菜单命令用于对画面中选中的要制作图库精灵的图素生成 C 程序段的描述文本文件。

该段描述文本将有助于用户用编程的方式来自制组态王图库精灵。

3.4.6　"画面"菜单

在"画面"菜单下方列出已经打开的画面名称，选取其中的一项可激活相应的画面，使之显示在屏幕上，当前画面的左边有"√"，如图6－43所示。

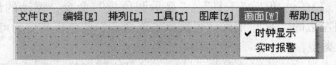

图6－43　"画面"菜单

3.4.7　"帮助"菜单

此菜单命令用于查看组态王帮助文件，如图6－44所示。

图6－44　"帮助"菜单

1. 目录

此菜单命令用于查看组态王的帮助目录，包括TouchVew（运行系统）的菜单帮助。

2. 查找

执行该命令，将弹出"搜索关键词"对话框，工程人员可按关键词查找帮助的内容。

3. 索引

执行该命令，将弹出"索引关键词"对话框，工程人员可按关键词查找帮助的内容。

习　题　6

6.1　工程管理器的作用是什么？

6.2　工程管理器的菜单有哪些？

6.3　工程浏览器的作用是什么？

6.4　组态王开发系统的菜单有哪些？

实训　建立一个自己的组态王工程

1. 实训目的

掌握新建工程的方法。

2. 实训要求

在桌面上新建一个工程，名为"实训项目"。

3. 操作步骤

（略）

项目 7

I/O 设备管理

任务 1 组态王逻辑设备

任务目标

熟悉组态王逻辑设备的分类，掌握组态王中定义设备的过程，了解组态王与远程 I/O 设备的连接。

任务分解

1.1 概述

组态王对设备的管理是通过对逻辑设备名的管理实现的，具体讲就是每一个实际 I/O 设备都必须在组态王中指定一个唯一的逻辑名称，此逻辑设备名对应着该 I/O 设备的生产厂家、实际设备名称、设备通信方式、设备地址、与上位 PC 的通信方式等内容（逻辑设备名的管理方式就如同对城市长途区号的管理，每个城市都有一个唯一的区号，这个区号就可以认为是该城市的逻辑城市名，比如北京市的区号为 010，则查看长途区号就可以知道 010 代表北京）。在组态王中，具体 I/O 设备与逻辑设备名是一一对应的，有一个 I/O 设备，就必须指定一个唯一的逻辑设备名，特别是设备型号完全相同的多台 I/O 设备，要指定不同的逻辑设备名。组态王中，变量、逻辑设备与实际设备的对应关系如图 7 –1 所示。

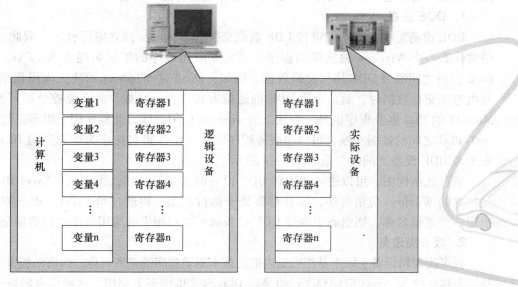

图 7 –1 变量、逻辑设备与实际设备的对应关系

设有两台三菱公司 FX2 - 60MR PLC 作下位机控制工业生产现场，这两台 PLC 均要与装有组态王的上位机通信，则必须给两台 FX2 - 60MR PLC 指定不同的逻辑名，如图 7 - 2 所示。

其中，PLC1 和 PLC2 是由组态王定义的逻辑设备名（此名由工程人员自己确定），而不一定是实际的设备名称。

另外，组态王中的 I/O 变量与具体 I/O 设备的数据交换是通过逻辑设备名来实现的。当工程人员在组态王中定义 I/O 变量属性时，要指定与该 I/O 变量进行数据交换的逻辑设备名。I/O 变量与逻辑设备名之间的关系如图 7 -3 所示。一个逻辑设备可与多个 I/O 变量对应。

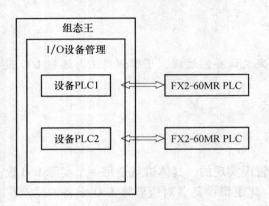

图 7 -2 逻辑设备与实际设备示例

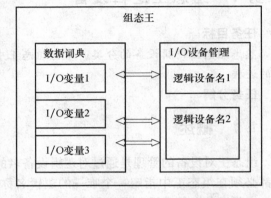

图 7 -3 I/O 变量与逻辑设备名之间的对应关系

1.2 组态王逻辑设备的分类

组态王设备管理中的逻辑设备分为 DDE 设备、板卡类设备（即总线型设备）、串口类设备、人—机界面卡和网络模块。工程人员可根据自己的实际情况通过组态王的设备管理功能来配置、定义这些逻辑设备，下面分别介绍这五种逻辑设备。

1. DDE 设备

DDE 设备是指与组态王进行 DDE 数据交换的 Windows 独立应用程序，因此，DDE 设备通常代表一个 Windows 独立应用程序，该独立应用程序的扩展名通常为 .EXE。组态王与 DDE 设备之间通过 DDE 协议交换数据。例如，Excel 是 Windows 的独立应用程序，当 Excel 与组态王交换数据时，就是采用 DDE 的通信方式进行。又如，北京亚控公司开发的莫迪康 Micro37 的 PLC 服务程序也是一个独立的 windows 应用程序，此程序用于组态王与莫迪康 Micro37PLC 之间的数据交换，可以给服务程序定义一个逻辑名称作为组态王的 DDE 设备，组态王与 DDE 设备之间的关系如图 7 -4 所示。

通过此结构图，可以进一步理解 DDE 设备的含义。显然，组态王、Excel 和 Micro37 都是独立的 Windows 应用程序，而且都要处于运行状态，再通过给 Excel、Micro37 DDE 分别指定一个逻辑名称，则组态王通过 DDE 设备就可以和相应的应用程序进行数据交换。

2. 板卡类设备

板卡类逻辑设备实际上是组态王内嵌的板卡驱动程序的逻辑名称，内嵌的板卡驱动程序不是一个独立的 Windows 应用程序，而是以 DLL 形式供组态王调用。这种内嵌的板卡驱动程序对应着实际插入计算机总线扩展槽中的 I/O 设备。因此，一个板卡逻辑设备也就代表了一个实

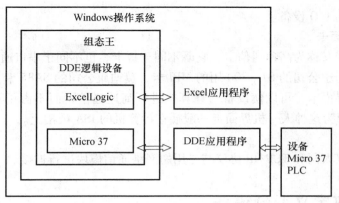

图7-4　组态王与 DDE 设备之间的关系

际插入计算机总线扩展槽中的 I/O 板卡。组态王与板卡类逻辑设备之间的关系如图7-5所示。

　　显然，组态王根据工程人员指定的板卡逻辑设备自动调用相应内嵌的板卡驱动程序，因此，对工程人员来说，只需要在逻辑设备中定义板卡逻辑设备，其他的事情由组态王自动完成。

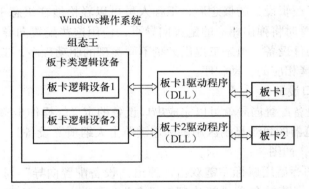

图7-5　组态王与板卡类逻辑设备之间的关系

3. 串口类设备

组态王与串口类逻辑设备之间的关系如图7-6所示。

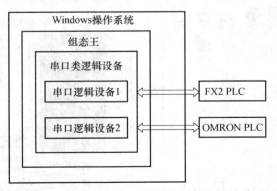

图7-6　组态王与串口类逻辑设备之间的关系

　　串口类逻辑设备实际上是组态王内嵌的串口驱动程序的逻辑名称。内嵌的串口驱动程序不是一个独立的 Windows 应用程序，而是以 DLL 形式供组态王调用。这种内嵌的串口驱动程序对应着实际与计算机串口相连的 I/O 设备。因此，一个串口逻辑设备代表了一个实际与计算机串口相连的 I/O 设备。

4. 人—机界面卡

人—机界面卡又称为高速通信卡，它既不同于板卡，也不同于串口通信，它往往由硬件厂商提供，如西门子公司的 S7 – 300 用的 MPI 卡、莫迪康公司的 SA85 卡。

通过人—机界面卡，可以使设备与计算机进行高速通信，而不占用计算机本身所带的 RS – 232 串口，因为这种人—机界面卡一般插在计算机的 ISA 板槽上。

5. 网络模块

组态王利用以太网和 TCP/IP 协议与专用的网络通信模块进行连接。

任务 2 如何定义 I/O 设备

任务目标

学会组态王逻辑设备的定义，掌握组态王中定义设备的过程。

任务分解

在了解了组态王逻辑设备的概念后，工程人员可以轻松地在组态王中定义所需的设备。进行 I\O 设备的配置时将弹出相应的配置向导页，使用这些配置向导页可以方便、快捷地添加、配置、修改硬件设备。组态王提供大量不同类型的驱动程序，工程人员可以根据实际安装的 I\O 设备选择相应的驱动程序。

1. 如何定义串口设备

工程人员根据设备配置向导就可以完成串口设备的定义，操作步骤如下：

（1）在工程浏览器的目录显示区用鼠标左键单击大纲项"设备"，则在目录内容显示区出现："新建"图标，如图 7 – 7 所示。

选中"新建"图标后用鼠标左键双击，弹出"设备配置向导"对话框；或者右击，将弹出浮动式菜单，选择菜单命令"新建逻辑设备"，也弹出"设备配置向导"对话框，如图 7 – 8 所示。

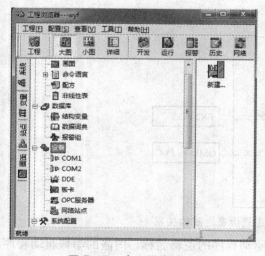

图 7 – 7 串口设备配置

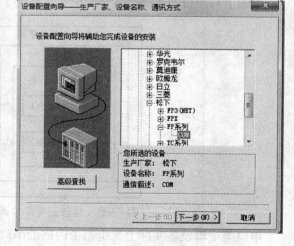

图 7 – 8 "设备配置向导"对话框

工程人员从树形设备列表区中可选择 PLC、智能仪表、智能模块、板卡、变频器等节点中的一个。然后选择要配置串口设备的生产厂家、设备名称、通信方式。

（2）单击"下一步"按钮，弹出"设备配置向导——逻辑名称"对话框，如图7-9所示。

在对话框的编辑框中为串口设备指定一个逻辑名称，如"PLC"。单击"上一步"按钮，可以返回上一个对话框。

（3）单击"下一步"按钮，则弹出"设备配置向导——选择串口号"对话框，如图7-10所示。

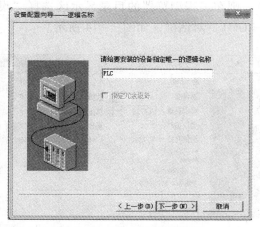

图7-9　填入设备逻辑名

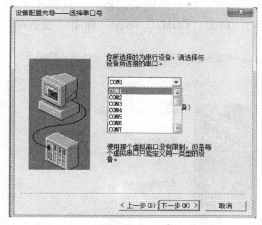

图7-10　填入串口服务器配置信息

工程人员要为串口设备指定与计算机相连的串口号，该下拉式串口列表框共有128个串口号供工程人员选择。

（4）单击"下一步"按钮，则弹出"设备配置向导——设备地址设置指南"对话框，如图7-11所示。工程人员要为串口设备指定设备地址，该地址应该对应实际设备定义的地址，具体请参见组态王设备帮助。若要修改串口设备的逻辑名称，单击"上一步"按钮，返回上一个对话框。

（5）单击"下一步"按钮，则弹出"通信参数"对话框，如图7-12所示。此向导页配置一些关于设备在发生通信故障时，系统尝试恢复通信的策略参数。

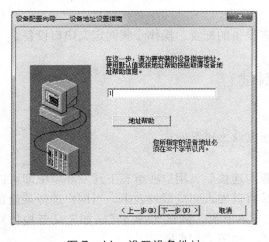

图7-11　设置设备地址

图7-12　"通信参数"对话框

（6）单击"下一步"按钮，则弹出"设备安装向导——信息总结"对话框，如图 7 – 13 所示。此向导页显示已配置的串口设备的全部设备信息供工程人员查看。如果需要修改，单击"上一步"按钮，返回上一个对话框进行修改；如果不需要修改，单击"完成"按钮，则工程浏览器设备节点下右侧内容显示区处显示已添加的串口设备。

（7）设置串口参数。对于不同的串口设备，其串口通信的参数是不一样的，如波特率、数据位、校验类型、停止位等。所以在定义完设备之后，还需要对计算机通信时串口的参数进行设置。如上面定义设备时，选择了 COM 1 口，则在工程浏览器的目录显示区选择"设备"，双击"COM1"图标，弹出"设置串口——COM1"对话框，如图 7 – 14 所示。

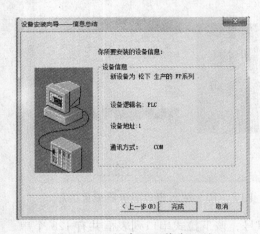

图 7 – 13　设备配置信息汇总　　　　　图 7 – 14　"设备串口 COM1"对话框

在"通信参数"栏中，选择设备对应的波特率、数据位、校验类型、停止位等，这些参数的选择可以参考组态王的相关设备帮助或按照设备中通信参数的配置。"通信超时"为默认值，除非特殊说明，一般不需要修改。"通信方式"是指计算机串口的通信方式，是 RS – 485 或 RS – 232，一般计算机都为 RS – 232，按照实际情况选择相应的类型即可。

2. 如何定义 DDE 设备

工程人员根据设备配置向导就可以完成 DDE 设备的配置，操作步骤同定义串口设备。

3. 如何定义板卡类设备

工程人员根据设备配置向导就可以完成板卡设备的配置，操作步骤同定义串口设备。

任务3　组态王提供的设备通信测试

任务目标

学会在组态王开发和运行环境中对硬件的通信状态进行测试。

任务分解

为了保证方便地使用硬件，在完成设备配置与连接后，用户在组态王开发环境中即可以对硬件进行测试。对于测试的寄存器，可以直接将其加入到变量列表中。当用户选择某设备后，右击弹出浮动式菜单，除 DDE 外的设备均有菜单项"测试 设备名"。如定义亚控仿真 PLC 设备时，在设备名称上右击，弹出快捷菜单，如图 7 – 15 所示。

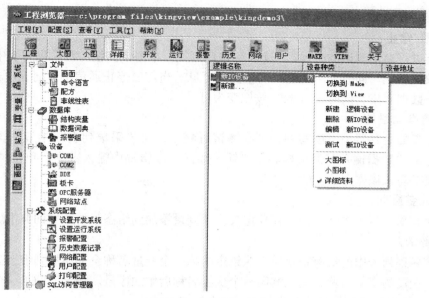

图 7 – 15　硬件设备测试

　　进行设备测试时，单击"测试…"后，对于不同类型的硬件设备，将弹出不同的对话框。例如，对于串口通信设备（如串口设备——亚控仿真 PLC），将弹出如图 7 – 16 所示的对话框。对话框共分为两个属性页：通信参数和设备测试。"通信参数"属性页中主要定义设备连接的串口的参数及设备的定义。单击设备测试属性标签页如图 7 – 17 所示。

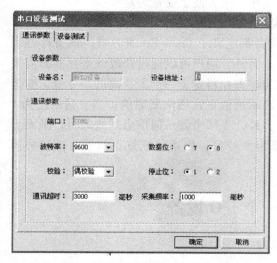

图 7 – 16　串口设备测试 – 通信参数属性

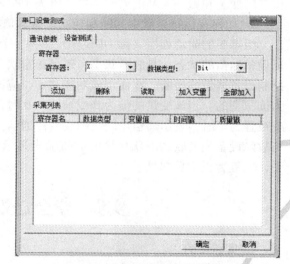

图 7 – 17　串口设备测试 – 设备测试

1. 寄存器

从寄存器列表中选择寄存器名称，并填写寄存器的序号。

2. 添加

单击"添加"按钮，将定义的寄存器添加到"采集列表"中，等待采集。

3. 删除

如果不再需要测试某个采集列表中的寄存器，在采集列表中选择该寄存器，单击"删除"按钮，将所选的寄存器从采集列表中删除。

4. 读取/停止

当没有进行通信测试的时候，"读取"按钮可见，单击该按钮，对采集列表中定义的寄存器进行数据采集。同时，"停止"按钮变为可见。当需要停止通信测试时，单击"停止"按钮，停止数据采集，同时"读取"按钮变为可见。

5. 向寄存器赋值

如果定义的寄存器是可读写的，则在测试过程中，在"采集列表"中双击该寄存器的名称，将弹出"数据输入"对话框。在"输入数据"编辑框中输入数据后单击"确定"按钮，数据便被写入该寄存器。

6. 加入变量

为当前在采集列表中选择的寄存器定义一个变量添加到组态王的数据词典中。

7. 全部加入

将当前采集列表中的所有寄存器按照给定的第一个变量名称全部添加到组态王的变量列表中，各个变量的变量名称为定义的第一个变量名称后增加序号。如定义的第一个变量名称为"变量"，则以后的变量依次为变量1，变量2，…。

8. 采集列表

采集列表主要是显示定义的用于通信测试的寄存器。以及进行通信时显示采集的数据、数据的时间戳、质量戳等。

开发环境下的设备通信测试使用户很方便地就可以了解设备的通信能力，而不必先定义很多的变量和做一大堆的动画连接，省去了很多工作，也方便了变量的定义。

9. 如何在运行系统中判断和控制设备通信状态

组态王的驱动程序（除DDE外）为每一个设备都定义了CommErr寄存器，该寄存器表征设备通信的状态，是故障状态，还是正常状态。另外，用户可以通过修改该寄存器的值来控制设备通信的通断。在使用该功能之前，应该为该寄存器定义一个I/O离散型变量，变量为读写型的。当该变量的值为0或被置为0时，表示通信正常或恢复通信；当变量的值为1或被置为1时，表示通信出现故障或暂停通信。另外，当某个设备通信出现故障时，画面上与故障设备相关联的I/O变量的数值输出显示都为"???"；当通信恢复正常后，该符号消失，恢复为正常数据显示。

实训　学会定义一个I/O设备

1. 实训目的

（1）掌握新建工程的方法。

（2）掌握设备的定义方法。

2. 实训要求

在桌面上新建一个工程，在该工程中创建一个新I/O设备，名为"PLC"，要求是松下PLC的FP系列，串口为COM1。

3. 操作步骤

（略）

项目 8

变量的定义与管理

任务1 变量的类型

任务目标

掌握组态王中变量的类型，学会如何区分变量。

任务分解

1.1 基本变量类型

变量的基本类型共有两类，即内存变量和 I/O 变量。I/O 变量是指可与外部数据采集程序直接进行数据交换的变量，如下位机数据采集设备（PLC、仪表等）或其他应用程序（如DDE、OPC 服务器等）。这种数据交换是双向的、动态的。也就是说，在组态王系统运行过程中，每当 I/O 变量的值改变时，该值就会自动写入下位机或其他应用程序；每当下位机或应用程序中的值改变时，组态王系统中的变量值也会自动更新。所以，那些从下位机采集来的数据、发送给下位机的指令，比如"反应罐液位"、"电源开关"等变量，都需要设置成 I/O 变量。

内存变量是指那些不需要和其他应用程序交换数据，也不需要从下位机得到数据，只在组态王内需要的变量。例如，计算过程的中间变量就可以设置成内存变量。

1.2 变量的数据类型

组态王中，变量的数据类型与一般程序设计语言中的变量比较类似，主要有以下几种：

1. 实型变量

类似一般程序设计语言中的浮点型变量，用于表示浮点（float）型数据，取值范围 $10E-38 \sim 10E+38$，有效值 7 位。

2. 离散型变量

类似一般程序设计语言中的布尔（BOOL）变量，只有 0 和 1 两种取值，用于表示开关量。

3. 字符串型变量

类似一般程序设计语言中的字符串变量，可用于记录有特定含义的字符串，如名称、密码等。该类型的变量可以进行比较运算和赋值运算。字符串最大长度为 128 个字符。

4. 整数型变量

类似一般程序设计语言中的有符号长整数型变量，用于表示带符号的整型数据，取值范围 $-2\,147\,483\,648 \sim 2\,147\,483\,647$。

5. 结构变量

当组态王工程中定义了结构变量时，在变量类型的下位列表框中会自动列出已定义的结构变量。一个结构变量作为一种变量类型，结构变量下可包含多个成员，每一个成员就是一个基本变量。成员类型可以是内存离散型、内存整型、内存实型、内存字符串型、I/O 离散型、I/O 整型、I/O 实型、I/O 字符串型。

注意：结构变量成员的变量类型必须在定义结构变量的成员时先定义，包括离散型、整型、实型、字符串型或已定义的结构变量。在变量定义的界面上只能选择该变量是内存型还是 I/O 型。

1.3　特殊变量类型

特殊变量类型有报警窗口变量、历史趋势曲线变量和系统预设变量三种。这几种特殊类型的变量正是体现了组态王系统面向工控软件、自动生成人—机接口的特色。

1. 报警窗口变量

这是工程人员在制作画面时通过定义报警窗口生成的。在报警窗口定义对话框中有一个选项为"报警窗口名"，工程人员在此输入的内容即为报警窗口变量。此变量在数据词典中是找不到的，是组态王内部定义的特殊变量。可用命令语言编制程序设置或改变报警窗口的一些特性，如改变报警组名或优先级，在窗口内上、下翻页等。

2. 历史趋势曲线变量

这是工程人员在制作画面时通过定义历史趋势曲线生成的。在历史趋势曲线定义对话框中有一个选项为"历史趋势曲线名"。工程人员在此处输入的内容即为历史趋势曲线变量（区分大小写）。此变量在数据词典中是找不到的，是组态王内部定义的特殊变量。工程人员可用命令语言编制程序来设置或改变历史趋势曲线的一些特殊，如改变历史趋势曲线的起始时间或显示的时间长度等。

3. 系统预设变量

预设变量中有 8 个时间变量是系统已经在数据库中定义的，用户可以直接使用。

（1）＄年
返回系统当前日期的年份。

（2）＄月
返回 1～12 之间的整数，表示当前日期的月份。

（3）＄日
返回 1～31 之间的整数，表示当前日期的日。

（4）＄时
返回 0～23 之间的整数，表示当前时间的时。

（5）＄分
返回 0～59 之间的整数，表示当前时间的分。

（6）＄秒
返回 0～59 之间的整数，表示当前时间的秒。

（7）＄日期
返回系统当前日期字符串。

（8）＄时间
返回系统当前时间字符串。

以上变量由系统自动更新，工程人员只能读取时间变量，而不能改变它们的值。

（9）＄用户名

在程序运行时，记录当前登录的用户名。

（10）＄访问权限

在程序运行时，记录当前登录的用户的访问权限。

（11）＄启动历史记录

表明历史记录是否启动（1＝启动；0＝未启动）。工程人员在开发程序时，可通过按钮弹起命令预先设置该变量为1。在程序运行时，可由用户控制，按下按钮启动历史记录。

（12）＄启动报警记录

表明报警记录是否启动（1＝启动；0＝未启动）。工程人员在开发程序时，可通过按钮弹起命令预先设置该变量为1，在程序运行时，可由工程人员控制，按下按钮启动报警记录。

（13）＄新报警

每当报警发生时，"＄新报警"被系统自动设置为1。由工程人员负责把该值恢复到0。工程人员在开发程序时，可通过数据变化命令语言设置当报警发生时，产生声音报警（PlaySound（）函数）。在程序运行时，可由工程人员控制听到报警后将该变量置0，确认报警，如图8－1所示。

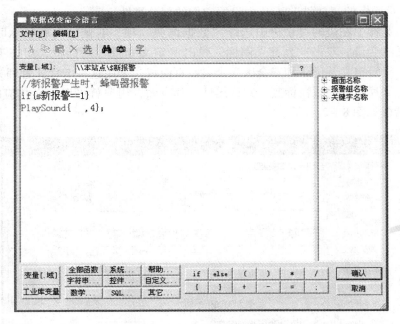

图8－1　系统变量的引用

（14）＄启动后台命令

表明后台命令是否启动（1＝启动；0＝未启动）。工程人员在开发程序时，可通过按钮弹起命令预先设置该变量为1。在程序运行时，可由工程人员控制，按下按钮启动后台命令。

（15）＄双机热备状态

表明双机热备中主、从计算机所处的状态。该变量为整型（1＝主机工作正常；2＝主机工作不正常；－1＝从机工作正常；－2＝从机工作不正常；0＝无双机热备）。主、从机初始工作状态是由组态王中的网络配置决定的。该变量的值只能由主机修改，从机只能进行监视，而不能修改该变量的值。

（16）＄毫秒

返回当前系统的毫秒数 。

（17）＄网络状态

用户通过引用网络上计算机的"＄网络状态"变量得到网络通信状态。

任务 2　变量的定义

任务目标

掌握组态王中变量的定义方法，了解变量的转换方法。

任务分解

2.1　基本变量的定义

内存离散型、内存实型、内存长整数型、内存字符串型、I/O 离散型、I/O 实型、I/O 长整数型和 I/O 字符串型。这 8 种基本类型的变量是通过"变量属性"对话框定义的，在"变量属性"对话框的"属性"卡片中设置它们的部分属性。

在工程浏览器中左边的目录树中选择"数据词典"项，右侧的内容显示区会显示当前工程中所定义的变量。双击"新建"图标，弹出"定义变量"对话框，组态王的变量属性由基本属性、报警定义及记录和安全区 3 个属性页组成。采用这种卡片式管理方式，用户只要用鼠标单击卡片顶部的属性标签，则该属性卡片有效，用户就可以定义相应的属性。"定义变量"对话框如图 8－2 所示。

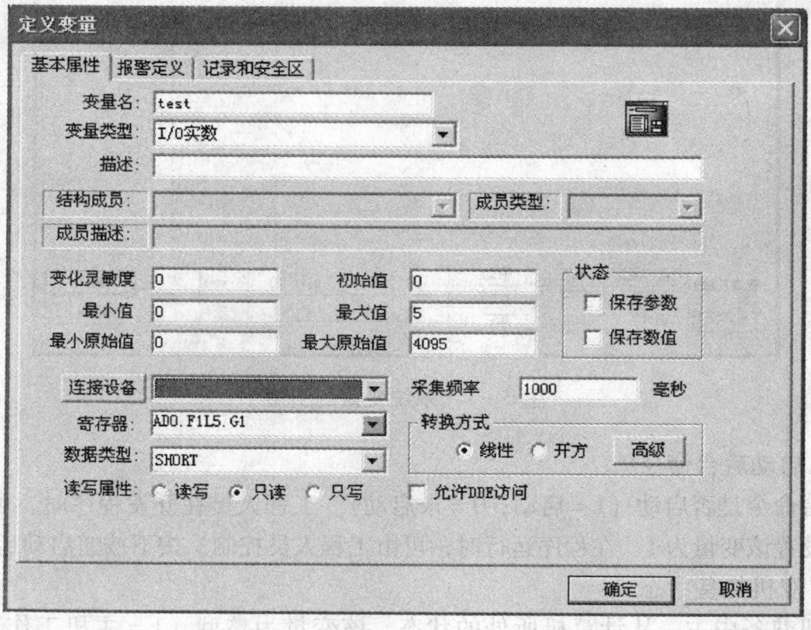

图 8－2　"定义变量"对话框

单击"确定"按钮，则用户定义的变量有效，并保存新建的变量名到数据库的数据词典中，若变量名不合法，会弹出提示对话框提醒工程人员修改变量名。单击"取消"按钮，则用户定义的变量无效，并返回"数据词典"界面。

"基本属性"属性页用来定义变量的基本特征，各项含义如下：

（1）变量名：唯一标识一个应用程序中数据变量的名字，数据变量不能重名。

（2）变量类型：在对话框中只能定义8种基本类型中的一种，单击变量类型下拉列表框列出可供选择的数据类型。当定义有结构模板时，一个结构模板就是一种变量类型。

（3）描述：用于输入对变量的描述信息。

（4）变化灵敏度：数据类型为模拟量或整型时此项有效。只有当该数据变量的值变化幅度超过"变化灵敏度"时，组态王才更新与之相连接的画面显示（缺省为0）。

（5）最小值：指该变量值在数据库中的下限。

（6）最大值：指该变量值在数据库中的上限。

（7）最小原始值：变量为I/O模拟变量时，驱动程序中输入原始模拟值的下限。

（8）最大原始值：变量为I/O模拟变量时，驱动程序中输入原始模拟值的上限。

（9）初始值：这项内容与所定义的变量类型有关，定义模拟量时出现编辑框可输入一个数值；定义离散量时出现开或关两种选择；定义字符串变量时出现编辑框可输入字符串，它们规定软件开始运行时变量的初始值。

（10）保存参数：在系统运行时，如果变量的域（可读可写型）值发生了变化，组态王运行系统退出时，系统自动保存该值。组态王运行系统再次启动后，变量的初始域值为上次系统运行退出时保存的值。

（11）保存数值：系统运行时，如果变量的值发生了变化，组态王运行系统退出时，系统自动保存该值。组态王运行系统再次启动后，变量的初始值为上次系统运行退出时保存的值。

（12）连接设备：只对I/O类型的变量起作用，工程人员只需从下拉式"连接设备"列表框中选择相应的设备即可。此列表框所列出的连接设备名是组态王设备管理中已安装的逻辑设备名。

（13）项目名：连接设备为DDE设备时，DDE会话中的项目名。

（14）寄存器：指定要与组态王定义的变量进行连接通信的寄存器变量名，该寄存器与工程人员指定的连接设备有关。

（15）转换方式：规定I/O模拟量输入原始值到数据库使用值的转换方式。有线性转化、开方转换、和非线性表、累计等转换方式。

（16）数据类型：只对I/O类型的变量起作用，定义变量对应的寄存器的数据类型，共有9种数据类型供用户使用。

（17）采集频率：用于定义数据变量的采样频率。与组态王的基准频率设置有关。

（18）读写属性：定义数据变量的读写属性，工程人员可根据需要定义变量为"只读"属性、"只写"属性、"读写"属性。

（19）允许DDE访问：组态王内置的驱动程序与外围设备进行数据交换，为了方便工程人员用其他程序对该变量进行访问，可通过选中"允许DDE访问"，这样组态王就可作为DDE服务器，与DDE客户程序进行数据交换。

2.2 I/O 变量的转换方式

对于 I/O 模拟变量，在现场实际中，可能要根据输入要求的不同，将其按照不同方式进

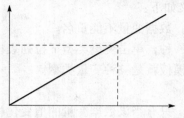

行转换，比如一般的信号与工程值都是线性对应的，可以选择线性转换；有些需要进行累计计算，则选择累计转换。组态王为用户提供了线性、开方、非线性表、直接累计、差值累计等多种转换方式。

2.2.1 线性转换方式

线性转换方式是指用原始值和数据库使用值的线性

图 8 - 3 原始值与工程值的关系图

插值进行转换，如图 8 - 3 所示。

线性转换是将设备中的值与工程值按照固定的比例系数进行转换，如图 8 - 4 所示。

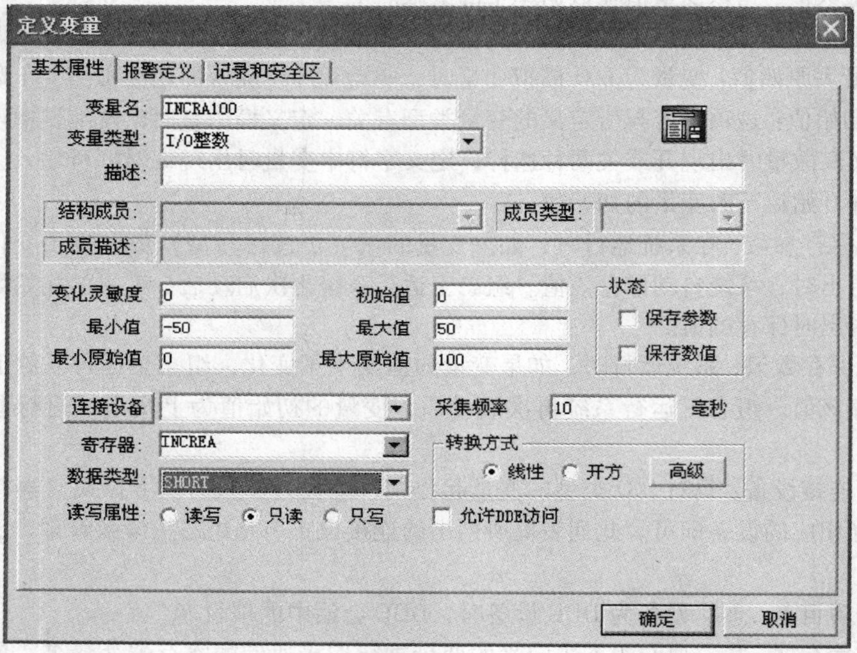

图 8 - 4 定义线性转换

在变量基本属性定义对话框的"最大原始值"和"最小原始值"编辑框中输入变量工程值的范围，在"最大值"和"最小值"编辑框中输入设备中转换后的数字量值的范围（可以参考组态王驱动帮助中的介绍），则系统运行时，按照指定的量程范围进行转换，得到当前实际工程值的转换值。线性转换方式是最直接也是最简单的一种 I/O 转换方式。

1. PLC 电阻器连接的流量传感器的转换方法 1

与 PLC 电阻器连接的流量传感器在空流时产生 0 值，在满流时产生 9999 值，如果输入如下数值：

最小原始值 = 0，最小值 = 0

最大原始值 = 9 999，最大值 = 100

转换比例 = (100 - 0)/(9 999 - 0) = 0.01

则原始值为 5 000，内部使用值为 5 000 ∗ 0. 01 = 50

2. PLC 电阻器连接的流量传感器的转换方法 2

与 PLC 电阻器连接的流量传感器在空流时产生 6 400 值，在 300GPM 时产生 32 000 值，应当输入下列数值：

最小原始值 = 6 400，最小值 = 0

最大原始值 = 32 000，最大值 = 300

转换比例 = (300 − 0)/(32 000 − 6 400) = 3/256

则原始值为 19 200，内部使用的值为(19 200 − 6 400) ∗ 3/256 = 150 原始值为 6 400，内部使用的值为 0；原始值小于 6 400，内部使用值为 0。

2.2.2　开放转换方式

开方转换方式是指用原始值的平方根进行转换，即转换时将采集到的原始值进行开方运算，得到的值为实际工程值，该值的范围在变量基本属性定义的"最大值"和"最小值"范围内，如图 8 − 5 所示。

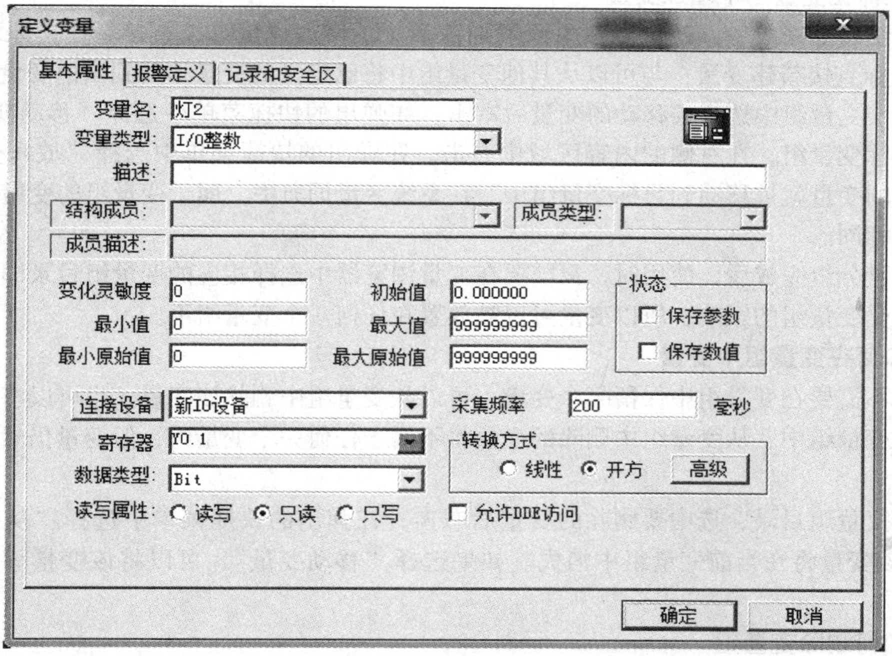

图 8 −5　定义开方转换

任务 3　变量的管理

任务目标

掌握组态王中变量的管理方法。

任务分解

当工程中拥有大量的变量时，会给开发者查找变量带来一定的困难。为此，组态王提供了变量分组管理的方式，即按照开发者的意图将变量放到不同的组中，在修改和选择变量时，只需到相应的分组中去寻找即可，缩小了查找范围，节省了时间，并且对变量的整体使用没有任何影响。

1. 如何建立变量组

在组态王工程浏览器框架窗口上放置有 3 个标签，即"系统"、"变量"和"站点"。选择"变量"标签，左侧视窗中显示"变量组"。单击"变量组"，右侧视窗将显示工程中的所有变量。在"变量组"目录上右击，将弹出快捷菜单，从中选择"建立变量组"，则在"变量组"目录下出现一个编辑框。在编辑框中输入变量组的名称。如果按照默认项，系统自动生成名称并添加序号。变量组定义的名称是唯一的，而且要符合组态王变量命名规则。

变量组建立完成后，可以在变量组下直接新建变量。在该变量组下建立的变量属于该变量组。变量组中建立的变量可以在系统中的变量词典中全部看到。在变量组下，还可以建立子变量组。属于子变量组的变量同样属于上级变量组。

选择建立的变量组后右击，在弹出的快捷菜单中选择"编辑变量组"，可以修改变量组的名称。

2. 如何在变量组中增加变量

变量组建立完成后，就可以在里面增加变量了。增加变量可以直接新建，即双击"新建…"图标直接新建变量；与可以从其他变量组中将已定义的变量移动到当前变量组来。

在某个变量组中选择要移动的变量后右击，在弹出的快捷菜单中选择"移动变量"，然后选择目标变量组，在右侧的内容区域中右击，在弹出的快捷菜单中选择"放入变量组"，则被选择的变量就被移动到目标变量组中。在系统变量词典中，属于变量组的变量图标与其他图标不相同。

在变量分组完成后，使用时，只需要在变量浏览器中选择相应的变量组目录即可。变量的引用不受变量组的影响，所以变量可以被放置在任何一个变量组下。

3. 如何在变量组中变量

如果不需要在变量组中保留某个变量，可以从变量组中删除该变量，也可以将该变量移动到其他变量组中。从变量组中删除的变量将不属于任何一个变量组，但变量仍然存在于数据词典中。

进入变量组目录，选中要删除的变量后右击，在弹出的快捷菜单中选择"从变量组删除"，则该变量将在当前变量组中消失。如果选择"移动变量"，可以将该变量移动到其他变量组。

4. 如何删除变量组

当不再需要变量组时，可以将其删除。删除变量组前，首先要保证变量组下没有任何变量存在。另外，要先将子变量组删除。在要删除的变量组上右击，然后在快捷菜单上选择"删除变量组"，系统提示删除确认信息，如果确认，当前变量组将被永久删除。

5. 数据词典导出到 Excel 中进行管理

为了使用户更方便地管理、使用、查看或打印组态王的变量，组态王提供了数据词典的导入/导出功能。组态王的变量被导出到 Excel 格式的文件中，用户就可以在 Excel 文件中查看、修改变量的属性，或直接在该文件中新建变量并定义其属性，然后导入到工程中。数据词典导出功能在工程管理器中。

实训　学会定义各种类型的变量

1. 实训目的
（1）掌握新建工程的方法。
（2）掌握变量的定义方法。

2. 实训要求

新建一个工程，在新建的工程中建立新的变量，包括"水流、电压、按钮、彩灯"，分别定义为内存实型、内存整型、I \ O 离散型、I \ O 离散型。

3. 操作步骤

（略）

项目 9

图形画面与动画连接

任务 1　画面开发工具

任务目标

熟悉开发系统中的图形编辑工具箱、画刷类型工具、线形类型工具以及调色板的使用。

1. 图形编辑工具箱

组态王的工具箱经过精心设计，把使用频率较高的命令集中在一块面板上，非常便于操作，而且节省屏幕空间，方便用户查看整个画面的布局。工具箱中的每个工具按钮都是"浮动提示"，帮助用户了解工具的用途。

2. 工具箱简介

图形编辑工具箱是绘图菜单命令的快捷方式。本节介绍动画制作时常用的图形编辑工具箱和其他几个常用工具。每次打开一个原有画面或建立一个新画面时，图形编辑工具箱都会自动出现，如图 9 - 1 所示。

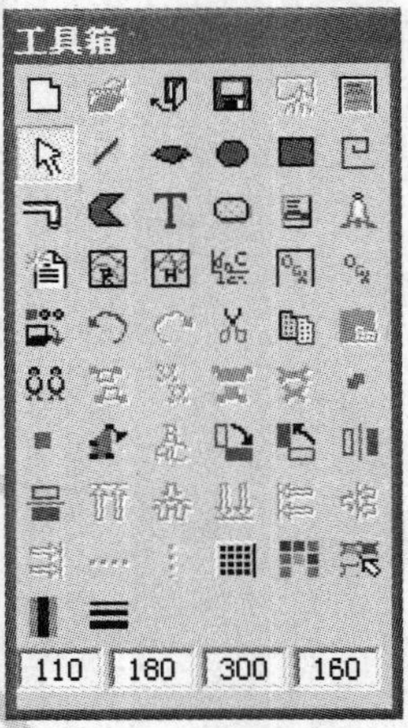

在菜单"工具"｜"显示工具箱"的左端有"√"，表示选中菜单；没有"√"时，屏幕上的工具箱同时消失，再一次选择此菜单，"√"出现，工具箱又显示出来。也可以使用 F10 键来切换工具箱的显示与隐藏。

工具箱提供了许多常用的菜单命令，也提供了菜单中没有的一些操作。当鼠标放在工具箱任一按钮上时，立刻出现一个提示条，标明此工具按钮的功能。

用户在每次修改工具箱的位置后，组态王会自动记忆工具箱的位置，当用户下次进入组态王时，工具箱返回上次用户使用时的位置。

提示：如果由于不小心操作导致找不到工具箱，从菜单中也打

图 9 - 1　工具箱

不开，请进入组态王的安装路径"kingview"下，打开 toolbox. ini 文件，查看最后一项［Toolbox］的位置坐标是否在屏幕显示区域内。用户可以在该文件中修改。注意不要修改别的项目。

3. 工具箱速览

工具箱中的工具大致分为四类。

（1）画面类：提供对画面的常用操作，包括新建、打开、关闭、保存、删除和全屏显示等。

（2）编辑类：包括绘制各种图素（矩形、椭圆、直线、折线、多边形、圆弧、文本、点位图、按钮、菜单、报表窗口、实时趋势曲线、历史趋势曲线、控件、报警窗口）的工

具；剪切、粘贴、复制、撤销、重复等常用的编辑工具；合成、分裂组合图素以及合成、分裂单元的工具；对图素进行前移、后移、旋转及镜像等操作的工具。

（3）对齐方式类：这类工具用于调整图素之间的相对位置，能够以上、下、左、右、水平、垂直等方式把多个图素对齐；或者把它们水平等间隔、垂直等间隔放置。

（4）选项类：提供其他一些常用操作，比如全选、显示调色板、显示画刷类型、显示线型、网格显示/隐藏、激活当前图库、显示调色板等。

在工具箱底部的文本框中显示被选中对象的 x，y 坐标和对象大小信息，如图 9-2 所示。第一个文本框显示被选中对象的 x 坐标（左边界）。第二个文本框显示被选中对象的 y 坐标（上边界）。第三个文本框显示被选中对象的宽度。第四个文本框显示被选中对象的高度。用户可以修改文本框中的任何一项，修改对象的位置或大小，方便地编辑图形。

图 9-2 光标位置

4. 画刷类型工具的使用

组态王提供 8 种画刷（填充）类型和 24 种画刷（填充）过渡色类型。显示/隐藏画刷类型工具条可通过选择菜单"工具"丨"显示画刷类型"或单击工具箱的按钮"■"（显示画刷类型）来实现。画刷类型工具条可使工程人员方便地选用各种画刷填充类型和不同的过渡色效果。

目前支持画刷填充和过渡色的图素有圆角矩形、椭圆、圆弧（或扇形）及多边形。

画刷填充类型及使用方法为：

（1）在画面中选中需改变画刷填充类型的图素。

（2）从画刷类型工具条中单击画刷填充类型按钮。画刷填充支持 8 种类型。

5. 线型工具的使用

组态王系统支持 11 种线型。线型窗口可方便工程人员改变图素线条的类型。

6. 调色板的使用

调色板就是颜料盒，有无限种颜色。显示/隐藏调色板可通过选择菜单"工具"丨"显示调色板"或单击工具箱中的"显示调色板"按钮来实现。应用调色板可以对各种图形、文本及窗口等进行颜色修改，图形包括圆角矩形、椭圆、直线、折线、扇形、多边形、管道、文本以及窗口背景色等。调色板具有无限色功能，即除了可以选定"基本颜色"外，还可以利用"无限色"来编辑各种颜色，并保存和读取调色信息。

任务2 动画连接

任务目标

掌握组态王画面开发系统中不同图素的动画连接的方法。

任务分解

2.1 动画连接概述

工程人员在组态王开发系统中制作的画面都是静态的，那么，它们如何才能反映工业现场的状况呢？这就需要通过实时数据库。因为只有数据库中的变量才是与现场状况同步变化的。数据库变量的变化又如何导致画面的动画效果呢？通过动画连接。所谓"动画连接"，就是建立画面的图素与数据库变量的对应关系，这样，工业现场的数据，比如温度、液面高度等，当它们发生变化时，通过I/O接口，将引起实时数据库中变量的变化，如果设计者曾经定义了一个画面图素，比如指针与这个变量相关，将会看到指针在同步偏转。

给图形对象定义动画连接是在"动画连接"对话框中进行的。在组态王开发系统中双击图形对象（不能有多个图形对象同时被选中），将弹出"动画连接"对话框，如图9-3所示。

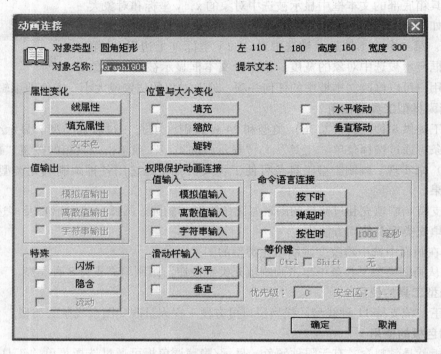

图9-3 "动画连接"对话框

对话框的第一行标识出被连接对象的名称和左上角在画面中的坐标，以及图像对象的宽度与高度。

对话框的第二行提供"对象名称"和"提示文本"编辑框。"对象名称"是为图素提供的唯一的名称，供以后的程序开发使用，目前暂时不能使用。"提示文本"的含义为：当图形对象定义了动画连接时，在运行的时候，鼠标放在图形对象上，将出现开发中定义的提示文本。

2.2 动画连接详解

在"动画连接"对话框中单击任一种连接方式，将会弹出"设置"对话框。本节将详细解释各种动画连接的设置。

2.2.1 线属性连接

在"动画连接"对话框中单击"线属性"按钮，将弹出"线属性连接"对话框，如图9-4所示。

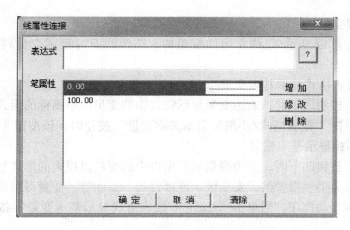

图9-4 "线属性连接"对话框

线属性连接使被连接对象的边框、线的颜色和线型随连接表达式的值而改变。定义这类连接需要同时定义分段点（阈值）和对应的线属性。利用连接表达式的多样性，可以构造出许多很有用的连接。"线属性连接"对话框中各项设置的意义如下。

1. 表达式

用于输入连接表达式，单击右侧的"?"按钮，可以查看已定义的变量名和变量域。如图9-5所示。

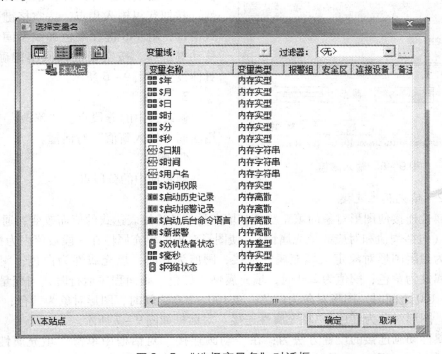

图9-5 "选择变量名"对话框

注意：如果变量名称显示区域没有变量，则用鼠标左键单击"本站点"，"本站点"包含的所有变量就显示在右侧区域中。

对话框左上角的4个按钮的功能描述如下。

① 显示/隐藏变量树

单击此按钮，可以显示/隐藏左边的变量树。按钮凹下时显示变量树，凸起时隐藏变量树。

② 小图标/报表格式显示基本变量

单击此按钮，按钮凹下时，右边变量显示窗口中的变量以小图标的形式显示，没有变量的详细列表。当单击"报表格式/小图标显示基本变量"按钮时，该按钮变为突起。

③ 格式/小图标显示基本变量

单击此按钮，按钮凹下时，右边变量显示窗口中的变量以报表的形式显示，有变量的详细列表，例如变量类型、报警组、安全区、连接设备、备注等。变量可以根据单击列表第一列表头出现的文本自动排序。当单击"小图标/报表格式显示基本变量"按钮时，该按钮变为凸起。

④ 新建变量

单击此按钮，弹出"定义变量"窗口，可直接新建变量，方法与在数据词典中定义变量相同。

2. 增加

增加新的分段点。单击"增加"按钮，将弹出"输入新值"对话框，在对话框中输入新的分段点（阈值）并设置笔属性。按鼠标左键单击"笔属性—线性"按钮，弹出漂浮式窗口，移动鼠标进行选择；也可以使"线属性"按钮获得输入焦点，按空格键弹出漂浮式窗口，用 Tab 键在颜色和线型间切换，用移动键选择，按空格键或回车键确定选择。具体设置如图 9-6 所示。

图 9-6 输入阈值

3. 修改

修改选中的分段点。"修改"对话框的用法同"输入新值"对话框。

4. 删除

删除选中的分段点。

2.2.2 填充属性连接

填充属性连接使图形对象的填充颜色和填充类型随连接表达式的值而改变，通过定义一些分段点（包括阈值和对应的填充属性），使图形对象的填充属性在一段数值内为指定值。

本例为封闭图形对象定义填充属性连接，阈值为 0 时，填充属性为白色；阈值为 100 时，填充属性为黄色；阈值为 200 时，填充属性为红色。画面程序运行时，当变量"水流"的值在 0~100 之间时，图形对象为白色；在 100~200 之间时，图形对象为黄色；变量值大于 200 时，图形对象为红色。"填充属性连接"对话框如图 9-7 所示。

填充属性动画连接的设置方法为：在"动画连接"对话框中单击"填充属性"按钮，弹出的对话框（如图 9-7 所示）中各项含义如下。

1. 表达式

用于输入连接表达式，单击右侧的"?"按钮，将可以查看已定义的变量名和变量域。

2. 增加

增加新的分段点。单击"增加"按钮，弹出"输入新值"对话框，如图 9-8 所示。

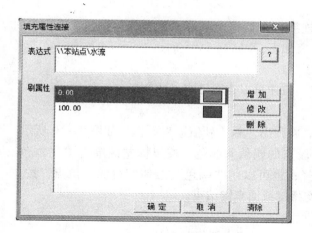

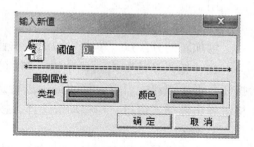

图9-7 "填充属性连接"对话框

图9-8 "输入新值"对话框

在"输入新值"对话框中输入新的分段点的域值和画刷属性，按鼠标左键单击"画刷属性—类型"按钮，弹出画刷类型漂浮式窗口，移动鼠标进行选择；也可以使"填充属性"按钮获得输入焦点，按空格键弹出漂浮式窗口，用 Tab 键在颜色和填充类型间切换，用移动键选择，按空格键或回车键结束选择。按鼠标左键单击"画刷属性—颜色"按钮，将弹出画刷颜色漂浮式窗口，用法与"画刷属性—类型"选择相同。

3. 修改

修改选中的分段点。"修改"对话框的用法同"输入新值"对话框。

4. 删除

删除选中的分段点。

2.2.3 文本色连接

文本色连接是使文本对象的颜色随连接表达式的值而改变，通过定义一些分段点（包括颜色和对应数值），是文本颜色在特定数值段内为指定颜色。如定义某分段点，阈值是0，文本色为红色。定义另一分段点，阈值是100，则当"电压"的值在0～100之间时（包括0），"电压"的文本色为红色；当"电压"的值大于等于100时，"电压"的文本色为蓝色。"文本色连接"对话框如图9-9所示。

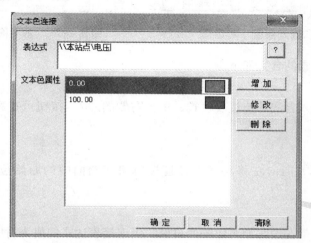

图9-9 "文本色连接"对话框

文本色连接的设置方法为：在"动画连接"对话框中单击"文本色"按钮，弹出的对话框（如图9-9所示）中的各项设置的含义如下。

1. 表达式

用于输入连接表达式，单击右侧的"？"按钮可以查看已定义的变量名。

2. 增量

增加新的分段点。单击"增加"按钮，将弹出"输入新值"对话框，如图9-10所示。

在"输入新值"对话框中输入新的分段点的阀值和颜色，按鼠标左键单击"文本色"按钮，弹出漂浮式窗口，移动鼠标进行选择；也可以使"颜色"按钮获得输入焦点，按空格键弹出漂浮式窗口，用移动键选择，按空格键或回车键结束。

3. 修改

修改选中的分段点。"修改"对话框的用法同"输入新值"对话框。

4. 删除

删除选中的分段点。

2.2.4 水平移动连接

水平移动连接是使被连接对象在画面中随连接表达式值的改变而水平移动。移动距离以像素为单位，以被连接对象在画面制作中的原始位置为参考基准。水平移动连接常用来表示图形对象实际的水平运动。

水平移动连接的设置方法为：在"动画连接"对话框中单击"水平移动"按钮，弹出"水平移动连接"对话框，如图9-11所示。

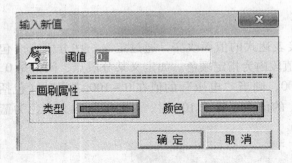

图9-10 "输入新值"对话框

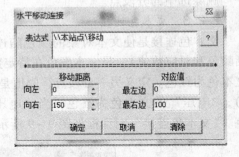

图9-11 "水平移动连接"对话框

对话框中各项设置的含义如下。

1. 表达式

在此编辑框内输入合法的连接表达式，单击右侧的"？"按钮可查看已定义的变量名和变量域。

2. 向左

输入图素在水平方向向左移动（以被连接对象在画面中的原始位置为参考基准）的距离。

3. 最左边

输入与图素处于最左边时相对应的变量值。当连接表达式的值为对应值时，被连接对象的中心点向左（以原始位置为参考基准）移到最左边规定的位置。

4. 向右

输入图素在水平方向向右移动（以被连接对象在画面中的原始位置为参考基准）的距离。

5. 最右边

输入与图素处于最右边时相对应的变量值。当连接表达式的值为对应值时，被连接对象的中心点向右（以原始位置为参考基准）移到最右边规定的位置。

2.2.5 垂直移动连接

垂直移动连接是使被连接对象在画面中的位置随连接表达式的值而垂直移动。移动距离以像素为单位，以被连接对象在画面制作系统中的原始位置为参考基准。垂直移动连接常用来表示对象实际的垂直运动，单击"动画连接"对话框中的"垂直移动"按钮，弹出"垂直移动连接"对话框，如图9-12所示。

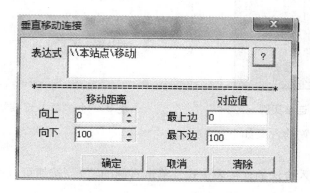

图9-12 "垂直移动连接"对话框

对话框中各项设置的含义如下：

1. 表达式

在此编辑框内输入合法的连接表达式，单击右侧的"?"按钮可以查看已定义的变量名和变量域。

2. 向上

输入图素在垂直方向向上移动（以被连接对象在画面中的原始位置为参考基准）的距离。

3. 最上边

输入与图素处于最上边时相对应的变量值。当连接表达式的值为对应值时，被连接对象的中心点向上（以原始位置为参考基准）移到最上边规定的位置。

4. 向下

输入图素在垂直方向向下移动（以被连接对象在画面中的原始位置为参考基准）的距离。

5. 最下边

输入与图素处于最下边时相对应的变量值。当连接表达式的值为对应值时，被连接对象的中心点向下（以原始位置为参考基准）移到最下边规定的位置。

2.2.6 缩放连接

缩放连接是使被连接对象的大小随连接表达式的值而变化。例如，建立一个温度计，用一个矩形表示水银柱（将其设置"缩放连接"动画连接属性），以反映变量"温度"的变化，如图9-13所示。左图是设计状态，右图是在TouchVew中的运行状态。

缩放连接的设置方法是：在"动画连接"对话框中单击"缩放连接"按钮，弹出对话框，如图9-14所示。

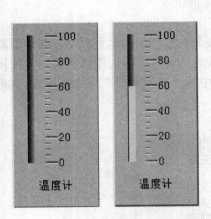

图9-13 缩放连接实例

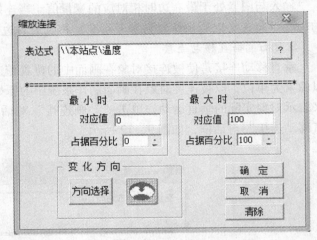

图9-14 "缩放连接"对话框

对话框中各项设置的含义如下：

1. 表达式

在此编辑框内输入合法的连接表达式，单击右侧的"?"按钮可以查看已定义的变量名和变量域。

2. 最小时

输入对象最小时占据的被连接对象的百分比（占据百分比）及对应的表达式的值（对应值）。百分比为0时，此对象不可见。

3. 最大时

输入对象最大时占据的被连接对象的百分比（占据百分比）及对应的表达式的值（对应值）。若此百分比为100时，当表达式值为对应值时，对象大小为制作时该对象的大小。

4. 变化方向

选择缩放变化的方向。变化方向共有5种，用"方向选择"按钮旁边的指示器来形象地表示。箭头是变化的方向，蓝点是参考点。单击"方向选择"按钮，可选择5种变化方向之一。

2.2.7 旋转连接

旋转连接是使对象在画面中的位置随连接表达式的值而旋转。例如，建立一个有指针仪表，以指针旋转的角度表示变量"泵速"的变化，图9-15中，左图是设计状态，右图是在TouchView中运行状态。

旋转连接的设置方法为：在"动画连接"对话框中单击"旋转连接"按钮，弹出对话框，如图9-16所示。

对话框中各项设置的含义如下：

1. 表达式

在此编辑框内输入合法的连接表达方式，单击右侧的"?"按钮可以查看已定义的变量名和变量域。

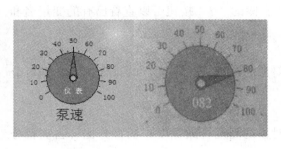

图9-15 旋转连接实例

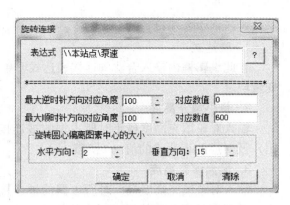

图9-16 "旋转连接"对话框

2. 最大逆时针方向对应角度

被连接对象逆时针方向旋转所能达到的最大角度及对应的表达式的值（对应数值）。角度值限于0°~360°，Y轴正向是0°。

3. 最大顺时针方向对应角度

被连接对象顺时针方向旋转所能达到的最大角度及对应的表达式的值（对应数值）。角度值限于0°~360°，Y轴正向是0°。

4. 旋转圆心偏离图素中心的大小

被连接对象旋转时所围绕的圆心坐标距离被连接对象中心的值，其水平方向为圆心坐标水平偏离的像素值（正值表示向右偏离），垂直方向为圆心坐标垂直偏离的像素值（正值表示向下偏离）。该值可由坐标位置窗口（在组态王开发系统中用热键F8激活）帮助确定。

2.2.8 填充连接

填充连接是使被连接对象的填充物（颜色和填充类型）占整体的百分比随连接表达式的值而变化。

填充连接的设置方法是：在"动画连接"对话框中单击"填充连接"按钮，弹出的对话框如图9-17所示。

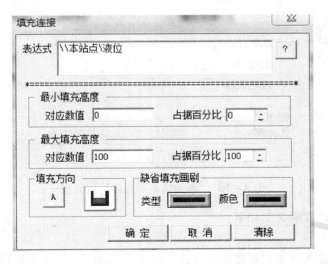

图9-17 "填充连接"对话框

对话框中各项设置的含义如下：

1. 表达式

在此编辑框内输入合法的连接表达式，单击右侧的"？"按钮可以查看已有的变量名和变量域。

2. 最小填充高度

输入对象填充高度最小时所占据的被连接对象的高度（或宽度）的百分比（占据百分比）及对应的表达式的值（对应数值）。

3. 最大填充高度

输入对象填充高度最大时所占据的被连接对象的高度（或宽度）的百分比（占据百分比）及对应的表达式的值（对应数值）。

4. 填充方向

规定填充方向，由"填充方向"按钮和填充方向示意图两部分组成。共有 4 种填充方向，单击"填充方向"按钮，可选择其中之一。

5. 缺省填充画刷

若本连接对象没有填充属性连接，则运行时用此缺省值填充画刷。按鼠标左键单击"类型"按钮，弹出漂浮式窗口，移动鼠标进行选择；也可以使"类型"按钮获得输入焦点，按空格键弹出浮动窗口，用 Tab 键在颜色和填充类型间切换，用移动键选择，按空格键或回车键结束选择。按鼠标左键单击"颜色"按钮，弹出漂浮式窗口，移动鼠标进行选择。

2.2.9　模拟值输出连接

模拟值输出连接是使文本对象的内容在程序运行时被连接表达式的值所取代。

模拟值输出连接的设置方法是：在"动画连接"对话框中单击"模拟值输出"按钮，弹出对话框，如图 9 – 18 所示。

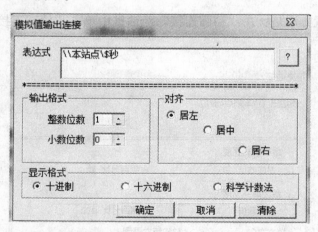

图 9 –18　"模拟值输出连接"对话框

对话框中各项设置的含义如下：

1. 表达式

在此编辑框内输入合法的连接表达方式，单击右侧的"？"按钮可以查看已定义的变量名和变量域。

2. 整数位数

输出值的整数部分占据的位数。若实际输出时的值的位数少于此处输入的值，则高位填0。例如，规定整数位是 4 位，而实际值是 12，则显示为 0 012。如果实际输出的值的位数多于此值，则按照实际位数输出。例如，实际值是 12 345，则显示的是 12 345。若不想有前补零的情况出现，则可令整数位数为 0。

3. 小数位数

输出值的小数部分位数。若实际输出值的位数小于此值，则填 0 补充。例如，规定小数位是 4 位，而实际值是 0.12，则显示为 0.120 0。如果实际输出的值的位数多于此值，则按照实际位数输出。

4. 科学计数法

规定输出值是否用科学计数法显示。

5. 对齐方式

运行时输出的模拟值字符串与当前被连接字符串在位置上按照左、中、右方式对齐。

2.2.10 离散值输出连接

离散值输出连接是使文本对象的内容在运行时被连接表达式的指定字符串所取代。

离散值输出连接的设置方法是：在"动画连接"对话框中单击"离散值输出"按钮，弹出对话框，如图 9-19 所示。

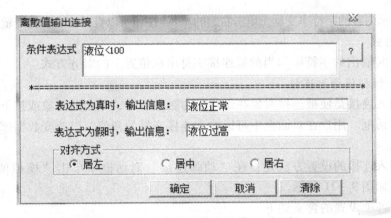

图 9-19 "离散值输出连接"对话框

对话框中各项设置的含义如下。

1. 条件表达式

可以输入合法的连接表达式，单击右侧的"?"按钮可以查看已定义的变量名和变量域。

2. 表达式为真时，输出信息

规定表达式为真时，被连接对象（文本）输出的内容。

3. 表达式为假时，输出信息

规定表达式为假时，被连接对象（文本）输出的内容。

4. 对齐方式

运行时输出的离散量字符串与当前被连接字符串在位置上按照左、中、右方式对齐。

2.2.11　字符串输出连接

字符串输出连接是使画面中文本对象的内容在程序运行时被数据库中的某个字符串变量的值所取代。

字符串输出连接的设置方法是：在"动画连接"对话框中单击"字符串输出"按钮，弹出对话框，如图9-20所示。

对话框中各项设置的含义如下。

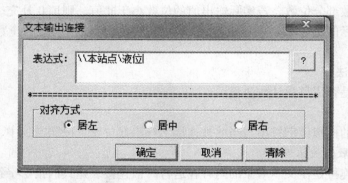

图9-20　"文本输出连接"对话框

1. 表达式

输入要显示内容的字符串变量。单击右侧的"？"按钮可以查看已定义的变量名和变量域。

2. 对齐方式

选择运行时输出的字符串与当前被连接字符串在位置上的对齐方式。

2.2.12　模拟值输入连接

模拟值输入连接是使被连接对象在运行时为触敏对象，单击此对象或按下指定热键，将弹出输入值对话框。用户在对话框中可以输入连接变量的新值，以改变数据库中某个模拟型变量的值。

模拟值输入连接的设置方法是：在"动画连接"对话框中单击"模拟值输入"按钮，弹出对话框，如图9-21所示。

对话框中各项设置的含义如下。

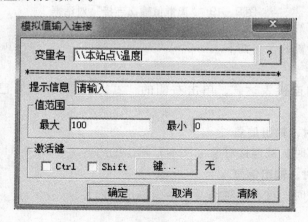

图9-21　"模拟值输入连接"对话框

1. 变量名

要改变的模拟类型变量的名称。单击右侧的"?"按钮可以查看已定义的变量和变量域。

2. 提示信息

运行时出现在弹出对话框中用于提示输入内容的字符串。

3. 值范围

规定输入值的范围。它应该是要改变的变量在数据库中设定的最大值和最小值。

4. 激活键

定义激活键,这些激活键可以是键盘上的单键,也可以是组合键(Ctrl、Shift 和键盘单键的组合)。在 TouchVew 运行画面时可以用激活键随时弹出输入对话框,以便输入、修改新的模拟值。

2.2.13　离散值输入连接

离散值输入连接是使被连接对象在运行时为触敏对象,单击此对象后弹出输入值对话框。可在对话框中输入离散值,以改变数据库中某个离散类型变量的值。

离散值输入连接的设置方法是:在"动画连接"对话框中单击"离散值输入"按钮,弹出对话框,如图9-22所示。

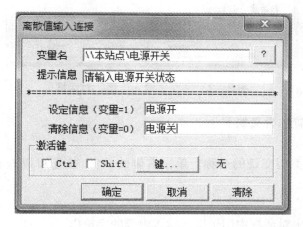

图9-22　"离散值输入连接"对话框

对话框中各项设置的含义如下。

1. 变量名

要改变的离散类型变量的名称。单击右侧的"?"按钮可以查看已定义的变量和变量域。

2. 提示信息

运行时出现在弹出对话框中用于提示输入内容的字符串。

3. 设定信息

运行时出现在弹出对话框中第一个按钮上的文本内容,此按钮用于将离散变量值设为1。

4. 清除信息

运行时出现在弹出对话框中第二个按钮上的文本内容,此按钮用于将离散变量值设为0。

5. 激活键

定义激活键，这些激活键可以是键盘上的单键，也可以是组合键（Ctrl、Shift 和键盘单键的组合）。在 TouchVew 运行画面时可以用激活键随时弹出输入对话框，以便输入、修改新的离散值。当 Ctrl 和 Shift 字符左边出现"√"时，分别表示 Ctrl 和 Shift 键有效。

2.2.14 字符串输入连接

字符串输入连接是使被连接对象在运行时为触敏对象，用户可以在运行时改变数据库中的某个字符串类型变量的值。

字符串输入连接的设置方法是：单击"动画连接"对话框中的"字符串输入"按钮，弹出对话框，如图 9-23 所示。

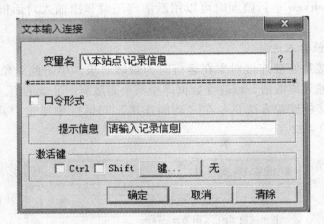

图 9-23 "文本输入连接"对话框

对话框中各项设置的含义如下。

1. 变量名

要改变的字符串类型变量的名称。单击右侧的"?"按钮可以查看已定义的变量和变量域。

2. 提示信息

运行时出现在弹出对话框中用于提示输入内容的字符串。

3. 口令形式

规定用户在向弹出对话框的编辑框中输入字符串内容时，编辑框中的字符是否以口令形式（＊＊＊＊＊＊＊）显示。

4. 激活键

定义激活键，这些激活键可以是键盘上的单键，也可以是组合键（Ctrl、Shift 和键盘单键的组合）。在 TouchVew 运行画面时可以用激活键随时弹出输入对话框，以便输入、修改新的字符串值。当 Ctrl 和 Shift 字符左边出现"√"时，分别表示 Ctrl 和 Shift 键有效。

2.2.15 闪烁连接

闪烁连接是使被连接对象在条件表达式的值为真时闪烁。闪烁效果易于引起注意，故常用于出现非正常状态时的报警。

闪烁连接的设置方法是：在"动画连接"对话框中单击"闪烁"按钮，弹出对话框，如图 9-24 所示。

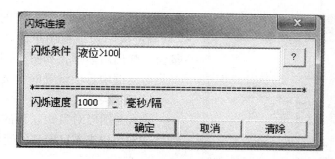

图9-24 "闪烁连接"对话框

对话框中各项设置的含义如下：

1. 闪烁条件

输入闪烁的条件表达式。当此条件表达式的值为真时，图形对象开始闪烁；表达式的值为假时，闪烁自动停止。单击右侧的"?"按钮可以查看已定义的变量名和变量域。

2. 闪烁速度

规定闪烁的频率。

2.2.16 隐含连接

隐含连接是使被连接对象根据条件表达式的值而显示或隐含。

隐含连接的设置方法是：在"动画连接"对话框中单击"隐含"按钮，弹出对话框，如图9-25所示。

图9-25 "隐含连接"对话框

对话框中各项设置的含义如下。

1. 条件表达式

输入显示或隐含的条件表达式，单击右侧的"?"按钮，可以查看已定义的变量名和变量域。

2. 表达式为真时

规定当条件表达式值为1（TRUE）时，被连接对象是显示还是隐含；当表达式的值为假时，定义了"显示"状态的对象自动隐含，定义了"隐含"状态的对象自动显示。

2.2.17 水平滑动杆输入连接

当有滑动杆输入连接的图形对象被鼠标拖动时，与之连接的变量的值将会被改变。当变量的值改变时，图形对象的位置也会发生变化。

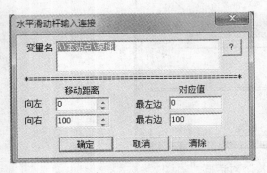

图9-26　"水平滑动杆输入连接"对话框

3. 向右

图形对象从设计位置向右移动的最大距离。

4. 最左边

图形对象在最左端时变量的值。

5. 最右边

图形对象在最右端时变量的值。

2.2.18　垂直滑动杆输入连接

垂直滑动杆输入连接与水平滑动杆输入连接类似，只是图形对象的移动方向不同。设置方法是：在"动画连接"对话框中单击"垂直滑动杆输入"按钮，弹出对话框，如图9-27所示。

对话框中各项的含义如下。

1. 变量名

与产生滑动输入的图形对象相联系的变量。单击右侧的"?"按钮查看所有已定义的变量名和变量域。

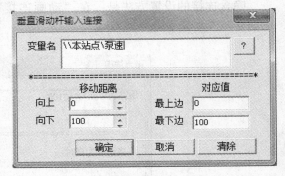

图9-27　"垂直滑动杆输入连接"对话框

2. 向上

图形对象从设计位置向上移动的最大距离。

3. 向下

图形对象从设计位置向下移动的最大距离。

4. 最上边

图形对象在最上端时变量的值。

5. 最下边

图形对象在最下端时变量的值。

水平滑动杆输入连接的设置方法是：在"动画链接"对话框中单击"水平滑动杆输入"按钮，弹出对话框，如图9-26所示。

对话框中各项设置的含义如下。

1. 变量名

输入与图形对象相联系的变量，单击右侧的"?"按钮可以查看已定义的变量名和变量域。

2. 向左

图形对象从设计位置向左移动的最大距离。

2.2.19　动画连接命令语言

命令语言连接会使被连接对象在运行时成为触敏对象。当TouchVew运动时，触敏对象周围出现反显的矩形框。命令语言有3种，即"按下时"、"弹起时"和"按住时"，分别表示鼠标左键在触敏对象上按下、弹起和按住时执行连接的命令语言程序。定义"按住时"的命令语言连接时，还可以指定按住鼠标后每隔多少毫秒执行一次命令语言，这个时间间隔在编辑框内输入。可以指定一个等价键，工程人员在键盘上用等价键代替鼠标，等价键的按下、弹起和按住3种状态分别等同于鼠标的按下、弹起和按住状态。单击任一种"命令语言连接"按钮，将弹出对话框，用于输入命令语言连接程序，如图9-28所示。

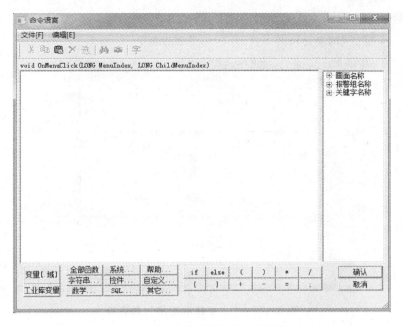

图9-28　"命令语言"对话框

在对话框下边有一些能产生提示信息的按钮，可让用户选择已定义的变量名及域、系统预定义函数名、画面窗口名、报警组名、算符和关键字等，还提供剪切、复制、粘贴、复原等编辑手段，使用户可以从其他命令语言连接中复制已编好的命令语言程序。

2.3　动画连接向导的使用

组态王提供可视化动画连接向导供用户使用。该向导的动画连接包括水平移动、垂直移动、旋转、滑动杆水平输入、滑动杆垂直输入等5个部分。使用可视化动画连接向导，可以简单、精确地定位图素动画的中心位置、移动起止位置和移动范围等。

1. 水平移动动画连接向导

使用水平移动动画连接向导的步骤为：

(1) 在画面上绘制水平移动的图素，如圆角矩形。

(2) 选中该图素，选择菜单命令"编辑"｜"水平移动向导"，或在该圆角矩形上右击，在弹出的快捷菜单上选择"动画连接向导"｜"水平移动连接向导"命令，鼠标形状变为小"十"字形。

(3) 选择图素水平移动的起始位置，单击鼠标左键，鼠标形状变为向左的箭头，表示当前定义的是运行时图素由起始位置向左移动的距离。水平移动鼠标，箭头随之移动，并画出一条水平移动轨迹线。

(4) 当鼠标箭头向左移动到左边界后，单击鼠标左键，鼠标形状变为向右的箭头，表示当前定义的是运行时图素由起始位置向右移动的距离。水平移动鼠标，箭头随之移动，并画出一条移动轨迹线。当到达水平移动的右边界时，单击鼠标左键，弹出"水平移动连接

"对话框"，如图9-29所示。

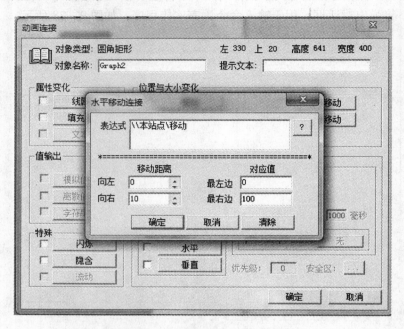

图9-29 "水平移动连接"对话框

在"表达式"文本框中输入变量或单击右侧的"?"按钮选择变量。在"移动距离"的"向左"、"向右"文本框中的数据为利用向导建立动画连接产生的数据，用户可以按照需要修改该项。单击"确定"按钮，完成动画连接。

2. 垂直移动动画连接向导

垂直移动动画连接向导的使用与水平移动动画连接向导的使用方法相同。

3. 滑动杆输入动画连接向导

滑动杆的水平输入和垂直输入动画连接向导的使用与水平移动，垂直移动动画连接向导的使用方法相同。

4. 旋转动画连接向导

旋转动画连接向导的使用与水平移动动画连接向导的使用方法相似。

任务3 图库管理

任务目标

掌握组态王图库的使用与管理，能够利用组态王开发系统中建立动画连接并合成图素的方式直接创建图库精灵。

任务分解

3.1 认识图库及图库精灵

图库是指组态王中提供的已制作成形的图素组合。图库中的每个成员称为图库精灵。使用图库开发工程界面至少有三方面的好处：一是降低了工程人员设计界面的难度，使他们能更加集中精力于维护数据库和增强软件内部的逻辑控制中，缩短开发周期；二是用图库开发的软件将具有统一的外观，方便工程人员学习和掌握；最后，利用图库的开放性，工程人员可以生成自己的图库元素，"一次构造，随处使用"，节省了工程人员投资。组态王为了使用户更好地使用图库，提供了图库管理器。图库管理器集成了图库管理的操作，在统一的界面上完成新建图库、更改图库名称、加载用户开发的精灵和删除图库精灵的功能，如图9-30所示。

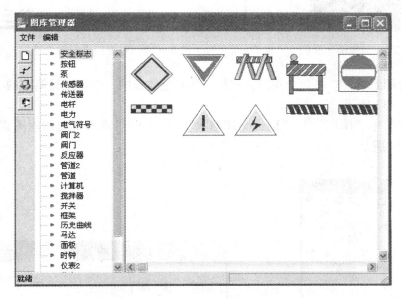

图9-30 "图库管理器"窗口

图库中的元素称为图库精灵。之所以称为"精灵"，是因为它们具有自己的"生命"。图库精灵在外观上类似于组合图素，但内嵌了丰富的动画连接和逻辑控制，工程人员只需把它放在画面上，做少量的文字修改，就能动态控制图形的外观，同时完成复杂的功能。用户可以根据工程需要，将一些需要重复使用的复杂图形做成图库精灵，加入到图库管理器中。

组态王提供两种方式供用户自制图库。一种是编制程序方式，即用户利用亚控公司提供的图库开发包，自己利用 VC 开发工具和组态王开发系统中生成的精灵描述文本制作，生成 *.dll 文件。另一种是利用组态王开发系统中建立动画连接并合成图素的方式直接创建图库精灵。下面将对第二种方式做详细说明。

3.2 创建图库精灵

我们以一个阀门的制作为例，介绍创建图库精灵的方法。

（1）在画面上创建两个大小、形状相同的阀门，分别为红、绿两色，如图9-31所示。

（2）在数据词典中定义一个内存离散变量，如"阀门1"。

（3）添加动画连接。双击红色阀门，选择"隐含连接"，使得在"阀门1==0"时显示，如图9-32所示。再选择"弹起时连接"，输入"阀门1=1"。同样的，对绿色阀门"隐含连接"，使得在"阀门1==1"时显示。在"弹起时连接"属性对话框中输入"阀门1=0"，然后单击"确定"按钮。

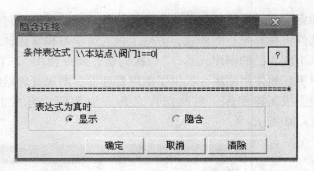

图9-31　制作两个阀门　　　　　　图9-32　对阀门进行隐含连接

（4）组合图素单元。将两个阀门叠放在一起并整体选中，选择工具箱中的"合成单元"图标，如图9-33所示。

（5）选择菜单"图库" | "创建图库精灵"，将弹出"输入新的图库图素名称"对话框，如图9-34所示。

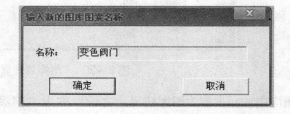

图9-33　"合成单元"图标　　　　图9-34　"输入新的图库图素名称"对话框

（6）输入精灵名称，单击"确定"按钮后，将弹出图库管理器。在图库管理器列表中选择要存放该精灵的图库名，或在管理器右边的精灵显示区单击即可，如图9-35所示。

（7）如果想把变色按钮放在创建的"专用图库"下，则在保存图库精灵之前选择菜单命令"编辑" | "创建新图库"，在弹出的"定义新图库"对话框中输入新图库的名称，然后单击"确定"按钮建立自己的图库，如图9-36所示。

3.3　使用图库精灵

在图库管理器中选择需要的精灵。如果在开发过程中图库管理器被隐藏，选择菜单"图库" | "打开图库"或按F2键激活图库管理器。

1. 在画面上放置图库精灵

选择图库精灵并放到画面上是很容易的。在图库管理器窗口内用鼠标左键双击所需要的精灵，光标变成直角形。移动鼠标到画面上的适当位置，单击左键，图库精灵就复制到画面上了。可以任意移动、缩放精灵，如同处理一个单元一样。

图9-35　新建的图库精灵

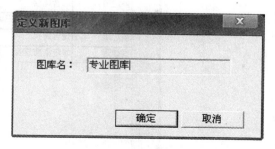

图9-36　"定义新图库"对话框

2. 修改图库精灵

采用第一种方式——编制程序制作的图库精灵具有个性化外观，双击画面上的图库精灵，将弹出改变图形外观和定义动画连接的属性向导对话框。对话框中包含了图库精灵的外观修改、动作、操作权限、与动作连接的变量等各项设置，对于不同的图库精灵，具有不同的属性向导界面。用户只需要输入变量名，合理调整各项设置，就可以设计出符合自己使用要求的个性化图形，如图9-37所示。

在属性向导界面中，"变量名"一项要求输入工程人员实际使用的变量名，并且必须符合图库精灵已经定义好的变量类型。

采用第二种方式——直接通过动画连接并合成图素的方式制作的图库精灵（如上例中制作的变色阀门），同样具有可修改的属性界面。双击画面上的图库精灵，将弹出动画连接的"内容替换"对话框。对话框中记录了图库精灵的所有动画连接和连接中使用的变量。单击"变量名"，将在对话框中显示图库精灵使用到的所有变量，如图9-38所示；单击"动画连接"就可以看到动画连接的内容，如图9-39所示。

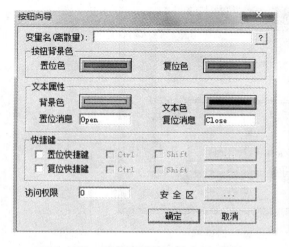

图9-37　图库精灵的属性向导对话框

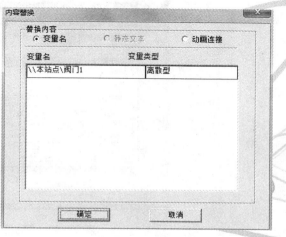

图9-38　图库精灵的变量名显示

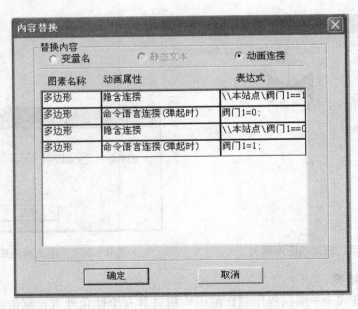

图9-39 图库精灵的动画连接显示

一般情况下，该类图库精灵使用的变量名都是示意性的，不一定适合工程人员的需要。要修改变量名，请单击选择"变量名"，然后在对话框中双击需要修改的变量名，则弹出"替换变量名"对话框，在对话框中输入工程人员实际使用的变量名即可。

修改完成后，图库精灵所有的动画连接中的变量名都已更改了。工程人员也可以根据需要修改任一动画连接。在"内容替换"对话框中单击选择"动画连接"，然后在对话框中双击需要修改的栏目，将弹出"动画连接设置"对话框，如图9-40所示。

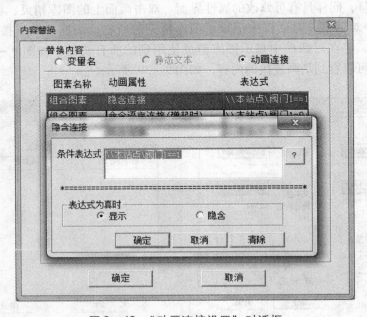

图9-40 "动画连接设置"对话框

图库精灵的动画连接属性的设置方法与普通图素的动画连接一样。

如果组成图库精灵的图素中有静态文本,"内容替换"对话框中的按钮"静态文本"加亮显示。单击此按钮,将在对话框中显示图库精灵中所有的静态文本。其修改方法与其他图素相同。

修改完成后,单击"内容替换"对话框的"确定"按钮,以修改图库精灵的动画连接,或单击"取消"按钮取消修改。

如果要对组成图库精灵的图素作调整,首先要把图库精灵转换成普通图素,具体操作是:在画面上选中精灵(精灵周围出现8个小矩形),选择菜单"图库" | "转换成普通图素",图库精灵将分解为许多单元或图素。对于分解出来的单元,还要使用工具箱中的"分裂单元"把它再分解成图素,工程人员可以对这些图素作任意的修改。

3.4 将图库精灵转换成普通图素

如果需要改变图库精灵的某种属性,比如颜色,需要将图库精灵转换成为普通图素,下面以实例来说明。

(1)选取某图库精灵,拖动到画面上。如"专业图库"(在前面的例题中定义的)下的"变色阀门"。

(2)选中该图库精灵,在组态王开发系统中选择菜单命令"图库" | "转换成普通图素。"

(3)选中"变色阀门",在工具箱中选择"分裂单元"图标,如图9-41所示。

(4)移动鼠标,将"变色阀门"拆分开来。

(5)若想继续拆分,选中图素,在工具箱中选择"分裂组合图素"图标,继续拆分。

(6)根据需要进行修改,再存到精灵库或直接使用。

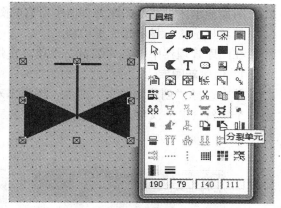

图9-41 工具箱中"分裂单元"图标

注意:对于用编程方式创建的图库精灵,在转换成普通图素后,其各个图素含有的动画连接将不再存在;利用组态王的图素创建的图库精灵在被转换成为普通图素后,其各个图素含有的动画连接将被保留下来。

3.5 管理图库

图库的管理是依靠组态王提供的图库管理器完成的。图库管理器集成了图库管理的操作,在统一的界面上完成新建图库、更改图库名称、加载用户开发的精灵和删除图库精灵的操作。如果在开发过工程中图库管理器被隐藏,请选择菜单命令"图库" | "打开图库"或按 F2 键激活图库管理器。在画面菜单上选择"打开图库",打开"图库管理器"窗口,如图9-42所示。

图库管理器菜单条:通过弹出菜单方式管理图库。

图库管理器工具条:通过快捷图形方式管理图库。

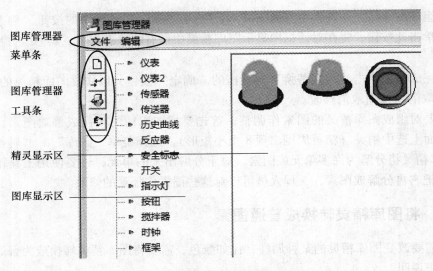

图 9 - 42 "图库管理器"窗口

图库显示区：显示图库管理器中所有的图库。

精灵显示区：显示图库里的精灵。

在图库管理器中单击"编辑"菜单，将弹出如图9 - 43所示的下拉式菜单。

1. 创建新图库

单击选择"创建新图库"命令，将弹出对话框。在对话框中输入名称，图库名称不超过8个字符（4个汉字），确定后，图库名显示在图库管理器左边的树形中，如图9 - 44所示。

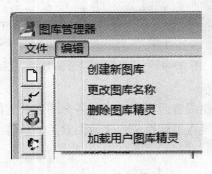

图9 - 43 编辑菜单

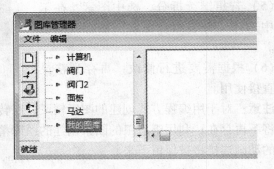

图9 - 44 创建新图库

2. 更改图库名称

选择图库名称后单击"更改图库名称"，在弹出的对话框中输入新名称即可（注意，名称不允许相同）。

3. 删除图库精灵

选中要删除的精灵，单击"删除图库精灵"，在弹出的对话框中按"确定"按钮即可。

4. 加载用户图库精灵

当用户使用图库开发包开发出专用图形时（文件格式为 * . dll），可通过该项选择将自已编制的图形加入到组态王的图库管理器中来。

5. 工具条

在图库管理器的左上方是管理器工具条，使用户可通过快捷图标方式管理图库管理器，如图 9－45 所示。

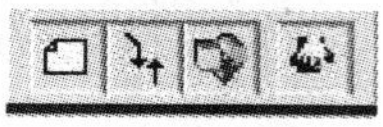

图 9－45　工具条

创建新图库：与工程管理器中的菜单命令"编辑" | "创建新图库"效果相同。

更改图库名称：与工程管理器中的菜单命令"编辑" | "更改图库名称"效果相同。

加载用户图库精灵：与工程管理器中的菜单命令"编辑" | "加载用户图库精灵"效果相同。

删除图库精灵：与工程管理器中的菜单命令"编辑" | "删除图库精灵"效果相同。

实训　数字时钟画面设计

1. 实训目的

（1）掌握新建工程的方法。

（2）掌握画面的命名方法。

（3）掌握基本的制图方法。

（4）掌握模拟值输出连接的方法。

2. 实训要求

完成一个"数字时钟"画面，要求能够用数字实时显示年、月、日、时、分、秒和毫秒。

3. 操作步骤

（1）新工程的建立。打开组态王工程浏览器，选择菜单"工程" | "新建工程"，单击"下一步"按钮，确定工程路径"D：\组态软件应用训练"。单击"下一步"按钮，输入工程名称"组态王课程训练"，然后按"确定"按钮。

（2）新建画面，并给画面命名。在工程浏览器里双击"新建"按钮，显示"新画面"窗口，给新画面命名为"数字时钟"。

（3）制作画面。使用工具箱中的"圆角矩形"画出矩形，打开"调色板"和"线形"，设置颜色和边框线形，输入文本后，画面如图 9－46 所示。

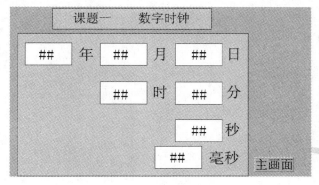

图 9－46　数字时钟画面

237

（4）动画连接。双击各个文本"##"，打开"动画连接"，单击选择"模拟值输出"按钮，分别连接表达式＄年、＄月、＄日、＄时、＄分、＄秒、＄毫秒。

（5）存盘。选择"文件"｜"全部存"命令，或单击工具箱中的"保存画面"按钮。

（6）切换到 View，就会看到数字时钟实时显示当前时间（计算机时间）。

项目 10

命令语言

任务1 命令语言的类型

任务目标

熟悉组态王中命令语言的类型，掌握各种命令语言编辑器的使用方法。

任务分解

组态王中的命令语言在语法上类似 C 语言，工程人员可以利用命令语言来增强应用程序的灵活性，处理一些算法和操作。命令语言都是靠事件触发执行的，如定时、数据变化、键的按下、鼠标的单击等。

根据事件和功能的不同，有应用程序命令语言、热键命令语言、事件命令语言、数据改变命令语言、自定义函数命令语言、动画连接命令语言和画面命令语言等。

命令语言具有完备的词法、语法、查错功能，以及丰富的运算符、数学函数、字符串函数、控件函数、SQL 函数和系统函数。各种命令语言通过"命令语言编辑器"编辑输入，在组态王运行系统中被编译执行。其中，应用程序命令语言、热键命令语言、事件命令语言和数据改变命令语言可以称为"后台命令语言"，它们的执行不受画面打开与否的限制，只要符合条件就可以执行。另外，可以使用运行系统中的菜单"特殊" | "开始执行后台任务"和"特殊" | "停止执行后台任务"来控制所有这些命令语言是否执行，而画面和动画连接命令语言的执行不受影响；也可以通过修改系统变量" $ 启动后台命令语言"的值来实现上述控制，该值置为 0 时停止执行，置为 1 时开始执行。

1. 应用程序命令语言

在工程浏览器的目录显示区，选择"文件" | "命令语言" | "应用程序命令语言"，则在右边的内容显示区出现"请双击这儿进入 < 应用程序命令语言 > 对话框…"图标。双击图标，则弹出"应用程序命令语言"对话框，如图 10 – 1 所示。

命令语言编辑器是组态王提供的用于输入、编辑命令语言程序的地方。编辑器的组成部分如图 10 – 1 所示，所有命令语言编辑器的大致界面和主要组成部分及功能都相同，唯一不同的是按照触发条件的不同，在界面上的"触发条件"部分会有所不同。

（1）菜单条：提供给编辑器的操作菜单，"文件"菜单下有两个菜单项："确认"和"取消"。"编辑"菜单为使用编辑器编辑命令语言提供操作工具，其作用同工具栏。

（2）工具栏：提供命令语言编辑时的工具，包括剪切、复制、粘贴、删除、全选、查找、替换，以及更改命令语言编辑器中的内容的显示字体、字号等。

（3）关键字选择列表：可以在这里直接选择现有的画面名称、报警组名称、其他关键字（如运算连接符等）到命令语言编辑器里。

（4）函数选择：单击某一按钮，将弹出相关函数选择列表，直接选择某一函数到命令

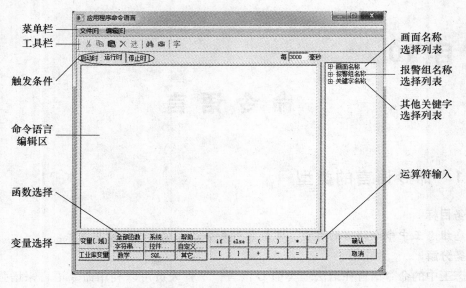

菜单栏 —
工具栏 —
触发条件 —

画面名称
选择列表
报警组名称
选择列表
其他关键字
选择列表

命令语言
编辑区

运算符输入

函数选择

变量选择

图 10-1 "应用程序命令语言"对话框

语言编辑器中。当用户不知道函数的用法时，可以单击"帮助"按钮进入在线帮助，查看使用方法。

（5）运算符输入：单击某一按钮，按钮上的标签表示的运算符或语句自动被输入到编辑器中。

（6）变量选择：选择变量或变量的域到编辑器中。

（7）命令语言编辑区：输入命令语言程序的区域。

（8）触发条件：触发命令语言执行的条件，不同的命令语言类型有不同的触发条件。

当选择"运行时"标签时，会有输入执行周期的编辑框"每…毫秒"。输入执行周期，则组态王运行系统运行时，将按照该时间周期性地执行这段命令语言程序，无论打开画面与否。

当选择"启动时"标签时，在该编辑器中输入命令语言程序，该段程序只在运行系统启动时执行一次。

当选择"停止时"标签时，在该编辑器中输入命令语言程序，该段程序只在运行系统退出时执行一次。

命令语言编辑器提供众多的方便，使用户可以直接选择诸如画面名称、报警组名称、函数等到编辑器中，避免了繁杂的手工输入。

【例 10-1】 在运行系统启动时实现某一指定画面的显示。

这个问题除了可以在"系统配置"｜"运行系统配置"中配置主画面外，还可以使用"应用程序命令语言"｜"启动时"命令来打开该画面。

打开应用程序命令语言编辑器，选择"启动时"标签。单击"全部函数"按钮，弹出"选择函数"对话框，找到"Show Picture"函数，选择该项后，单击对话框上的"确定"按钮，或直接双击该函数名称，对话框被关闭，函数及其参数整体即被选择到了编辑器中，如图 10-2 所示。

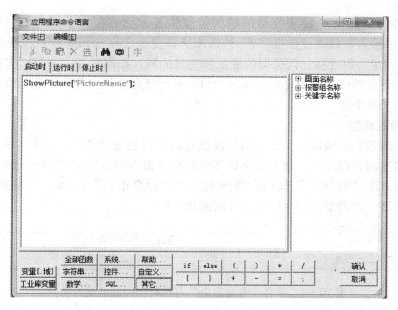

图 10-2 "应用程序命令语言"编辑器

函数 Show Picture 中的参数为要显示的画面名称。选择函数默认的参数，单击编辑器右侧列表中的"画面名称"上的"+"，展开画面名称列表，显示当前工程中已有画面的名称。选择要显示的画面名称并单击它，则该画面名称自动添加到函数的参数位置。

按照上面的例子，可以选择报警组名称、连接运算符、变量等到编辑器中。

2. 数据改变命令语言

在工程浏览器中选择"命令语言"|"数据改变命令语言"命令，在浏览器右侧双击"新建…"按钮，将弹出"数据改变命令语言"编辑器，如图 10-3 所示。数据改变命令语

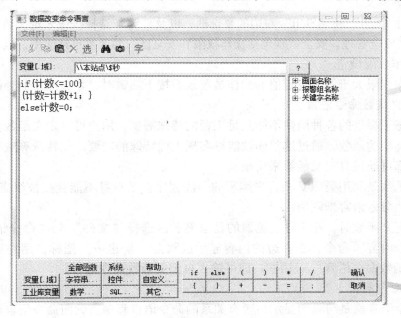

图 10-3 "数据改变命令语言"编辑器

言触发的条件为连接的变量或变量的域的值发生了变化。在命令语言编辑器"变量[．域]"编辑框中输入，或通过单击"?"按钮来选择变量名称（如$秒）或变量的域（如$秒．Alarm）。这里可以连接任何类型的变量和变量的域，如离散型、整型、实型、字符串型等。当连接的变量的值发生变化时，系统会自动执行该命令语言程序。数据改变命令语言可以按照需要定义多个。

3. 事件命令语言

事件命令语言是当规定的表达式的条件成立时执行的命令语言。如某个变量等于定值，某个表达式描述的条件成立。在工程浏览器中选择"命令语言"│"事件命令语言"命令，在浏览器右侧双击"新建…"按钮，将弹出"事件命令语言"编辑器，如图 10 - 4 所示。事件命令语言有三种类型：发生时、存在时和消失时。

图 10 - 4　事件命令语言中"存在时"命令的运行条件

触发条件中的事件描述用来指定命令语言执行的条件，备注是对该命令语言说明性的文字，如图 10 - 4 所示，当"水温 = =90"时，每 3 000 ms 运行一次"存在时"程序。

4. 热键命令语言

热键命令语言链接到工程人员指定的热键上，软件运行期间，工程人员随时按下键盘上相应的热键都可以启动这段命令语言程序。热键命令语言可以指定使用权限和操作安全区。输入热键命令语言时，在工程浏览器的目录显示区选择"文件"│"命令语言"│"热键命令语言"命令，双击右边内容显示区中的"新建…"按钮，将弹出"热键命令语言"编辑器。

（1）热键定义

可以通过"Ctrl"和"Shift"左边的复选框，以及"键"选择按钮来定义热键。热键命令语言可以定义安全管理。安全管理包括操作权限和安全区，两者可单独使用，也可合并使用。

（2）操作权限设定

只有操作权限大于等于设定值的操作员登录后按下热键时，才会激发命令语言的执行。

5. 自定义函数命令语言

如果组态王提供的各种函数不能满足工程的特殊需要，用户可自定义函数。用户可以自己定义各种类型的函数，通过这些函数能够实现工程特殊的需要。如特殊算法、模块化的公用程序等，都可通过自定义函数来实现。

自定义函数是利用类似 C 语言来编写的一段程序，其自身不能直接被组态王触发调用，必须通过其他命令语言来调用执行。

编辑自定义函数时，在工程浏览器的目录显示区选择"文件"│"命令语言"│"自定义函数命令语言"命令，在右边的内容显示区双击"新建…"图标，用左键双击，将出现"自定义函数命令语言"对话框，即可输入自定义函数命令语言。

6. 画面命令语言

画面命令语言就是与画面显示与否有关系的命令语言程序。画面命令语言定义在画面属性中。打开一个画面，选择菜单"编辑"│"画面属性"，或右击画面，在弹出的快捷菜单中选择"画面属性"菜单项，或按下 Ctrl + W 组合键，打开画面属性对话框。在对话框上单击"命令语言…"按钮，弹出"画面命令语言"编辑器，如图 10 – 5 所示。

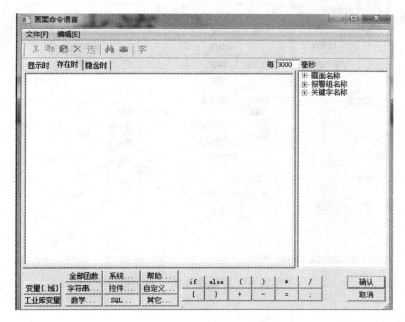

图 10 – 5　"画面命令语言"编辑器

画面命令语言分为 3 个部分：显示时、存在时和隐含时。

（1）显示时：打开或激活画面为当前画面，或画面由隐含变为显示时执行一次。

（2）存在时：画面在当前显示时，或画面由隐含变为显示时周期性执行，可以定义指定执行周期，在"存在时"中的"每…毫秒"编辑框中输入执行的周期时间。

（3）隐含时：画面由当前激活状态变为隐含或被关闭时执行一次。

只有画面被关闭，或被其他画面完全遮盖时，画面命令语言才会停止执行。只与画面相关的命令语言可以写到画面命令语言里，如画面上动画的控制等，而不必写到后台命令语言（如应用程序命令语言等）中，这样可以减轻后台命令语言的压力，提高系统运行的效率。

7. 动画连接命令语言

对于图素，有时一般的动画连接表达式完成不了的工作，只需要单击画面上的按钮等图素即可执行，如单击一个按钮，执行一连串的动作，或执行一些运算、操作等。这时使用了动画连接命令语言。该命令语言是针对画面上的图素的动画连接的，组态王中的大多数图素都可以定义动画连接命令语言。如在画面上放置一个按钮，双击该按钮，弹出"动画连接"对话框，如图 10 – 6 所示。在"命令语言连接"中包含 3 个选项：按下时、弹起时和按住时。

单击上述任何一个按钮都会弹出"动画连接命令语言"编辑器，其用法与其他命令语言编辑器相同。动画连接命令语言可以定义关联的动作热键，单击"动画连接"对话框中的"等价键"｜"无"按钮，可以选择关联的热键，也可以选择"Ctrl"或"Shift"与之组成组合键。运行时，按下此热键，效果同在按钮上按下鼠标键相同。定义有动画连接命令语言的图素时。可以定义其操作权限和安全区，只有符合安全条件的用户登录后，才可以操作该按钮。

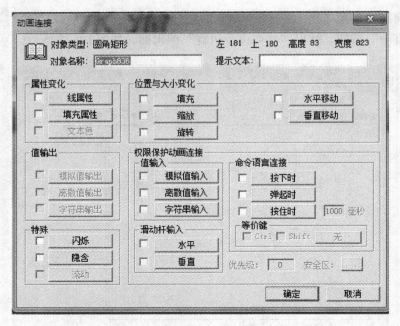

图 10 –6 "动画连接"对话框

任务 2　命令语言的语法

任务目标

熟悉组态王命令语言的运算符及优先级，掌握组态王命令语言的基本语法知识，熟悉常用命令语言函数及其使用方法。

任务分解

命令语言程序的语法与一般 C 程序的语法没有大的区别，每一条程序语句的末尾应该用";"结束；在使用 If…Else、While（）等语句时，其程序要用"｛｝"括起来。

1. 运算符

用运算符连接变量或常量就可以组成较简单的命令语言语句，如赋值、比较、数学运算等。命令语言中可以使用的运算符以及运算符的优先级与连接表达式相同。运算符的种类如表 10 –1 所示。

表 10 –1　运算符的种类及其含义

运算符	功　能	运算符	功　能
~	取补码，将整型变量变成 2 的补码	<	小于
*	乘法	>	大于
/	除法	< =	小于或等于
%	模运算	> =	大于或等于
+	加法	= =	等于（判断）
—	减法（双目）	! =	不等于

续表

运算符	功　能	运算符	功　能
&	整型量按位与	=	等于（赋值）
|	整型量按位或	—	取反，将正数变为负数（单目）
^	整型量异或	!	逻辑非
&&	逻辑与	( )	括号，保证运算按所需次序进行，增强运算功能
||	逻辑或		

（1）运算符的优先级

下面列出运算符的运算次序。首先计算最高优先级的运算符，再依次计算较低优先级的运算符。同一行的运算符有相同的优先级。

( )
—（单目），!，~　　　　　　　　　最高优先级
＊，／,%
＋，—
<，>，<=，>=，==,!=
&，｜，^
&&，｜｜
=　　　　　　　　　　　　　　　　最低优先级

（2）表达式举例

复杂的表达式：

$$开关 == 1 \&\& 液面高度 > 50 \&\& 液面高度 < 80$$
$$（开关1 || 开关2）\&\&（液面高度,alarm）$$

2. 赋值语句

赋值语句用得最多，语法如下：

变量（变量的可读写域）=表达式；

可以给一个变量赋值，也可以给可读写变量的域赋值。

【例10-2】

自动开关=1;　　　　　　　//表示将自动开关置为开（1表示开，0表示关）

颜色=2;　　　　　　　　//将颜色置为黑色（如果数字2代表黑色）

反应罐温度 . priority=3;　　//表示将反应罐温度的报警优先级设为3

3. If…Else 条件语句

If…Else 语句用于按表达式的状态有条件地执行不同的程序，可以嵌套使用。其语法为：

If（表达式）
{

245

　　一条或多条语句;
　　}
　　Else
　　{
　　一条或多条语句;
　　}

注意: If…Else 语句中如果是单条语句,可省略 "{}";若是多条语句,必须在一对 "{}" 中,Else 分支可以省略。

【例 10-3】

If（step = =3）

颜色 = "红色";

上述语句表示当变量 step 与数字 3 相等时,将变量颜色置为 "红色"（变量 "颜色" 为内存字符串变量）。

【例 10-4】

If（出料阀 = =1）

出料阀 =0;　　　　　　//将离散变量 "出料阀" 设为 0 状态

Else

出料阀 =1;

上述语句表示将内存离散变量 "出料阀" 设为相反状态。If…Else 中是单条语句,可以省略 "{}"。

【例 10-5】

If（step = =3）
　{
　　颜色 = "红色";
　　反应罐温度. priority =1;
　}
　　Else
　　{
　　颜色 = "黑色";
反应罐温度. priority =3;
　}

上述语句表示当变量 step 与数字 3 相等时,将变量颜色置为 "红色"（变量 "颜色" 为内存字符串变量）,反应罐温度的报警优先级设为1;否则,变量颜色置为 "黑色",反应罐温度的报警优先级设为3。

4. While（） 循环语句

当 "While（）" 语句中,括号里的表达式条件成立时,循环执行后面 "{}" 内的程序。其语法如下:

　　　　While（表达式）
　{

　　　　一条或多条语句（以；结尾）

　　}

　　注意：同 If 语句一样，While 里的语句若是单条语句，可省略"{}"；若是多条语句，必须在一对"{}"中。这条语句要慎用，否则会造成死循环。

【例 10 – 6】

　　While（循环 < = 10）

{

　ReportSetCellvalue（"实时报表"，循环，1，原料罐液位）；

　循环 = 循环 + 1；

}

当变量"循环"的值小于等于 10 时，向报表第一列的 1 ~ 10 行添入变量"原料罐液位"的值。应该注意使 While 表达式的条件满足，然后退出循环。

5. 命令语言的注释语句

　　为命令语言程序添加注释有利于程序的可读性，也方便程序的维护和修改。组态王的所有命令语言中都支持注释。注释的方法分为单行注释和多行注释两种。注释可以在程序的任何地方进行，单行注释在注释语句的开头加注释符"//"。

【例 10 – 7】

//设置装桶速度

If（游标刻度 > = 10）　　　　//判断液位的高低

装桶速度 = 80；

　　多行注释是在注释语句前加"/ *"，在注释语句后加"* /"。多行注释也可以用在单行注释上。

【例 10 – 8】

If（游标刻度 > = 10）　　　　/ *判断液位的高低 * /

装桶速度 = 80；

【例 10 – 9】

/ *判断液位的高低

改变装桶的速度 * /

If 游标刻度 > = 10）

{装桶速度 = 80；}

Else

装桶速度 = 60；

　　注意：多行注释不能嵌套使用。

实训 1　控制水箱画面设计

1. 实训目的

（1）掌握变量的定义方法，掌握变量的 3 个属性。

（2）掌握基本的制图方法。

（3）掌握模拟值输出连接、填充连接和填充属性连接的方法。

（4）学会基本的应用程序命令语言编程方法。

2. 实训要求

完成一个"控制水箱"画面，要求"水位"值每 300 ms 递增 10，当水位大于等于 500 时回零，再重新递增。要求画面上显示水位值，水箱的填充高度随水位而变化，并且当阈值为 0、200、400 时以不同颜色填充。

3. 操作步骤

（1）新建画面，并给画面命名。在"工程浏览器"｜"画面"工程目录下，双击状态栏里的"新建"按钮，或在开发系统中，选择"文件"｜"新画面"命令，打开"新画面"窗口，给新画面命名为"控制水箱"。

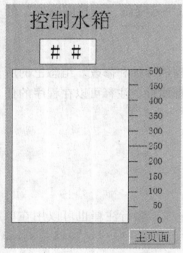

图 10-7 控制水箱画面

水位 = 水位 + 10;

if（水位 > = 500）

｛水位 = 0;｝

用以上程序模拟现场水位参数的变化。

（2）制作画面。使用工具箱中的"圆角矩形"画出矩形，打开"调色板"和"线形"，设置颜色和边框线形后输入文本。刻度线使用复制的方法画出，将刻度线的最高、最低、最左位置确定好，再单击"工具箱"中的"图素垂直等间距"和"图素左对齐"按钮整齐排列。刻度值也用同样的方法均匀分布，画面如图 10-7 所示。

（3）建立变量。选择工程浏览器中的目录"数据词典"，双击状态栏中的"新建"按钮，打开"定义变量"窗口，输入变量名"水位"，选择变量类型为"内存实型"，单击"确定"按钮。

（4）编写应用程序命令语言。在画面右击，在快捷菜单中选择"画面属性"打开"画面属性"窗口，单击"命令语言"按钮打开"画面命令语言"窗口。在"存在时"标签下编程，内容为：

（5）动画连接

（a）对字符"##"进行模拟值输出连接，连接变量"水位"。双击代表水箱的矩形打开"动画连接"窗口，单击"填充"按钮打开"填充连接"对话框，单击"?"按钮确定表达式，即被连接的变量"水位"。确定水位的"对应数值"和"占据百分比"间的对应关系、填充方向等，如图 10-8 所示。

（b）打开"填充属性连接"窗口，设置"刷属性"，即超过不同的阈值显示不同的颜色。例如，水位≥0 显示红色，水位≥200 显示黄色，水位≥400 显示蓝色，如图10-9 所示。

（6）存盘后切换到运行系统，观察运行结果。

［训练题］

完成一个"水箱水位"控制画面，要求"水位"值每 300 ms 递增 36，当水位大于等于

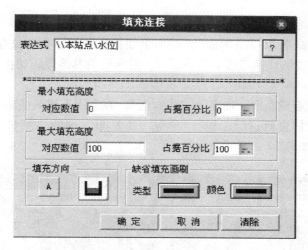

图 10 -8 "填充连接" 对话框

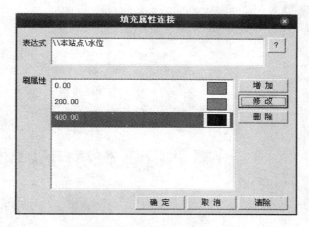

图 10 -9 "填充属性连接" 对话框

1 000 时回零，再重新递增。要求画面上显示水位值，水箱的填充高度随水位而变化，并且当阈值为 0、300、600、800 时以不同的颜色填充。

实训2 主画面的制作，建立主画面与各分画面的切换

1. 实训目的
（1）掌握菜单的制作编程方法。
（2）掌握点位图的粘贴方法。
（3）学会工具箱里坐标的使用方法。
（4）掌握基本的制图方法。
（5）掌握水平移动连接、垂直移动连接、文本色连接和弹起时命令语言连接。
（6）学会 ShowPicture（"画面名称"）函数的使用。

2. 实训要求

制作一个画面，命名为"主画面"，画面上要贴点位图，要有文字水平移动和垂直移动。制作一个菜单，能够切换至所有其他课题，并能够由其他课题切换回主画面。

3. 操作步骤

(1) 制作画面。新建画面，命名为"主画面"。在画面上输入两组文字，如"欢迎学习组态软件"、"希望你们喜欢这门课程"。单击"工具箱"中的"菜单"按钮制作菜单，命名为"画面切换"，如图10-10所示。

图10-10　主画面

(2) 了解"工具箱"底部文本框中数字的含义。如图10-11所示文本框中，a 表示被选中对象的 x 坐标（左边界），b 表示被选中对象的 y 坐标（上边界），c 表示被选中对象的宽度，d 表示被选中对象的高度。

(3) 动画连接。要让文字"欢迎学习组态软件"从右向左移动，1 分钟后从左侧移出画面，再从右侧进入画面，如此重复下去，则需要双击该文字，进入"动画连接"。单击"水平移动连接"，设置参数，如图10-12所示，连接变量"＄秒"，对应值为最左边59，最右边 0 时，移动距离分别为向左 330（a＋c 的值），向右 200（c 的值），如图10-12所示。同样的，实现文字"希望你们喜欢这门课程"的垂直移动，如图10-13所示。这样，"＄秒"变量从 0 增加到 59 时，该文字从初始位置向上移动 400 像素。

(4) 制作菜单。双击画面上的对象"画面切换"进行菜单定义。在"菜单项"中单击右键，用"新建项"、"新建子项"分别创建第一、第二级菜单项，如图10-14所示。

图 10-11 工具箱中的坐标

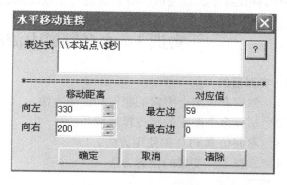

图 10-12 文字水平移动的实现

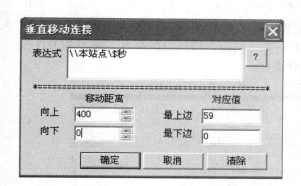

图 10-13 文字垂直移动的实现

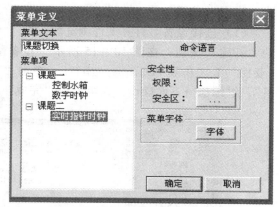

图 10-14 菜单的制作

单击"菜单定义"画面上的"命令语言"按钮，进行编程：

If (menuindex = =0)

{if (childmenuindex = =0)

ShowPicture （"控制水箱"）；

if (childmenuindex = =1)

ShowPicture （"数字时钟"）；}

（5）分别打开"控制水箱"和"数字时钟"画面，在画面的右下角分别制作一个按钮"主画面"，双击它进入"动画连接"画面，单击"弹起时"按钮后输入命令语言"Show-Picture （"主画面"）；"，实现分画面向主画面切换。

（6）全部保存文件。然后切换到运行系统，观察运行效果。

4. 本课题相关函数说明

ShowPicture （）功能：此函数用于显示画面。

调用格式；

ShowPicture （"画面名"）；

例如，执行"ShowPicture （"主画面"）；"即可切换回主画面显示。

【训练题】

制作一个主画面，设计一个菜单完成训练题1与主画面间的切换，并在以后的训练题完成后及时补充菜单，以完成所有训练题与主画面间的菜单切换。

实训3 水在管道中流动画面的制作

1. 实训目的

（1）掌握合成组合图素的制作和使用方法。

（2）掌握多个图素的整齐排列技巧。

（3）掌握仿真PLC的使用方法。

（4）掌握I/O变量的设置方法。

2. 实训要求

完成水在管道中流动画面的制作。

3. 操作步骤

（1）连接设备。打开工程浏览器，在"工程目录显示区"选择"板卡"，双击状态栏中的"新建"按钮，在图10－15所示"设备配置向导"的树形设备列表中选择"PLC"｜"亚控"｜"仿真PLC"｜"串行"，单击"下一步"按钮，给该设备命名，如"新I/O设备"，继续执行下面操作，直至出现"完成"对话框。

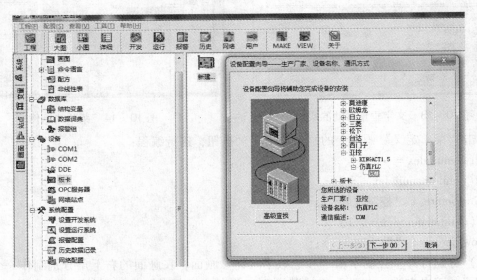

图10－15 通信设备的连接

注意： "仿真PLC"并不是真正的外部设备，所以"与设备连接的端口"和"地址"可以在一定范围内随意选择。但如果是实际设备，这两项参数必须根据设备安装的实际情况给出准确值。

（2）设置变量。选择工程浏览器中的"数据词典"，双击状态栏中的"新建"按钮，输入变量名"水流"，选择变量类型为"I/O整数"，连接设备选择（1）中连接好的"新I/O设备"，寄存器选择"INCREA9"（也可以用DECREA，后面的数字是根据将要制作的水流个数添加的），数据类型选择"SHORT"，如图 10 – 16 所示。

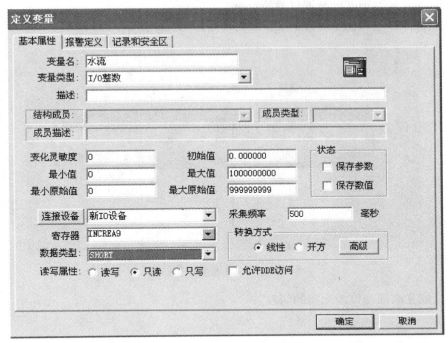

图 10 – 16　变量的设置

（3）新建画面，命名为"水流"。用"工具箱"中的"圆角矩形"画三个矩形，用"过渡色类型"调整，使他们看起来像管道。

（4）画一个小矩形，复制多个后整齐排列成一行，用"合成组合图素"组合为一个整体，用它来代表一束水流。

（5）动画连接。选择（4）中画好的水流对象进行隐含连接，条件表达式为"水流 = =0"时显示。再复制 9 个同样的水流，将条件表达式依次改为"水流 = =1"时显示，"水流 = =2"时显示，…，"水流 = =9"时显示，如图 10 – 17 所示。将 10 个水流一起选中后"上对齐"，叠放在一起。

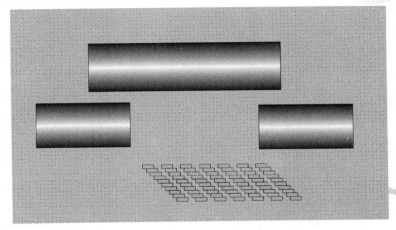

图 10 –17　水流制作画面

（6）调整好管道、水流位置。图素的前、后位置可以在选中图素后右击，在浮动菜单中选择"图素位置"中的一种进行调整。

（7）全部保存后切换至运行系统，观察运行结果，如图 10 – 18 所示。

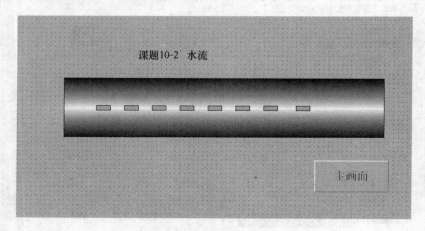

图 10 – 18　水流的运行结果

（8）完成主画面与该画面间的切换。

项目 11 ▪ ▪ ▪

趋 势 曲 线

任务 1　实时趋势曲线

任务目标

了解实时趋势曲线的作用，掌握组态王内置实时趋势曲线的使用方法，熟悉实时趋势曲线控件的使用。

任务分解

1.1　趋势曲线简介

组态王的实时数据和历史数据除了在画面中以数值输出的方式和以报表形式显示外，还可以用曲线形式显示。组态王的曲线有趋势曲线、温控曲线和 X – Y 曲线。

趋势分析是控制软件必不可少的功能，组态王对该功能提供了强有力的支持和简单的控制方法。趋势曲线有实时趋势曲线和历史趋势曲线两种。曲线外形类似于坐标纸，X 轴代表时间，Y 轴代表变量值。对于实时趋势曲线，最多可显示 4 条曲线；历史趋势曲线最多可显示 8 条，而一个画面中可定义数量不限的趋势曲线（实时趋势曲线或历史趋势曲线）。在趋势曲线中，工程人员可以规定时间间距、数据的数值范围、网格分辨率、时间坐标数目、数值坐标数目以及绘制曲线的"笔"的颜色属性。画面程序运行时，实时趋势曲线可以自动卷动，以快速反映变量随时间的变化。

1.2　创建实时趋势曲线

在组态王开发系统中制作画面时，选择菜单"工具"|"实时趋势曲线"项或单击"工具箱"中的"实时趋势曲线"按钮，此时鼠标在画面中变为"十"字形，将鼠标光标放于一个起始位置，此位置就是实时趋势曲线矩形区域的左上角。再用鼠标牵拉出一个矩形，实时趋势曲线就在这个矩形中绘出，可以通过选中实时趋势曲线对象来移动位置或改变大小。在画面运行时实时趋势曲线对象由系统自动更新。

1.3　实时趋势曲线对话框

在生成实时趋势曲线对象后双击此对象，弹出"实时趋势曲线"设置对话框。本对话框可以在"曲线定义"和"标识定义"选项卡之间切换，如图 11 – 1 所示。

1. "曲线定义"选项卡

（1）分割线为短线：选择分割线的类型。选中此项后，在坐标轴上只有很短的主分割线，整个图纸区域接近空白状态，没有网络，同时下面的"次分割线"选择项变灰。

（2）边框色、背景色：分别规定绘画区域的边框和背景（底色）的颜色。

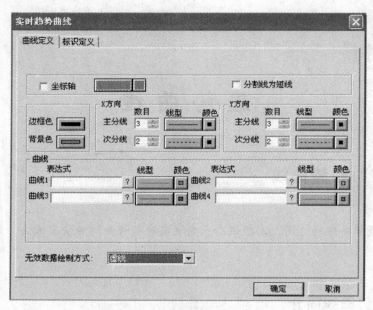

图 11-1 "实时趋势曲线"对话框

（3）X 方向、Y 方向：X 方向和 Y 方向的主分割线将绘图区划分为矩形网络，次分割线将再次划分主分割线划分出来的小矩形。这两种线都可以改变线型和颜色。分割线的数目可以根据实时趋势曲线的大小修改，分割线最好与标识定义（标注）相对应。

（4）曲线：定义所绘的 1～4 条曲线的 Y 坐标对应的表达式。实时趋势曲线可以实时计算出表达式的值，所以它可以使用表达式。右侧的"?"按钮可以列出数据库中已定义的变量或变量域供选择。每条曲线可通过右边的线形和颜色按钮来改变线形和颜色。

2. "标识定义"选项卡

通过"标识定义"属性设置，可以设置实时趋势曲线的横、纵坐标，如图 11-2 所示。

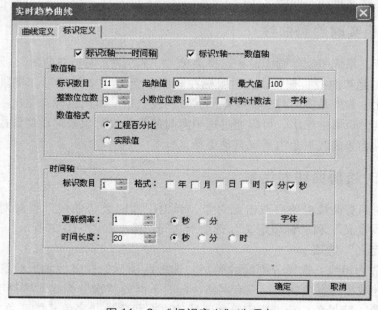

图 11-2 "标识定义"选项卡

1）标识 X 轴—时间轴、标识 Y 轴—数值轴：选择是否为 X 轴或 Y 轴加标识，即在绘图区域的外面用文字标注坐标的数值。如果此项选中，则下面定义相应标识的选择项也由灰亮加亮。

2）数值轴（Y 轴）定义区：Y 轴的范围是 0（0%）~1（100%）.

（1）标识数目：数值轴标识的数目，这些标识在数值轴上等间隔。

（2）起始值：规定数值轴起点对应的百分比值，最小为 0。

（3）最大值：规定数值轴终点对应的百分比值，最大为 100。

（4）字体：规定数值轴标识所用的字体。

3）时间轴定义区

（1）标识数目：时间轴标识的数目，这些标识在数值轴上等间隔。在组态王开发系统中，时间是以 yy：mm：dd：hh：mm：ss 的形式表示；在 TouchVew 运行系统中，显示实际的时间，它与历史趋势曲线不同，在两边是一个标识拆成两半。

（2）格式：时间轴标识的格式，选择显示哪些时间量。

（3）更新频率：TouchVew 是自动重绘一次实时趋势曲线的时间间隔。与历史趋势曲线不同，它不需要指定起始值。因为起始时间总是当前时间减去时间间隔。

（4）时间长度：时间轴表示的时间范围。

3. 变量范围的定义

由于实时趋势曲线数值轴显示的数据是以实际参数值与最大值的比值百分数来显示，因此，对于要以曲线形式来显示的变量，需要特别注意变量的范围。如果变量定义的范围很大，而实际变化范围很小，曲线数据的百分比数值就会很小，在曲线图表上会出现看不到该变量曲线的情况。打开工程浏览器，单击"数据库"｜"数据词典"项，选中要做记录的变量，双击该变量，则弹出"定义变量"对话框，如图 11 – 3 所示。要将变量实际变化的最大值填入"最大值"栏中。

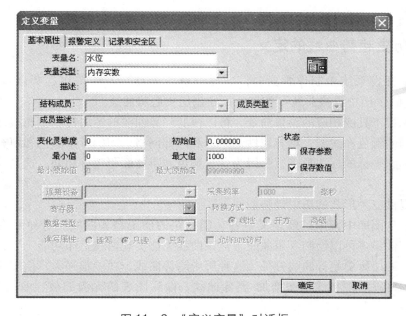

图 11 –3 "定义变量"对话框

4. 为实时趋势曲线建立"笔"

首先使用图素画出笔的形状（一般用多边形），如图 11－4 所示，然后定义图素的垂直移动动画连接，可以通过动画连接向导选择实时趋势曲线绘图区域纵轴方向两个端点的位置，再用对应的实时曲线变量所用的表达式定义垂直移动连接。

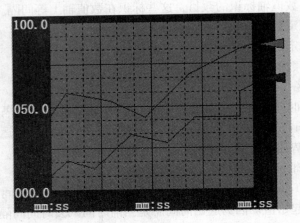

图 11－4　趋势曲线中建立的"笔"

任务2　历史趋势曲线

任务目标

了解历史趋势曲线的作用，掌握通用历史趋势曲线和历史趋势曲线控件的使用方法。熟悉个性化历史趋势曲线的使用。

任务分解

2.1　历史趋势曲线的定义

在组态王开发系统中制作画面时，选择菜单"工具" | "历史趋势曲线"项或单击"工具箱"中的"历史趋势曲线"按钮，可绘出历史趋势曲线。

通过调色板工具或相应的菜单命令，可以改变趋势曲线的笔属性和填充属性。笔属性是趋势曲线边框的颜色和线型，填充属性是边框和内部网格之间的背景颜色和填充模式。工程人员有时见不到坐标的标注数字，是因为背景颜色和字体颜色正好相同，这是需要修改字体或背景颜色。

组态王提供三种形式的历史趋势曲线。

第一种是从图库中调用已经定义好各功能按钮的历史趋势曲线。这种形式使用简单方便。该曲线控件最多可以绘制 8 条曲线，但该曲线无法实现曲线打印功能。

第二种是调用历史趋势曲线控件，这种历史趋势曲线，功能很强大，使用比较简单。在运行状态下，可以实现在线动态增加/删除曲线、曲线图表的无汲缩放、曲线的动态比较、曲线的打印等。

第三种是从工具箱中调用历史趋势曲线，这种历史趋势曲线，用户使用时自主性较强，能做出个性化的历史趋势曲线。该曲线控件最多可以绘制8条曲线，该曲线自身无法实现曲线打印功能。

2.2 与历史趋势曲线有关的其他必要设置

无论使用哪一种历史趋势曲线，都要进行相关配置，主要包括变量属性配置和历史数据文件存放位置配置。

（1）变量范围的设置

由于历史趋势曲线数值轴显示的数据是以百分比来显示，因此对于要以曲线形式来显示的变量需要特别注意变量的范围。

如果变量定义的范围很大，例如 – 999 999 ~ + 999 999，而实际变化范围很小，例如 – 0.000 1 ~ + 0.000 1，这样，曲线数据的百分比数值就会很小，在曲线图表上就会看不到该变量曲线的情况。关于变量范围的设置如图 11 – 5 所示。

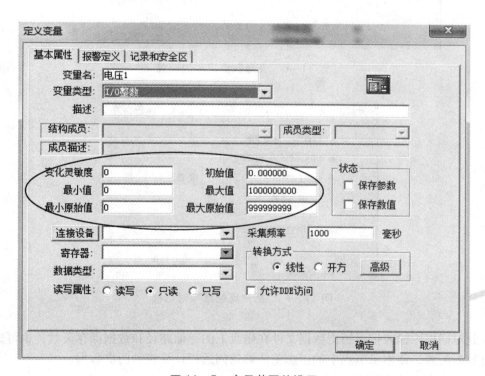

图 11 –5 变量范围的设置

（2）对变量作历史记录

要以历史趋势曲线形式显示的变量，都需要对变量作记录。选中"记录和安全区"选项卡，选择变量记录的方式，选择"数据变化记录"、"定时记录"或"备份记录"，如图 11 –6 所示。

（3）定义历史数据文件的存储目录

在工程浏览器的菜单条上单击"配置"|"历史数据记录"命令项，弹出"历史库配置"对话框，如图 11 –7 所示。

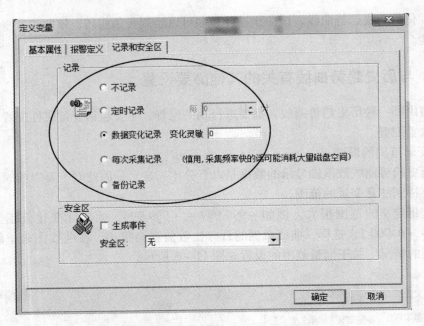

图 11 -6 变量数据记录的设置

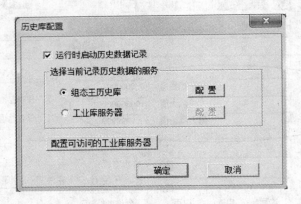

图 11 -7 "历史库配置"对话框

在此对话框中输入记录历史数据文件在磁盘上的存储路径和数据保存天数,也可进行分布历史数据配置,使本机节点中的组态王能够访问远程计算机的历史数据。

(4)重启历史数据记录

在运行系统的菜单条上单击"特殊"|"重启历史数据记录",此选项用于重新启动历史数据记录。在没有空闲磁盘空间时,系统自动停止历史数据记录,当发生此情况时,将显示信息框通知工程人员,在工程人员将数据转移到其他地方后,空出磁盘空间,再选用此命令重启历史数据记录。

2.3 通用历史趋势曲线

在组态王开发系统中制作画面时,选择菜单"图库"|"打开图库"项,弹出图库管理

器，单击"历史曲线"，在图库窗口内双击"历史曲线"（如果图库窗口不可见，请按 F2 键激活），图库窗口将消失，鼠标在画面中变为直角符号"「"。将鼠标移动到画面上的适当位置，单击左键，历史曲线就复制到画面上了，如图 11 – 8 所示。

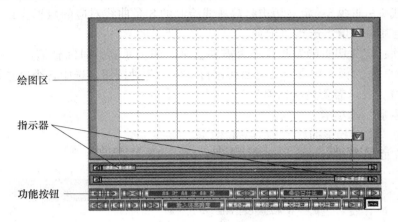

图 11 – 8　通用历史趋势曲线

曲线的下方是指示器和两排功能按钮。通过定义历史趋势曲线的属性，可以定义曲线、功能按钮的参数，并改变趋势曲线的笔属性和填充属性等。

1. "历史曲线向导"对话框

生成历史趋势曲线对象后，在其上双击鼠标左键，弹出"历史趋势曲线"对话框，它由"曲线定义"、"坐标系"和"操作面板和安全属性"3 个选项卡组成，如图 11 – 9 所示。

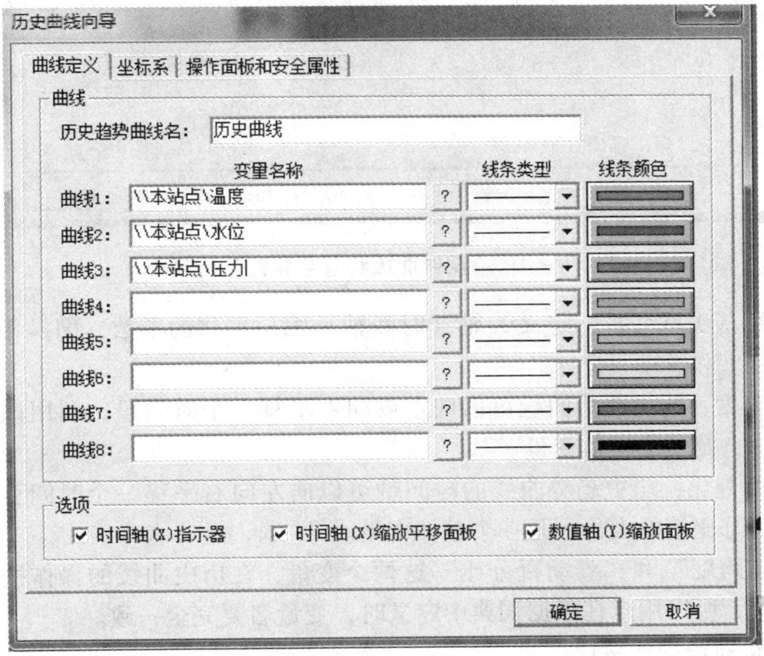

图 11 – 9　"曲线定义"选项卡

1）"曲线定义"选项卡

（1）历史趋势曲线名：定义历史趋势曲线在数据库中的变量名（区分大小写），引用历史趋势曲线的各个域和使用一些函数时需要此名称。

（2）曲线1~曲线8：定义历史趋势曲线绘制的8条曲线对应的数据变量名。数据变量必须事先限定其最大值，选择"记录"。

（3）选项：定义历史趋势曲线是否需要显示时间指示器，时间轴缩放平移面板和Y轴缩放面板。这3个面板中包含对历史曲线进行操作的各种按钮。选中各个复选框时（复选框中出现"√"），表示需要显示该项。

2）"坐标系"选项卡

该设置同"实时趋势曲线"，不再赘述。

3）"操作面板和安全属性"选项卡（如图11-10所示）

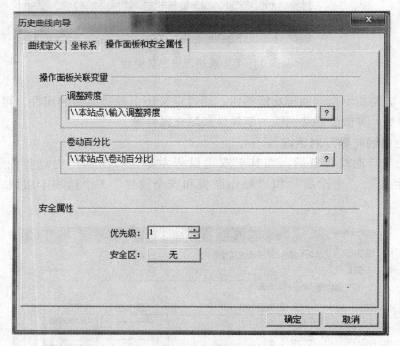

图11-10 "操作面板和安全属性"选项卡

（1）操作面板关联变量：定义X轴（时间轴）缩放平移的参数，即操作按钮对应的参数，包括调整跨度和卷动百分比。

（2）调整跨度：历史趋势曲线可以向左或向右平移一个时间段，利用该变量来改变平移时间段的大小，是一个整体变量。

（3）卷动百分比：历史趋势曲线的时间轴可以向左向右平移一个时间百分比，利用改变量来改变该百分比值的大小，是一个整体变量。

对于"调整跨度"和"卷动百分比"这两个变量，在历史曲线的操作按钮上已经建立好命令语言连接，所以用户在数据词典中定义时，变量名要完全一致。

2. 历史趋势曲线操作按钮

因为画面运行时不自动更新历史趋势曲线图表，所以要为历史趋势曲线建立操作按钮，时间轴缩放平移面板就是提供一系列建立好的命令语言连接的操作按钮，以完成查看功能，如图 11 - 11 所示。

图 11 - 11　历史趋势曲线操作按钮

3. 历史趋势曲线时间轴指示器

移动历史趋势曲线时间轴指示器，就可以查看整个曲线上变量的变化情况，如图 11 - 12 所示，移动指示器可以使用按钮，也可以作为一个滑动杆，指示器已经建立好命令语言连接，分别实现左、右指示器的向左向右移动。按住按钮时的执行频率是 55 ms。

图 11 - 12　历史趋势曲线时间轴指示器

2.4　历史趋势曲线控件

KVHTrend 曲线控件是组态王以 ActiveX 控件形式提供的绘制历史曲线和 ODBC 数据库曲线的功能性工具。

1. 创建历史趋势曲线控件

在组态王开发系统中新建画面，单击菜单项"工具箱"|"插入通用控件"或选择"编辑"|"插入通用控件"命令，将弹出"插入控件"对话框，在列表中选择"历史趋势曲线"，单击"确定"按钮后绘出该曲线，如图 11 - 13 所示。

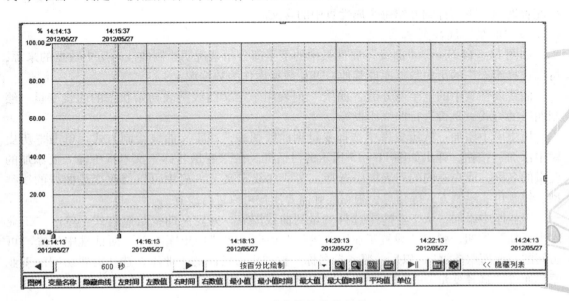

图 11 - 13　历史趋势曲线控件

2. 设置历史趋势曲线固有属性

历史曲线控件创建完成后，在控件上右击，在弹出的快捷菜单中选择"控件属性"命令，将弹出历史曲线控件的"固有属性"对话框，如图 11－14 所示。

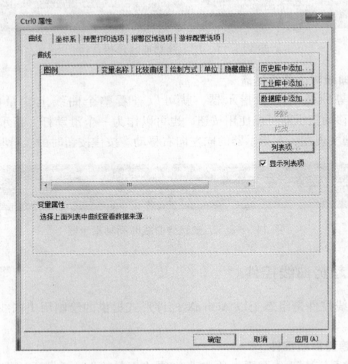

图 11－14　历史曲线控件的"固有属性"对话框

控件固有属性含有以下几个属性页：曲线、坐标系、预置打印选项、报警区域选项、游标配置选项。下面详细介绍每个属性页中的含义。

1）"曲线"属性页

如图 11－14 所示，"曲线"属性页中的下半部分用来说明绘制曲线时历史数据的来源，可以选择组态王的历史数据库或其他 ODBC 数据库作为数据源。

曲线属性页中的上半部分的"曲线"列表用于定义曲线图表初始状态的曲线变量、绘制曲线的方式、是否进行曲线比较等。

历史库中添加：从历史库中选择变量到曲线图表，并定义曲线绘制方式。单击"历史库中添加"按钮，弹出如图 11－15 所示的对话框。在"变量名称"文本框中输入要添加的变量的名称，或在左侧的列表框中选择。在"曲线定义"一栏中可以修改变量曲线的线类型、线颜色、绘制方式等信息，根据实际需要用户可以进行设置。

工业库中添加：从工业库中选择变量到曲线图表，并定义曲线绘制方式。单击"工业库中添加"按钮，弹出"设置工业库曲线"对话框。在"历史库配置"对话框中配置"可访问的工业库服务器"，以后，服务器名称一栏列出可访问的工业库，选择需要访问的工业库，通过"选择变量"按钮进一步可以选择工业库中的变量。

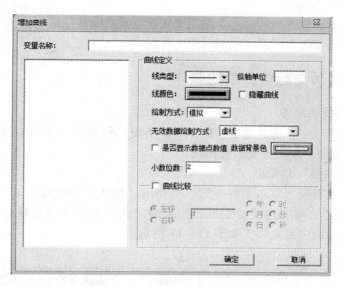

图 11－15 "增加曲线"对话框

2）修改运行时的历史趋势曲线属性

在完成历史趋势曲线属性定义之后，进入组态王运行系统，运行系统时的历史趋势曲线如图 11－16 所示。

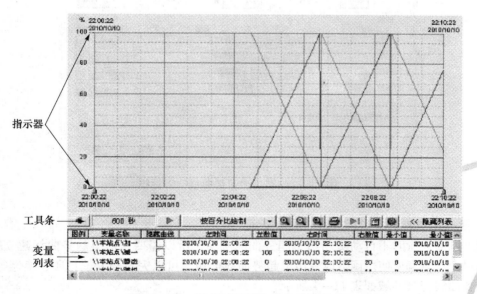

图 11－16 运行时的历史趋势曲线控件

数值轴指示器的使用：拖动数值轴（Y 轴）指示器，可以放大或缩小曲线在 Y 轴方向的长度，一般情况下，该指示器标记为当前图表中变量量程的百分比。

时间轴指示器的使用：时间轴指示器所获得的时间字符串显示在时间指示器的顶部，如图 11－16 所示。时间轴指示器可以配合函数等获得曲线某个时间点上的数据。

工具条的使用：曲线图表的工具条是用来查看变量曲线详细情况的。工具条的具体作用可以通过将鼠标放到按钮上时弹出的提示文本看到。

2.5 个性化历史趋势曲线的制作

1. 历史趋势曲线的制作

在组态王开发系统中，选择菜单"工具"|"历史趋势曲线"项或单击"工具箱"中的"历史趋势曲线"按钮，画出历史趋势曲线。

2. "历史趋势曲线"对话框

在历史趋势曲线对象上双击鼠标左键，将弹出"历史趋势曲线"对话框，它由"曲线定义"和"标识定义"两个选项卡组成，用来确定曲线名，选择变量，设置坐标的颜色、分割线，以及修改标识的形式等，如图11－17所示。

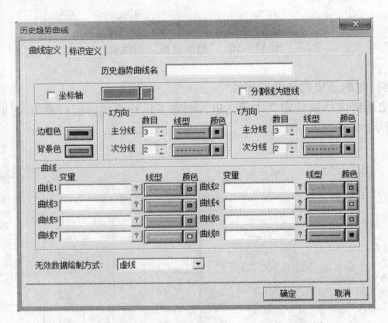

图 11－17 "历史趋势曲线"对话框

3. 建立历史趋势曲线运行时的操作按钮

因为画面运行时不自动更新历史趋势曲线画面，所以需要为历史趋势曲线建立操作按钮。通过命令语言或使用函数改变历史趋势曲线的域，可以完成查看、打印、换笔等功能。历史趋势曲线变量的域如表11－1所示。

表 11－1 历史趋势曲线变量的域

ChartLength	历史趋势曲线的时间长度，长整形，可读可写，单位为 s
ChartStart	历史趋势曲线的起始时间，长整形，可读可写，单位为 s
ValueStart	历史趋势曲线的纵轴起始值，模拟型，可读可写

续表

ValueSize	历史趋势曲线的纵轴量程，模拟型，可读可写
ScooterPosLeft	左指示器的位置，模拟型，可读可写
ScooterPosRight	右指示器的位置，模拟型，可读可写
Pen1 ~ pen8	历史趋势曲线显示的变量的 ID 号，可读可写，用于改变绘出曲线所用的变量

如前文所述，变量在历史趋势曲线的 Y 轴上表示的是一个百分比值，属性 ValueStart 和 ValueSize 使用的也是百分比表示的值。比如 ValueStart 为 0.2，ValueSize 为 0.6 时，Y 轴上将只显示变量在最大值的 20% ~ 60% 的变化。

属性 ScooterPosleft 和 ScooterPosRight 的值范围在 0.0 ~ 1.0 变化，其中 0.0 是历史趋势图表的最左边，1.0 是历史趋势图表的最右边。

实训　实时趋势曲线的制作

1．实训目的

（1）掌握实时趋势曲线控件的使用方法及属性设置方法。

（2）掌握实时趋势曲线控件函数的使用方法。

（3）掌握移动连接的实现方法。

2．实训要求

制作一个实时趋势曲线，显示变量"压力1"和"压力2"。制作"笔"和模拟值输出文本，使其跟随曲线移动，并显示数值大小。

3．操作步骤

（1）新建画面"实训　实时趋势曲线的制作"。

（2）对要显示的变量进行最大值的设置。最大值确定为变量实际能够达到的最大值。

（3）选择菜单命令"工具"|"实时趋势曲线"，绘制实时曲线。双击控件，弹出"实时趋势曲线"画面，选择变量名，确定分割线数目和分度数目（这两个数目必须匹配，保证分度值与分割线对应）。方法同历史曲线设置，在控件下方标注曲线信息。

（4）单击"工具箱"|"多边形"，在曲线右侧画两个笔，笔的颜色分别与对应的线型颜色相同，笔的旁边分别制作一个文本，如图 11 - 18 所示。

（5）完成"笔"和对应文本的移动连接。将光标移到历史曲线纵坐标 0 刻度点，测出光标位置的 Y 坐标，如图 11 - 19（a）所示（数值为 370）；再用相同的方法测量历史曲线纵坐标 100 刻度点的 Y 坐标，如图 11 - 19（b）所示（数值为 110），计算二者的差值（260）即得到光标移动距离。

（6）双击"笔"图素，打开动画连接，进行"垂直移动"连接。选择变量"压力1"（要与相应颜色的曲线名一致），确定对应变量从最小值（0）变化到最大值（300）时"笔"的移动距离。同理，对另一个"笔"也进行动画连接，如图 11 - 20 所示（压力 2 的变化范围是 0 ~ 600）。

（7）分别对两个文本进行模拟值输出连接和垂直移动连接，使文本指示出变量的实时数据，并与相应的"笔"同步移动。

（8）全部保存后切换到运行系统观察现象。有时"笔"与实时曲线有些偏差，这是由运行系统的基准频率、时间变量的更新频率等参数不匹配引起的。可以在工程浏览器中选择菜单"配置"|"运行环境"或单击工具条上的"运行"按钮，或单击工程浏览器的工程目录显示区中"系统配置"|"设置运行系统"按钮后，在弹出的"运行系统设置"对话框的"特殊"标签下修改相应参数，使参数匹配。

（9）补充主画面的菜单，实现该画面与主画面的切换。

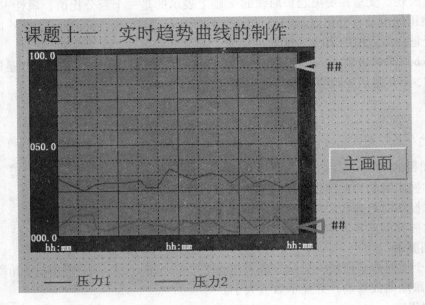

图 11-18 开发系统画面

（a）

（b）

图 11-19 测量光标移动距离

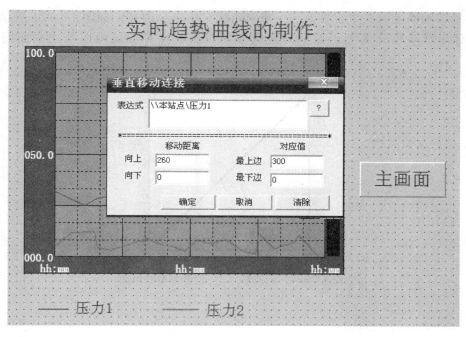

（a）

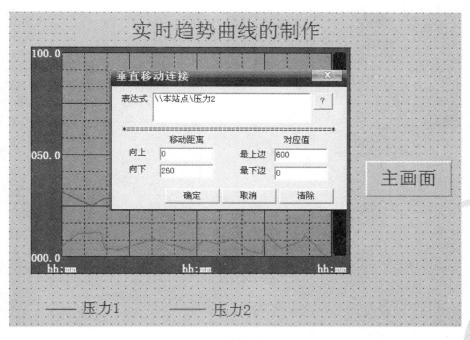

（b）

图 11－20　"笔"的动画连接

[训练题]

（1）制作一个实时趋势曲线，连接两个变量，并制作对应的"笔"和文本指示相应的数值。

269

（2）在画面上画一个正方形、一条对角线、一个小圆球，如图 11 - 21 所示。系统组态，让小圆球每分钟沿正方形对角线移动一次，再实现该画面与主画面间的互相切换。

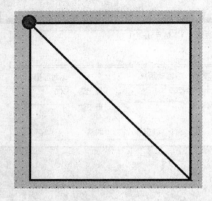

图 11 -21 训练题（2）的开发系统画面

项目 12

报警和事件

任务 1　变量的报警

任务目标

熟悉报警的基本概念，报警组、变量报警属性及报警缓冲区的定义，掌握报警窗口的创建与配置。

任务分解

1.1　报警的定义

报警是指当系统中某些变量的值超过了所规定的界限时，系统自动产生相应的警告信息，提醒操作人员。如炼油厂的油品储罐，往罐中输油时，如果没有规定油位的上限，系统就不能产生报警，无法有效地提醒操作人员，有可能会造成"冒罐"，造成危险。

组态王中报警的处理方法是：当报警发生时，组态王把这些信息存于内存的缓冲区中。报警和事件在缓冲区中以先进先出的队列形式存储，所以只有最近的报警和事件在内存中。当缓冲区达到指定数目或记录定时时间到时，系统自动将报警信息进行记录。报警的记录可以是文本文件，开放式数据库或打印机。另外，用户可以从人—机界面提供的报警窗中查看报警和事件信息。

1.2　报警组的定义

在监控系统中，为了方便查看、记录和区别，要将变量产生的报警信息归到不同的组中，即使变量的报警信息属于某个规定的报警组。组态王中提供了报警组的功能。

报警组是按树状组织的结构，默认情况下只有一个根节点，默认名为 RootNode〔可以改成其他名字〕。可以通过"报警组定义"对话框为这个结构加入多个节点和子节点。这类似于树状的目录结构，每个子节点报警组下所属的变量属于该报警组的同时，属于其上一级父节点报警组，其原理如图 12-1 所示。组态王中最多可以定义 512 个节点的报警组。如图 12-1 所示。

通过报警组名，可以按组处理变量的报警事件，如报警窗口可以按组显示报警事件，记录报警事件也可按组进行，还可以按组对报警事件进行报警确认。定义报警组后，组态王会按照定义报警组的先后顺序为每一个报警组设定一个 ID，在引用变量的报警组域时，系统显示的都是报警组的 ID，而不是报警组名称（组态王提供获取报警组名称的函数 GetGroupName（））。每个报警组的 ID 是固定的，当删除某个报警组后，其他的报警组 ID 不会发生变化，新增加的报警组也不会再占用这个 ID。

在组态王工程浏览器的目录树中选择"数据库"|"报警组"，如图 12-2 所示。

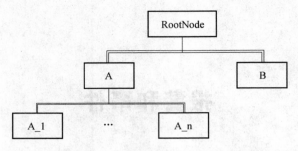

图 12 −1 报警组的树状结构

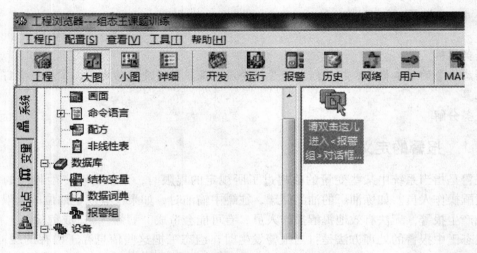

图 12 −2 组态王工程浏览器的目录树

双击右侧的"请双击这儿进入＜报警组＞对话框…"，将弹出"报警组定义"对话框，如图 12 −3 所示。可以通过增加、修改、删除按钮来新建或修改报警组结构。

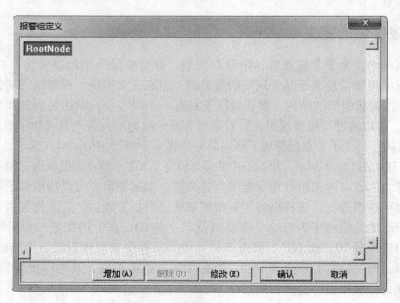

图 12 −3 "报警组定义"对话框

【例12 - 1】 建立，修改报警组节点，熟练
报警组的定义方法。

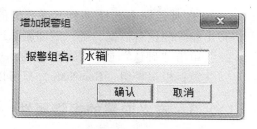

图12 - 4 "增加报警组"对话框

① 选中图 12 - 3 中的 "RootNode" 报警组，
单击 "增加" 按钮，将弹出 "增加报警组" 对话
框，如图 12 - 4 所示。在对话框中输入 "水箱"，
确定后，在 "RootNode" 报警组下会出现一个
"水箱" 报警组节点。

② 选中 "RootNode" 报警组，单击 "增加"
按钮，在弹出的 "增加报警组" 对话框中输入 "温湿度"，确定后，在 "RootNode" 报警组
下会再出现 "温湿度" 报警组节点。

③ 选中 "温湿度" 报警组，单击 "增加" 按钮，在弹出的 "增加报警组" 对话框中输
入 "温度"，则在 "温湿度" 报警组下会出现一个 "温度" 报警组节点。

④ 依次增加，最终的结果如图 12 - 5 所示。

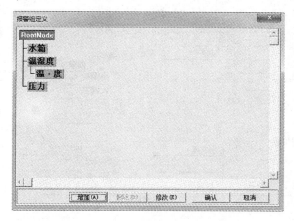

图 12 - 5 例 12 - 1 的运行结果

⑤ 选择图 12 - 5 中的 "RootNode" 报警组，单击 "修改" 按钮，将弹出 "修改报警
组" 对话框。将编辑框中的内容修改为 "反应车间"，确定后，原 "RootNode" 报警组名称
变为 "反应车间"，如图 12 - 6 所示。

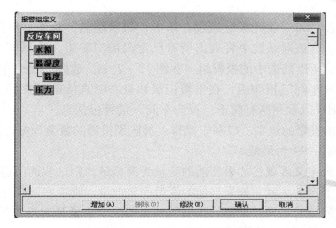

图 12 - 6 修改后的报警组

⑥ 在对话框中选择一个不再需要的报警组，如"温湿度"，然后单击"删除"按钮，将弹出删除确认对话框，确认后即删除当前选择的报警组及子节点。

⑦单击"确认"或"取消"按钮，保存或放弃保存当前修改的内容，关闭对话框。

注意：根报警组（RootNode）只可以修改名称，不可删除。

1.3 定义变量的报警属性

1.3.1 通用报警属性的功能

在组态王工程浏览器的"数据库"|"数据词典"中新建一个变量，或选择一个原有变量并双击它，在弹出的"定义变量"对话框中选择"报警定义"属性页，如同12-7所示。

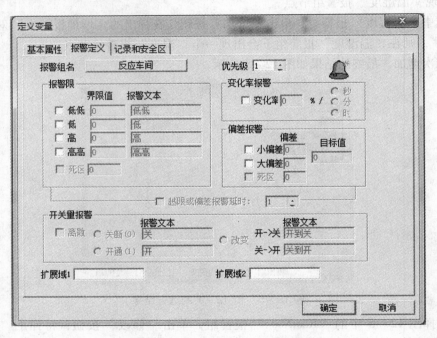

图12-7 "报警定义"属性页

1. 报警属性页

（1）"报警组名"和"优先级"选项：单击"报警组名"标签后的按钮，会弹出"选择报警组"对话框。在该对话框中将列出所有已定义的报警组，选择其一，确认后，则该变量的报警信息就属于当前选中的报警组。在图12-7中，选择"反应车间"，则当前定义的变量就属于"反应车间"报警组，在报警记录和查看时直接选择要记录或查看的报警组为"反应车间"，则可以看到所有属于"反应车间"的警报信息。

优先级主要是指报警的级别，以利于操作人员区别报警的紧急程度。报警优先级的范围为1~999，1为最高，999为最低。

（2）模拟量报警定义区域：如果当前的变量为模拟量，则这些选项是有效的。

（3）开关量报警定义区域：如果当前的变量为离散量，则这些选项是有效的。

（4）报警的扩展域的定义：报警的扩展域共有两个，主要是对报警的补充说明、解释。在报警产生时的报警窗中可以看到。

2. 报警的3个概念

（1）报警产生：变量值的变化超出了定义的正常范围，处于报警区域。

（2）报警确认：对报警的应答，表示已经知道有该报警，或已处理过了。报警确认作，报警状态并不消失。

（3）报警恢复：变量的值恢复到定义的正常范围，不再处于报警区域。

1.3.2　模拟量的报警类型

模拟量主要是指整型变量和实型变量，包括内存型和I/O型。模拟型变量的报警类型主要有3种：越限报警、偏差报警和变化率报警。对于越限报警和偏差报警，可以定义报警延时和报警死区。

1. 越限报警

模拟量的值在跨越规定的高、低报警限时产生的报警叫做越限报警。越限报警的报警限共有4个：低低限、低限、高限、高高限，其分布图如图12－8所示。

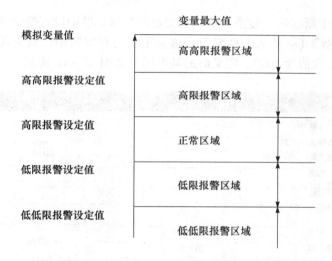

图12－8　越限报警的报警限分布

在变量值发生变化时，如果跨越某一个限值，立即发生越限报警。在某个时刻，对于一个变量，只可能越一种限，因此，只产生一种越限报警。例如，如果变量的值超过高高限，就会产生高高限报警，而不会产生高限报警。另外，如果两次越限，就得看这两次越限是否同一种类型，如果是，就不再产生新警报，也不表示该报警已经恢复；如果不是，则先恢复原来的报警，再产生新报警。

越限类型的报警可以定义其中一种、任意几种或全部类型。图12－9所示为越限报警定义，有"界限值"和"报警文本"两列。

在"界限值"列中选择要定义的越限类型，则后面的"界限值"和"报警文本"编辑框变为有效。在"界限值"中输入该类型报警的越限值，定义界限值时应该保证最小值≤低低限值＜低限＜高限＜高高限≤最大值。在"报警文本"中输入关于该类型报警的说明文字，报警文本不超过15个字符。

【例12－2】　对水位变量设定报警限值，要求水位的高高报警值＝900，高报警值＝750，低报警值＝150，低低报警值＝50。

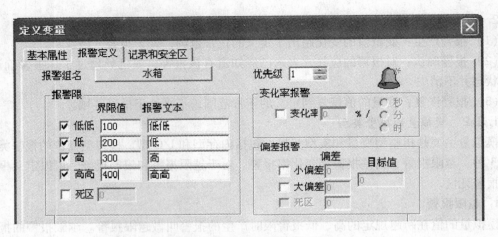

图 12 -9 越限报警定义

① 在数据词典中新建内存整型变量，在变量的基本属性中设置变量名称"水位"，变量类型选择"内存整型"（一般为 I/O 变量，这里定义内存实数型，只为说明操作方法），定义其最小值为 0，最大值为 1000。定义后的基本属性如图 12 - 10 所示。

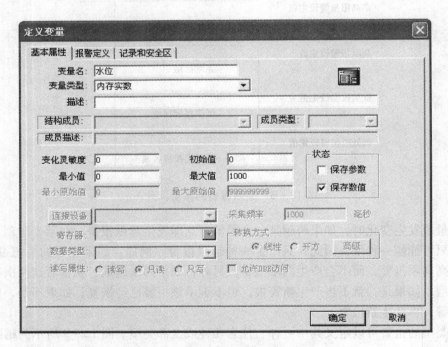

图 12 -10 变量基本属性的定义

② 选择"定义变量""对话框的报警定义"属性页，如图 12 - 11 所示。选择"报警限"项目中的"低低"，后面的"界限值"和"报警文本"编辑框变为有效。在"界限值"中输入 50，在"报警文本"编辑框中输入"水位低低报警"。依此类推，分别选择其他几个项目，如图 12 - 11 所示。

③ 定义报警组和优先级。单击"报警组名称"后的按钮，在弹出的"选择报警组"对

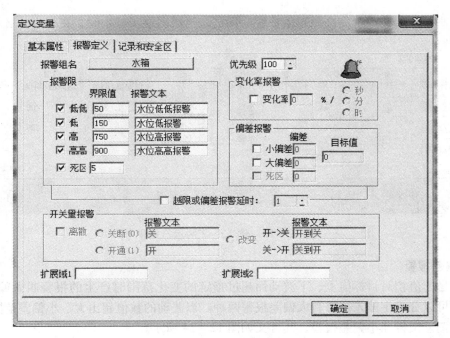

图 12-11 变量的报警属性定义

话框中选择定义的报警组"水箱",在"优先级"编辑框中输入"100"。单击"确定"按钮,完成报警定义。

④ 新建一个画面,单击"工具箱"|"报警窗口"按钮,在画面上创建报警窗。双击报警窗口,在"报警窗口名"编辑框中输入"越限报警窗",选择"历史报警窗"选项后单击"确定"按钮。

⑤在工具箱上单击"文本"按钮,在画面上添加一个文本"###",进行模拟值输出和模拟值输入连接,连接变量"水位"。限定"值范围"最大值为1 000,最小值为0,如图12-12所示。

图 12-12 例 12-2 的开发系统画面

⑥ 全部保存,切换到 View,进入组态王运行系统,打开画面。

⑦ 在画面上,水位测试变量输入"5",报警窗口出现一条报警信息。然后分别输入100、146、800、900,会产生一系列报警,在报警窗口显示出来,如图 12-13 所示。可以看到,当数据小于等于 50 时,产生低低越限报警;当数据大于 50 且小于等于 150 时,恢复低低限报警,产生低限越限报警;当数据大于 150 且小于 750 时,恢复低限报警,此时该变量没有报警;当数据大于等于 750 且小于 900 时,产生高限越限报警;当数据大于等于 900

时，恢复高限报警，产生高高限越限报警。反之，当数据逐步减小时，在相应的区域会产生报警和恢复。

	A	B	C	D	E	F	G	H	I
1	事件日期	事件时间	报警日期	报警时间	变量名	报警类型	报警值/旧值	恢复值/新值	界限值
2	----		07/10/11		水位	水位高高报警	950.0		900.0
3	07/10/11		07/10/11		水位	水位高报警	800.0	700.0	750.0
4			07/10/11		水位	水位高报警	800.0		750.0
5	07/10/11		07/10/11		水位	水位低低报警	5.0	200.0	50.0
6	----	-----	07/10/11		水位	水位低低报警	5.0	----	50.0
7	07/10/11		07/10/11	----	----	----	----	----	----
8									

水位 950

图 12 -13　例 12 -2 的运行结果

2. 偏差报警

模拟量的值相对目标值上、下波动而超过指定的变化范围时产生的报警叫做偏差报警。偏差报警可以分为小偏差报警和大偏差报警两种。当波动的数值超出大、小偏差范围时，分别产生大偏差报警和小偏差报警，其含义如图 12 -14 所示。

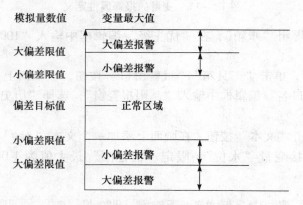

图 12 -14　偏差报警的含义

变量变化的过程中，如果跨越某个界限值，会立刻产生报警。在同一时刻，不会产生两种类型的偏差报警。

【例 12 -3】　某一工序中要求压力在一定的范围内，不能太大，也不能太小，这时可以定义偏差报警来确定压力的值是否在要求的范围内。

① 在数据词典中新建内存实型变量，在变量的基本属性中设置变量名称"压力"，变量类型选择"内存实型"（一般为 I/O 变量，这里定义内存型，只为说明操作方法），定义其最小值为 -1.5，最大值为 6。定义后的基本属性如图 12 -15 所示。

② 选择"定义变量"对话框的"报警定义"属性页。选择"偏差报警"组中的小偏差和大偏差选项，则小偏差和大偏差的限值编辑框变为有效。在"偏差目标值"编辑框中输入目标值 2；在"小偏差限值"中输入 2，在"大偏差限值"中输入 3。

③ 选择相应的报警组和优先级，如图 12 -16 所示。定义完成后，单击"确定"按钮关闭对话框。

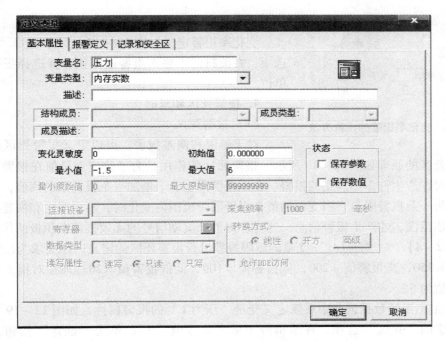

图 12 –15　变量的定义

④ 在建立的画面中再创建一个文本，定义动画连接，模拟值输出、模拟值输入连接的变量为"压力"，定义值输入范围为 –1.5 ~ 6。保存画面。

⑤ 修改变量的值，使数据值增加。当数据变化到 4（2 +2）时，产生小偏差报警；变化到 5（2 +3）时，恢复小偏差报警，产生大偏差报警。使数据值减小，当数据小于 5 时，恢复大偏差报警，产生小偏差报警；当数据小于 4 时，恢复小偏差报警，没有报警；当数据小于 0（2 –2）时，产生小偏差报警；当数据小于 –1（2 –3）时，恢复小偏差报警，产生大偏差报警。

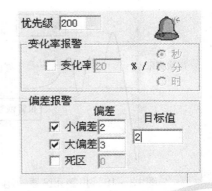

图 12 –16　变量的"报警
定义"属性

3. 变化率报警

（1）变化率报警的含义

变化率报警是指模拟量的值在一段时间内产生的变化速度超过了指定的数值而产生的报警，即变量变化太快时产生的报警。系统运行过程中，每当变量发生一次变化，系统都会自动计算变量变化的速度，以确定是否产生报警。变化率报警的类型以时间为单位分为 3 种：% x/秒、% x/分、和% x/时。

（2）变化率报警的计算公式

（（变量的当前值 – 变量上一次变化的值）×100）/（（变量本次变化的时间 – 变量上一次变化的时间）×变量的最大值 – 变量的最小值）×（报警类型单位对应的值）），其中，"报警类型单位对应的值"定义为：如果报警类型为"秒"，则该值为 1；如果报警类型为"分"，则该值为 60；如果报警类型为"时"，则该值为 3 600。

取计算结果的整数部分的绝对值作为结果。若计算结果大于等于报警极限值，立即产生

图 12 - 17　变化率报警的设置方法

报警；变化率小于报警极限值时，报警恢复。

变化率报警定义如图 12 - 17 所示。选择"变化率"选项，在编辑框中输入报警极限值，并选择报警类型的单位。

4. 报警死区和延时

（1）报警死区

对于越限和偏差报警，可以定义报警死区和报警延时。报警死区的原理如图 12 - 18 所示。报警死区的作用是为了防止变量值在报警限上、下频繁波动时，产生许多不真实的报警。在原报警限上、下增加一个报警限的阈值，使原报警限界线变为一条报警限带，当变量的值在报警限带范围内变化时，不会产生和恢复报警，而一旦超出该范围，才产生报警信息。这样，对消除波动信号的无效报警有积极的作用。

【例 12 - 4】　对"压力 1"变量的越限报警进行报警死区的定义，原要求为压力 1 的高高报警值 = 250，高报警值 = 200，低报警值 = 100，低低报警值 = 30。现在对报警限增加死区，死区值为 5。

① 在组态王的数据词典中重新定义变量"压力 1"的报警属性，如图 12 - 19 所示，选择报警限中的"死区"选项，在编辑框中输入死区值"5"，单击"确定"按钮，关闭对话框。

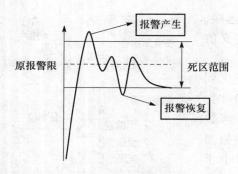

图 12 - 18　报警死区原理图

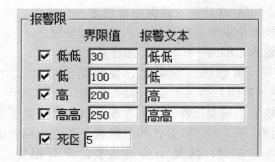

图 12 - 19　定义变量"压力 1"的报警属性

② 切换到组态王运行系统，修改"压力 1"变量的值，当数据变化时，产生报警的界限值如表 12 - 1 所示。

表 12 - 1　例 12 - 4 中"压力 1"的报警界限值

	低低限	低　限	高　限	高高限
报警值	≤25	≤95	≥205	≥255
恢复值	>35	>105	<195	<245

对于偏差报警死区的定义和使用，与越限报警大致相同，不再赘述。

（2）报警延时

报警延时是指对系统当前产生的报警信息并不提供显示和记录，而是延时。在延时时间到后，如果该报警不存在了，表明该报警可能是一个误报警，不用理会，系统自动清除；如果延时到后，该报警还存在，表明这是一个真实的报警，系统将其添加到报警缓冲区中进行显示和记录。如果定时期间有新的报警产生，则重新开始定时。

报警延时原理图如图 12 – 20 所示。图中，虚线表示变量刚产生报警时的变量曲线，实线表示延时后的变量曲线。变量数据变化在 t_1 时刻产生报警，在图 12 – 20（a）中，变量的值经过延时时间 T 后，依然在报警限之上，这时系统产生报警；在图 12 – 20（b）中。变量的值经过延时时间 T 后，已经恢复到了报警限之下（类似于毛刺信号），系统不再产生这个报警。报警延时的单位为秒（s）。组态王中，同一个变量的越限报警和偏差报警使用同一个报警延时时间。

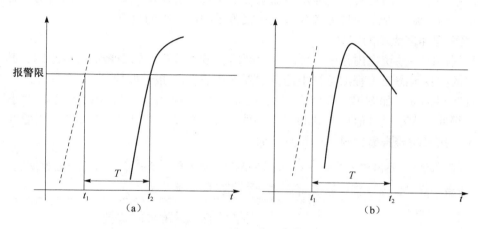

图 12 – 20　报警延时原理图

1.3.3　离散型变量的报警

离散量有两种转台，即 1 和 0。离散型变量的报警有以下三种。

（1）1 状态报警：变量的值由 0 变为 1 时产生报警；

（2）0 状态报警：变量的值由 1 变为 0 时产生报警；

（3）状态变化报警：变量的值由 0 变为 1 或由 1 变为 0 都产生报警。

离散量的报警属性定义如图 12 – 21 所示。在报警属性页中，报警组名、优先级和扩展域的定义与模拟量定义相同。在"开关量报警"组内选择"离散"选项，三种类型的选项变为有效。定义时，三种报警类型只能选择一种。选择完成后，在报警文本中输入不多于 15 个字符的类型说明。

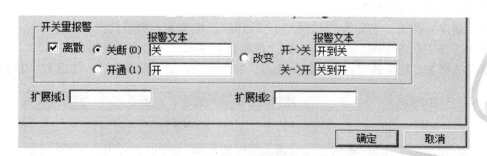

图 12 – 21　离散量的报警属性定义

1.4　报警输出显示：报警窗口

1. 报警窗口的类型

组态王运行系统中，报警的实时显示是通过报警窗口实现的。报警窗口分为两类：实时报警窗和历史报警窗。实时报警窗主要显示当前系统中存在的符合报警窗显示配置条件的实时报警信息和报警确认信息，当某一报警恢复后，不再在实时报警窗中显示，实时报警窗不显示系统中的事件。历史报警窗显示当前系统中符合报警窗显示配置条件的所有报警和事件信息。报警窗中最大显示的报警条数取决于报警缓冲区大小的设置。

2. 报警缓冲区大小的定义

报警缓冲区是系统在内存中开辟的用户暂时存放系统产生的报警信息的空间，其大小是可以设置的。在组态王工程浏览器中选择"系统配置"|"报警配置,"双击后弹出"报警配置属性页"对话框，如图 12–22 所示。在对话框的右上角为"报警缓冲区的大小"设置项，报警缓冲区大小设置值按存储的信息条数计算，值的范围为 1～10 000。报警缓冲区大小的设置直接影响着报警窗显示的信息条数。

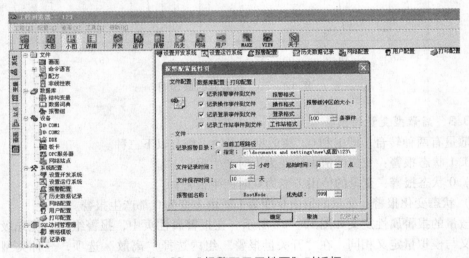

图12–22　"报警配置属性页"对话框

3. 建立报警窗口

报警窗口建立过程如下：

（1）新建一画面，名称为"报警和事件画面"，类型为：覆盖式。

（2）选择工具箱中的"文本"工具，在画面上输入文字"报警和事件"。

（3）选择工具箱中的"报警窗口"工具，在画面中绘制一报警窗口，如图 12–23 所示。

事件类型	域名	操作员	变量描述	机器名	报警服务…

图 12–23　报警窗口

（4）双击"报警窗口"对象，弹出"报警窗口配置属性页"对话框，如图 12-24 所示。

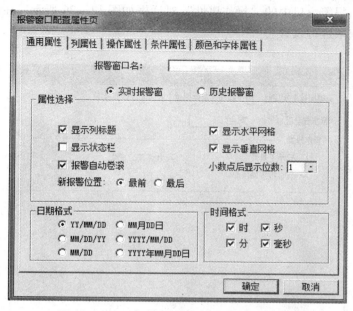

图 12-24 "报警窗口配置属性页"对话框

报警窗口配置属性页包含 5 个属性页：通用属性、列属性、操作属性、条件属性、颜色和字体属性。

通用属性页：在此属性页中可以设置报警窗口的名称、报警窗口的类型（实时报警窗口或历史报警窗口）、报警窗口显示属性以及日期和时间显示格式等。

列属性页：报警窗口中的"列属性"对话框如图 12-25 所示。在此属性页中可以设置报警窗中显示的内容。包括：报警日期时间显示与否、报警变量名称显示与否、报警限值显

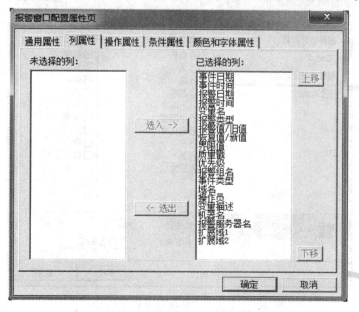

图 12-25 "列属性"对话框

示与否、报警类型显示与否等。

操作属性页：报警窗口中的"操作属性"对话框如图 12－26 所示。在此属性页中可以对操作者的操作权限进行设置。

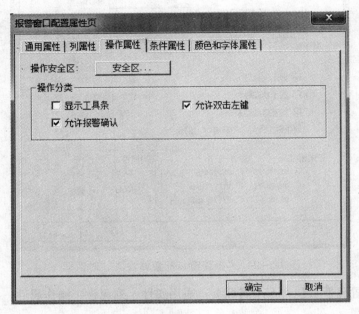

图 12－26 操作属性页对话框

条件属性页：报警窗口中的"条件属性"对话框如图 12－27 所示。在此属性页中用户

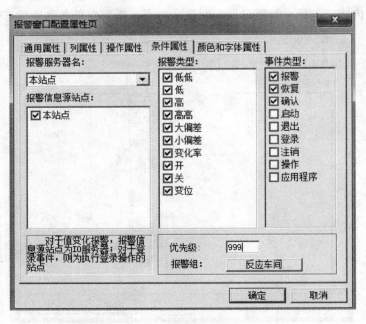

图 12－27 "条件属性"对话框

可以设置哪些类型的报警或事件发生时才在此报警窗口中显示,并设置其优先级和报警组。例如,设置优先级为"999",报警组为"反应车间",这样设置完后,满足如下条件的报警点信息会显示在此报警窗口中:

① 在变量报警属性中设置的优先级高于999;

② 在变量报警属性中设置的报警组名为"反应车间"。

颜色和字体属性页:报警窗口中的"颜色和字体属性"对话框如图12-28所示。在此属性页中可以设置报警窗口的各种颜色以及信息的显示颜色。

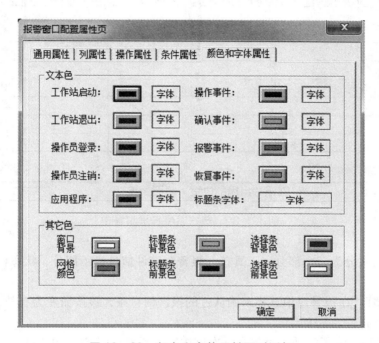

图 12 -28 颜色和字体属性页对话框

报警窗口的上述属性可由用户根据实际情况进行设置。

(5) 单击"文件"菜单中的"全部存"命令,保存所作的设置。

(6) 单击"文件"菜单中的"切换到 VIEW"命令,进入运行系统。系统默认运行的画面可能不是用户刚刚编辑完成的"报警和事件画面",可以通过运行界面中"画面"菜单中的"打开"命令将其打开后运行,如图12-29所示。

图 12 -29 运行中的报警窗口

注意：报警窗口的名称必须填写，否则运行时将无法显示报警窗口。

4. 运行系统中报警窗的操作

如果报警窗配置中选择了"显示工具条"和"显示状态栏"，则运行时的标准报警窗显示如图 12–30 所示。

图 12–30　运行系统标准报警窗

标准报警窗共分为三个部分：工具条、报警和事件信息显示部分、状态栏。工具箱中按钮的作用为：

☑ 确认报警：在报警窗中选择未确认过的报警信息条，该按钮变为有效，单击该按钮，确认当前选择的报警。

☒ 报警窗暂停/恢复滚动：每单击一次该按钮，暂停/恢复滚动状态发生一次变化。

更改报警类型：更改当前报警窗显示的报警类型的过滤条件。

更改事件类型：更改当前报警窗显示的事件类型的过滤条件。

更改优先级：更改当前报警窗显示的优先级过滤条件。

更改报警组：更改当前报警窗显示的报警组过滤条件。

更改报警信息源：更改当前报警窗显示的报警信息源过滤条件。

更改报警服务器名：更改当前报警窗显示的报警服务器过滤条件。

状态栏共分为三栏：第一栏显示当前报警窗中显示的报警条数；第二栏显示新报警出现的位置；第三栏显示报警窗的滚动状态。

5. 报警窗口自动弹出

使用系统提供的"＄新报警"变量，可以实现当系统产生报警信息时将报警窗口自动弹出。操作步骤如下：

（1）在工程浏览窗口中的"工程目录显示区"中选择"命令语言"中的"事件命令语言"选项，在右侧"目录内容显示区"中双击"新建"图标，弹出"事件命令语言"编辑框，设置如图 12–31 所示。

（2）单击"确认"按钮关闭编辑框。当系统有新报警产生时即可弹出报警窗口。

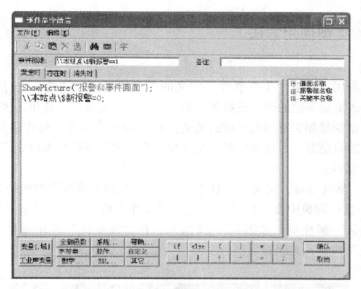

图 12 -31　"事件命令语言"编辑框

任务2　事件类型及使用方法

任务目标

了解事件类型，掌握事件类型的使用方法。熟悉报警和事件信息如何输出到报警窗口、文件、数据库和打印机中。

任务分解

2.1　事件概述

1. 事件的定义

事件是指用户对系统的行为、动作，如修改某个变量值，用户的登录、注销，站点的启动、退出等。事件不需要操作人员应答。

2. 组态王中事件的处理方法

当事件发生时，组态王把这些信息存于内存的缓冲区中，事件在缓冲区中是以先进先出的队列形式存储，所以只有最近的事件在内存中。当缓冲区达到指定数目或记录定时时间到时，系统自动将事件信息进行记录。用户可以从人—机界面提供的报警窗中查看报警和事件信息。

3. 组态王中事件的分类

组态王中根据操作对象和方式的不同，将事件分为 4 种类型。

（1）操作事件：用户对变量的值或变量其他域的值进行修改。

（2）登录事件：用户登录到系统，或从系统中退出登录。

（3）工作站事件：单机或网络站点上，组态王运行系统的启动和退出。

（4）应用程序事件：来自 DDE 或 OPC 的变量的数据发生了变化。

注意：事件在组态王运行系统中人——机界面的输出显示是通过历史报警窗实现的。

2.2 事件类型使用方法

1. 操作事件

操作事件是指用户对由"生产事件"定义的变量的值或其域的值进行修改时,系统产生的事件,如修改重要参数的值,或报警限值、变量的优先级等。这里需要注意的是,同报警一样,字符串型变量和字符串型的域的值的修改不能生成事件。操作事件可以进行记录,使用户了解当时的值是多少,修改后的值是多少。变量要生成操作事件,必须先要定义变量的"生成事件"属性。

【例12-5】 新建变量,定义"生成事件",修改变量并观察其报警结果。

① 在组态王数据词典中新建内存整型变量"操作事件",选择"定义变量"对话框中的"记录和安全区"属性页,如图12-32所示,在"安全区"栏中选择"生成事件"选项。单击"确定"按钮,关闭对话框。

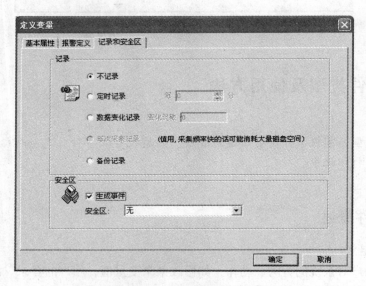

图12-32 "生成事件"选项

② 新建画面,在画面上创建一个文本,定义文本的动画连接——模拟值输入和模拟值输出连接,选择连接变量为"操作事件"。再创建一个文本,定义文本的动画连接-模拟值输入和模拟值输出连接,选择连接变量为"操作事件"的优先级域"Priority",即"操作事件,Priority",如图12-33所示。

③ 在画面上创建一个报警窗,定义报警窗的名称为"事件",类型为"历史报警窗"。保存画面,切换到组态王运行系统。

④ 打开该画面,分别修改变量的值和变量优先级的值,系统将产生操作事件并在报警窗中显示,如图12-34所示。报警窗中的第二行为修改变量的值的操作事件,其中事件类型为"操作",域名为"值";第三行为修改变量优先级的值,域名为"优先级"。另外,还可以看到旧值和新值。

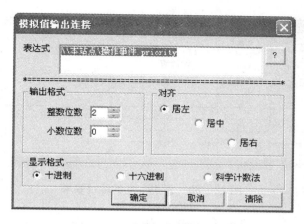

图 12 –33　连接变量的优先级域

事件时间	变量名	事件类型	报警值/旧值	恢复值/新值	报警组名	域名	变量描述	
12:43:50.468	操作事件	操作	1.0	2.0	---	值		
12:43:37.750	操作事件	操作	2.0	3.0	---	优先级		
12:43:34.718	操作事件	操作	1.0	2.0	---	优先级		
12:43:22.781	操作事件	操作	0.0	1.0	---	值		
12:42:52.000	---	启动	---	---	---	---	---	

图 12 –34　生成的操作事件

2. 用户登录事件

用户登录事件是指用户向系统登录时产生的事件。系统中的用户可以在"工程浏览器"|"用户配置"中进行配置，如用户名、密码、权限等。

用户登录时，如果登录成功，则产生"登录成功"事件；如果登录失败或取消登录过程，则产生"登录失败"事件；如果用户退出登录状态，则产生"注销"事件。

【例 12 –6】　利用例 12 –5 制作的报警窗口，进行用户登录和注销练习，观察报警窗口的显示结果。

具体操作方法是：进入组态王运行系统，打开画面。选择菜单"特殊"|"登录开"，在弹出的用户登录对话框中选择"系统管理员"，输入密码，单击"确定"按钮，产生登录成功事件；如果同样选择该用户，在登录对话框中选择"取消"，将产生登录失败事件；选择菜单"特殊"|"登录关"，将产生注销事件，如图 12 –35 所示。

3. 应用程序事件

如果变量是 I/O 变量，变量的数据源为 DDE 或 OPC 服务器应用程序，对变量定义"生成事件"属性后，当采集到的数据发生变化时，将产生该变量的应用程序事件。

【例 12 –7】　建立一个 Excel 的 DDE 设备的变量，产生该变量的应用程序事件。

① 在组态王中新建"DDE"设备，如图 12 –36 所示，设备的逻辑名称为"新 excel 设备"，服务程序名称为"excel"，话题名为"Sheet1"（Sheet 后用 1、2 或 3 表示 excel 表的第几页）。

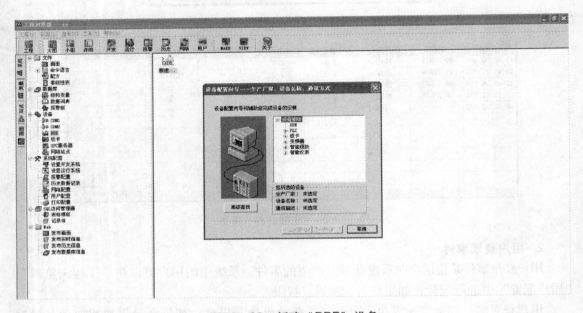

事件时间	变量名	事件类型	报警值/旧值	恢复值/新值	报警组名	域名	变量描述	
13:13:17.515	---	注销	---	---	---	---	---	
13:13:15.562	---	注销	---	---	---	---	---	
13:13:11.953	---	登录失败	---	---	---	---	---	
13:12:59.765	---	登录失败	---	---	---	---	---	
13:12:47.718	---	启动	---	---	---	---	---	

图 12 –35　例 12 –6 的运行效果

图 12 –36　新建 "DDE" 设备

②在数据词典中新建变量，变量名称为 "DDE 变量"，变量类型为 I/O 实型，变量连接的设备为 "新 excel 设备"，项目名称为 "r1"，如图 12 – 37 所示。注意，r 表示 "写"，后边的序号表示修改哪一行；"DDE 变量" 的 "最大值" 和 "最大原始值" 要相等，否则报警画面显示值＝excel 相应行输入数值×最大值/最大原始值。

③在变量的 "记录和安全区" 属性页中选择 "生成事件" 选项。单击 "确定" 按钮，关闭对话框。

④在例 12 – 5 建立的画面中创建一个文本，并建立动画连接—模拟值输出，关联的变量为 "DDE 变量"。保存画面，启动 Execel，切换到组态王运行系统，打开该画面。

⑤修改 Excel 的 Sheet1 工作表第一行中的数据，每当组态王检测到第一行中的第一个数据有变化时，产生应用程序事件，如图 12 – 38 和图 12 – 39 所示。

4. 工作站事件

所谓工作站事件，就是指某个工作站站点上的组态王运行系统的启动和退出事件，包括单机和网络。组态王运行系统启动，将产生工作站启动事件；运行系统退出，将产生退出事件。

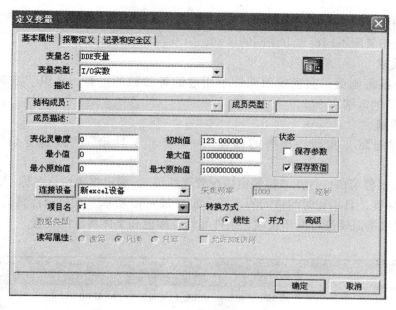

图 12 -37 变量的定义

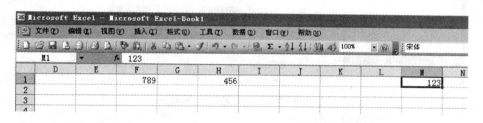

图 12 -38 Sheetl 工作表的 rl 单元格中的数据

时间事件	变量名	时间类型	报警值/旧值	恢复值/新值	报警组名	域 名
15:00:50.670	—	启动	—	—	—	—
15:01:18.059	DEE 变量	应用程序	123.0	456.0—	—	值
15:01:35.084	DEE 变量	应用程序	456.0	789.0	—	值

DDE 变量: 789

图 12 -39 产生该变量的应用程序事件

实训 报警的制作

1. 实训目的

（1）掌握报警组的设计方法。

（2）掌握变量的报警定义属性的设置方法。

（3）明确报警限不同设置方法间的区别，以及各参数的含义。

2. 实训要求

制作一个报警画面；实现前面课题中用过的各参数的报警，认识"实时报警窗"和"历史报警窗"的区别。

3. 操作步骤

（1）新建画面"实训 报警的制作"。单击"工具箱"|"报警窗口"，绘出报警画面。

（2）双击报警窗口，打开"报警窗口配置属性页"，确定报警窗口名称。选择"实时报警窗"，进行属性、日期和时间格式的选择，如图 12 - 40 所示。在列属性页确定报警窗中要显示的列，再根据需要进行操作属性、条件属性、颜色和字体属性的设置。

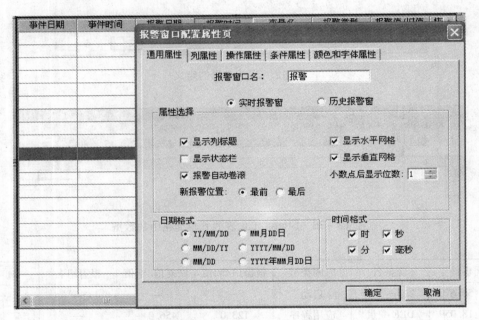

图 12 - 40 报警窗口属性设置

（3）打开工程浏览器，双击工程目录显示区中的"报警组"，打开"报警组定义"对话框，进行报警组定义，如图 12 - 41 所示。

（4）打开"工程浏览器"|"数据词典"，双击变量，打开"变量定义"对话框中的"报警定义"选项卡，选择报警组，确定报警方式和报警限。图 12 - 42 表明了对"水位"进行的报警限设置和对"压力 1"进行的偏差报警设置，根据实际需要再对其他变量作相应的报警设置。

（5）全部保存后切换到运行系统观察运行结果。

（6）回到开发系统，将"报警窗口配置属性页"中的"实时报警窗"改为"历史报警窗"，再重新运行系统，观察设定的报警值与报警结果间的关系。

（7）补充主画面的菜单，实现该画面与主画面的切换。

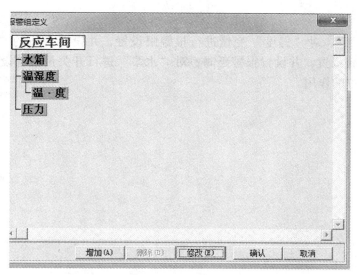

图 12 -41 "报警组定义"对话框

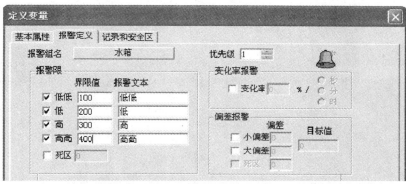

图 12 -42 变量的报警设置

[训练题]

设置"报警组",对"温度"变量进行报警限设置,并设置合适的"死区";对"湿度"进行偏差报警设置,并设置报警延时;对"水泵"进行开关量报警设置,观察报警结果,分析各项设置的作用。

项目 13

...

常用控件

任务1 控件简介

任务目标

熟悉组态王控件的基本概念，了解组态王有哪些内置控件。

任务分解

1. 控件的概念

控件实际上是可重用对象，用来执行专门的任务。每个控件实质上都是一个微型程序，但不是一个独立的应用程序，通过控件的属性、方法等控制控件的外观和行为，接收输入并提供输出。例如，Windows 操作系统中的组合列表框就是一个控件，通过设置属性可以决定组合列表框的大小、要显示文本的字体类型，以及显示的颜色。组态王的控件（如棒图、温控曲线、X–Y 曲线）就是一种微型程序，它们能提供各种属性和丰富的命令语言，用来完成各种特定的功能。

2. 控件的功能

控件在外观上类似于组合图素，工程人员只需把它放在画面上，然后配置其属性，进行相应的函数连接，控件就能完成复杂的功能。当所实现的功能由主程序完成时，需要制作很复杂的命令语言，或根本无法完成时，可以采用控件。主程序只需要向控件提供输入，其他复杂的工作由控件去完成，主程序无须理睬其过程，只要控件提供所需要的输出结果即可。另外，控件的可重复使用性也提供了方便，比如画面上需要多个二维条形图来表示不同变量的变化情况，如果没有棒图控件，则首先要利用工具箱绘制多个长方形框，然后将它们分别进行填充连接，每一个变量对应一个长方形框，最后把这些复杂的步骤合在一起；而直接利用棒图控件，工程人员只要把棒图控件复制到画面上，对它进行相应的属性设置和命令语言函数的连接，就可实现用二维条形图或三维条形图来显示多个不同变量的变化情况。总之，使用控件将极大地提高工程开发和工程运行的效率。

3. 组态王支持的控件

组态王本身提供很多内置控件，如列表框、选项按钮、棒图、温控曲线、视频控件等。这些控件只能通过组态王主程序来调用，其他程序无法使用。控件的使用主要是通过组态王的相应控件函数或与之连接的变量实现的。随着 ActiveX 技术的应用，ActiveX 控件也普通被使用。组态王支持符合其数据类型的 ActiveX 标准控件，包括 Microsoft Windows 标准控件和任何用户制作的标准 ActiveX 控件。这些控件在组态王中被称为"通用控件"，本书及组态王程序中只要提到"通用控件"，即指 ActiveX 控件。

注意：在运行系统中使用控件的函数、属性、方法时，应该打开含有控件的画面（不一定是当前画面），否则会造成操作失败。这时，信息窗口中会有相应的提示。

任务2 组态王内置控件

任务目标

掌握组态王内置控件——棒图控件的使用方法，了解其他控件的使用方法。

任务分解

2.1 如何创建控件

组态王内置控件是组态王提供的只能在组态王程序内使用的控件，它能实现控件的功能，组态王通过内置的控件函数和连接的变量来操作、控制控件，从控件获得输出结果。其他用户程序无法调用组态王内置控件。这些控件包括棒图、温控曲线、X－Y曲线、列表框、选项按钮、文本框、超级文本框、AVI动画播放、视频、开放式数据库查询和历史曲线等。要在组态王中加载内置控件，可以单击工具箱中的"插入控件"按钮，如图13－1所示，或选择画面开发系统中的"编辑"|"插入控件"菜单。系统弹出"创建控件"对话框，如图13－2所示。对话框左侧的"种类"列表中列举了内置控件的类型，选择一项，在右侧的内容显示区中可以看到该类型中包含的控件。选择控件图标，单击"创建"按钮，则创建控件；单击"取消"按钮，则取消创建。

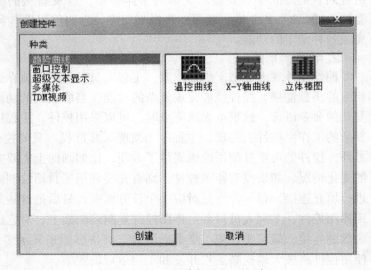

图13－1 工具箱中的
"插入控件"按钮

图13－2 "创建控件"对话框

2.2 立体棒图控件

棒图是指用图形的变化表现与之关联的数据变化的绘图图表。组态王中的棒图图形可以是二维条形图、三维条形图或三维饼图。

1. 创建棒图控件到画面

要使用棒图控件，需先在画面上创建控件。单击"工具箱"中的"插入控件"按钮，或选择画面开发系统中的"编辑"丨"插入控件"菜单，系统弹出"创建控件"对话框。在种类列表中选择"趋势曲线"，在右侧的内容中选择"立体棒图"图标。单击对话框上的"创建"按钮，或直接双击"立体棒图"图标，关闭对话框。此时鼠标变成小"十"字形，在画面上即可画出棒图控件，如图 13 – 3 所示。

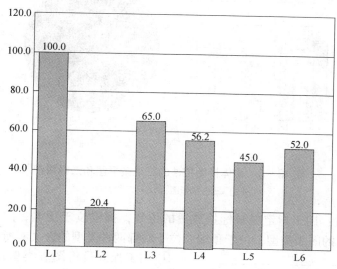

图 13 –3   立体棒图控件的二维条形图

棒图的每一个条形图下面对应一个标签 L1、L2、L3、L4、L5 或 L6，这些标签分别和组态王数据库中的变量相对应。当数据库中的变量发生变化时，与每个标签相对应的条形图的高度随之动态地变化，因此通过棒图控件可以实时反应数据库中变量的变化情况。另外，工程人员还可以使用三维条形图和二维饼图进行数据的动态显示。

2. 设置棒图控件的属性

双击棒图控件，弹出棒图控件属性页对话框，如图 13 –4 所示。此属性页用于设置棒图控件的控件名称、图表类型、标签位置、颜色设置、刻度设置、字体型号和显示属性等各种属性。

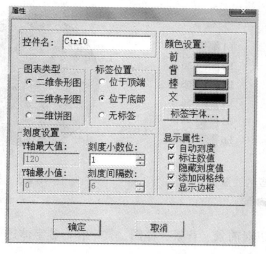

图 13 –4   立体棒图控件的"属性"对话框

（1）图表类型：提供"二维条形图"、"三维条形图"和"二维拼图"3 种类型，其显示效果分别如图 13－3 和图 13－5（a）、图 13－5（b）所示。

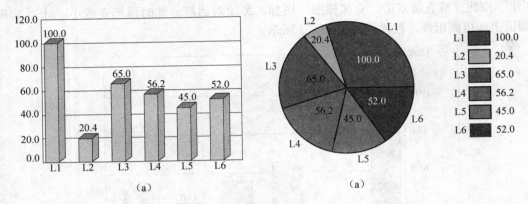

(a)　　　　　　　　　　　　　　　　(a)

图 13－5　立体棒图控件的三维条形图和二维饼图

(a) 三维条形图；(b) 二维饼图

（2）标签位置：用于指定变量标签放置的位置，提供位于顶端、位于底部和无标签 3 种类型。对于不同的图表类型，位于顶端、位于底部两种类型的含义有所不同。

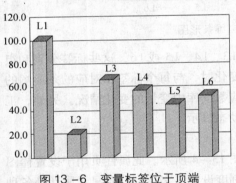

图 13－6　变量标签位于顶端

① 当工程人员将图表类型设置为二维条形图或三维条形图时，位于顶端是指变量标 L1～L6 处于条形图的上部，如图 13－6 所示；位于底部是指变量标签 L1～L6 处于条形图和横坐标的下面，如图 13－3 和图 13－5（a）所示。

② 当工程人员将图表类型设置为二维饼图时，位于顶端是指标签对应的变量值（用百分数表示）处于饼图的外部，如图 13－8 所示；位于底部是指标签对应的变量值（用百分数表示）处于饼图的内部，如图 13－7 所示。

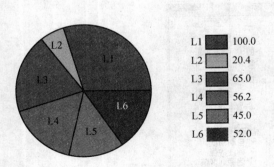

图 13－7　标签对应的变量值
处于饼图的内部

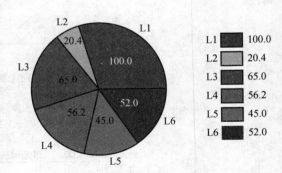

图 13－8　标签对应的变量值
处于饼图的外部

（3）颜色设置：可以对前景、背景、棒图、文字和标签字体进行设置。

（4）刻度设置。

① Y 轴最大值、最小值：用于设置 Y 轴的最大或最小坐标值。当"显示属性"中的"自动刻度"项不选择时，此项有效。

② 刻度小数位：用于设置 Y 轴坐标刻度值的有效小数位。

③ 刻度间隔数：用于指定 Y 轴的最大坐标值和最小坐标值之间的等间隔数，默认值为 10 等份间隔。当"显示属性"中的"自动刻度"项不选择时，此项有效。

（5）自动刻度：此选项用于自动/手动设置 Y 轴的坐标的刻度值，当此选项有效时，其前面有一个符号"√"，Y 轴最大值和最小值编辑输入框变灰无效，则 Y 轴坐标的刻度将根据棒图控件连接变量中的最大值自动设置和调整，而且 Y 轴坐标的最大刻度值比连接变量中的最大值要大一点，即留一定余量。

（6）标注数值：此选项用于显示/隐藏棒图上的标注数值。

（7）隐藏刻度值：此选项用于显示/隐藏 Y 轴坐标的刻度值。

（8）添加网格线：此选项用于添加/删除网格线。

（9）显示边框：此选项用于显示/隐藏棒图的边框。

3. 棒图控件的使用

设置完棒图控件的属性后，就可以准备使用该控件了。棒图控件与变量关联，棒图的刷新都是使用组态王提供的棒图函数来完成的。组态王的棒图函数有以下这些：

① ChartAdd（"ControlName"，Value，"label"）

此函数用于在指定的棒图控件中增加一个新的条形图。

② ChartClear（"ControlName"）

此函数用于在指定的棒图控件中清除所有的棒形图。

③ ChartSetBarColor（"ControlName"，barIndex，colorIndex）

此函数用于在指定的棒图控件中设置条形图的颜色。

④ ChartSetValue（"ControlName"，Index，Value）

此函数用于在指定的棒图控件中设定/修改索引值为 Index 的条形图的数据。

2.3 温度曲线控件

温控曲线反映出实际测量值按设定曲线变化的情况。在温控曲线中，纵轴代表温度值，横轴对应时间的变化，同时将每一个温度采样点显示在曲线中。另外，还提供两个游标，当用户把游标放在某一个温度的采样点上时，该采样点的注释值就可以显示出来，该控件主要适用于温度控制和流量控制等。

2.4 X-Y 曲线控件

X-Y 曲线可用于显示两个变量之间的数据关系，如电流—转速曲线。

实训 棒图控件的使用

1. 实训目的

（1）掌握棒图控件的使用方法及属性设置方法。

（2）掌握棒图控件函数的使用方法。

（3）明确画面命令语言和应用程序命令语言的区别。

2. 实训要求

制作一个棒图控件，用立体棒图的高度来实时显示前面课题中的"水位""温度"和"湿度"的变化情况。

3. 操作步骤

（1）新建画面，命名为"实训 棒图控件"。

（2）绘制画面。单击"工具箱"中的"插入控件"按钮，弹出"创建控件"对话框。双击"立体棒图"，屏幕上显示"＋"，用鼠标左键按住"＋"，画出棒图控件。双击控件打开"属性"对话框，输入控件名"棒图"，进行刻度设置、颜色设置及显示属性设置，如图13-9所示，不选择"自动刻度"。

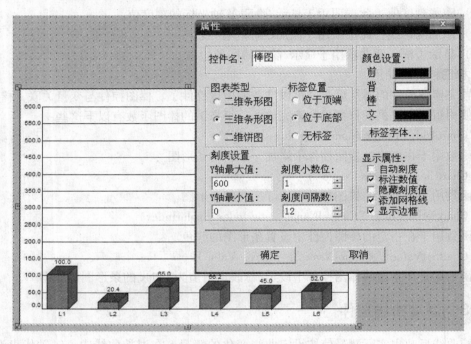

图13-9 棒图控件属性的设置

（3）编写画面命令语言。该课题中要显示的水位、温度、湿度并非实际变量，是我们在前面课题中编程改变的参数，程序写在对应课题的"画面命令语言"中，这些变量只有对应画面运行时才有效。如果想在棒图控件画面中使用这些变量值，必须将程序复制、粘贴到工程浏览器的"命令语言"|"应用程序命令语言"中，写在这里的程序只要该工程运行即有效。所以，各画面的公共程序一定要在这里编写。

显示时（写到此处的程序，只有当画面由隐含变为显示时执行一次）：

Chartclear（"棒图"）；//清除指定的棒图控件中所有棒形图

Chartadd（"棒图"，水位，"水位"）；//在指定的棒图控件中增加一个新的条形图

Chartadd（"棒图"，温度，"温度"）；

Chartadd（"棒图"，湿度，"湿度"）；

存在时（写到此处的程序，只要画面存在，就按照选定的频率循环运行）：

Chartset value（"棒图"，0，水位）；

Chartset value（"棒图"，1，温度）；

Chartset value（"棒图"，2，湿度）；

隐含时（写到此处的程序，只有当画面由显示变为隐含时执行一次）：

Chartclear（"棒图"）；//清除棒图

注意：函数中控件名称一定要与"属性"窗口中设定的控件名一致，绝不能与画面名称相混淆。

（4）全部保存后切换至运行系统，观察运行效果。

（5）补充主画面中的菜单，完成主画面与该画面间的切换。

4．棒图控件相关函数说明

● Chartclear（ ）

功能：在指定的棒图控件中清除所有棒形图。

语法格式：

Chartclear（"controlname"）；

其中，controlname 是所定义的棒图控件名称。

● Chartadd（ ）

功能：在指定的棒图控件中增加一个新的条形图。

语法格式：

Chartadd（"controlname"，value，"label"）；

其中，value 是单个棒柱显示的变量名；label 是单个棒柱下面显示的标签，用于说明显示的参数。

● Chartsetvalue（ ）

功能：在指定的棒图控件中，设定、修改索引值为 index 的条形图数值。

语法格式：

Chartsetvalue（"controlname"，index，value）；

其中，index 是指单个棒柱的序号 0，1，2，…。

[训练题]

制作一个棒图画面，按顺序显示水位、压力 1 和压力 2。选择"自动刻度"，观察运行效果。

项目 14

综 合 实 训

综合实训 1 流水灯系统的设计

1. 实训目的

（1）掌握图库精灵的使用方法。

（2）掌握多个图素的整齐排列技巧。

（3）掌握组态王对 PLC 的控制方法。

（4）掌握 I/O 变量的设置方法。

2. 实训要求

（1）编写一个 PLC 程序下载到 PLC 中。

（2）制作一个画面，由四盏灯和相应的按钮组成，由组态王画面启动 PLC，在 PLC 程序的控制下，使四盏灯流动点亮。

3. 操作步骤

新建一个组态王工程，命名为"流水灯"。

① 连接设备。打开工程浏览器，在"工程目录显示区"选择"设备"，双击状态栏中的"新建"按钮，在图 14－1 所示"设备配置向导"的树形设备列表中选择"PLC"—

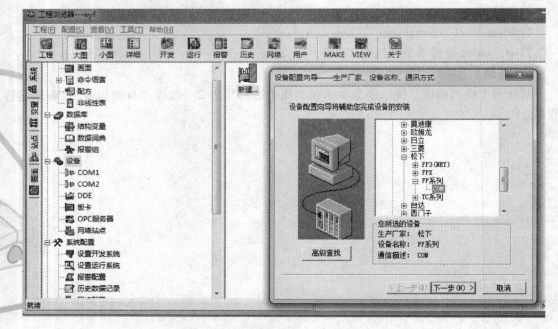

图 14－1 设备配置对话框

"松下"—"FP系列"—"串行",单击"下一步"按钮,给该设备命名,如"新I/O设备",继续执行下面操作,直至出现"完成"对话框。

注意:如果是"仿真PLC",由于并不是真正的外部设备,所以"与设备连接的端口"和"地址"可以在一定范围随意选择。但如果是实际设备,这两项参数必须根据设备安装的实际情况给出准确值。

② 设置变量。选择工程浏览器中的"数据词典",双击状态栏中的"新建"按钮,输入变量名"灯1",选择变量类型为"I/O离散",连接设备选择①中连接好的"新I/O设备",寄存器选择"Y",后面的数字根据PLC程序中对应的输出变量定义,如Y0.0,采集频率设置"200毫秒",如图14-2所示。按照以上步骤依次添加灯2、灯3、灯4变量。再设置"启动"变量,寄存器选择"R0.0",读写属性选择"读写"。

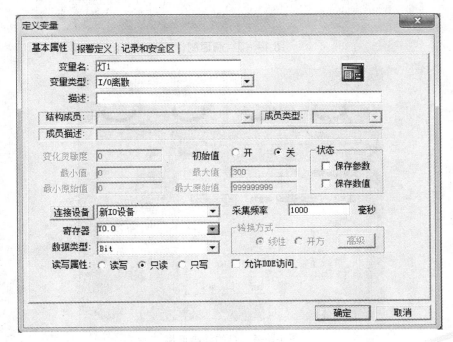

图14-2 变量的设置

③ 新建画面,命名为"综合实训1-流水灯"。用"图库"—"指示灯"中的图库精灵在画面中加载四个指示灯。再使用工具箱中的"按钮"工具,在画面中画一个按钮,点击鼠标右键快捷菜单中选择"字符串替换",在对话框中将"文本"替换成"启动按钮"。再将四盏指示灯一起选中,选择"工具箱"中的"水平等间距""水平对齐",使四盏灯对齐。如图14-3所示。

④ 动画连接。选择画面中的第一盏灯进行动画连接,连接到变量灯1,如图14-4所示。依次将后面的各盏灯与变量"灯2""灯3""灯4"连接起来。再将按钮做"按下时"和"弹起时"动画连接,"按下时"命令语言为:启动=1;"弹起时"命令语言为:启动=0;如图14-5所示。将画面内容保存。

⑤ 编写流水灯系统PLC控制程序,使得启动按钮按下后,四盏灯以1秒钟为间隔,流

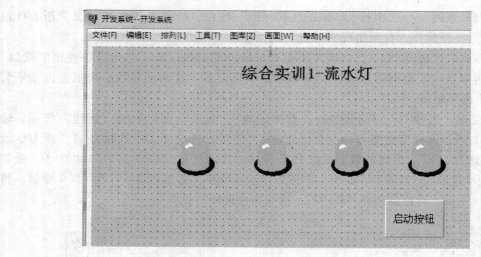

图 14 -3　画面制作

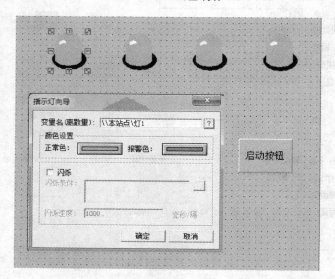

图 14 -4　灯的动画连接

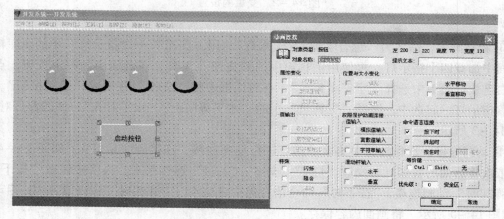

图 14 -5　按钮的动画连接

动点亮。如图 14 −6 所示。将编好的程序下载到 PLC 中，并且切换到"离线"状态。查看并设置 PLC 的通信参数，如图 14 −7 所示，PLC 的通信串口是 COM1 口。

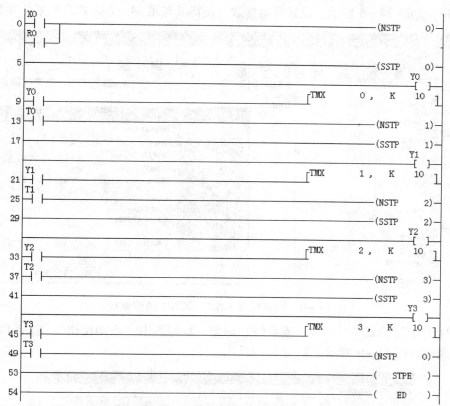

图 14 −6　流水灯系统的 PLC 程序

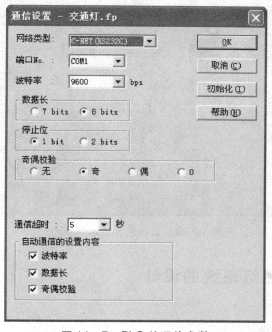

图 14 −7　PLC 的通信参数

注意：在组态王中，启动按钮要用内部继电器触点来启动。

⑥ 在组态王工程浏览器的树状目录"设备"下找到"COM1"串口，双击，弹出串口设置对话框，如图 14-8 所示。设置通信参数，使得其与图 14-7 的 PLC 的通信参数一致。

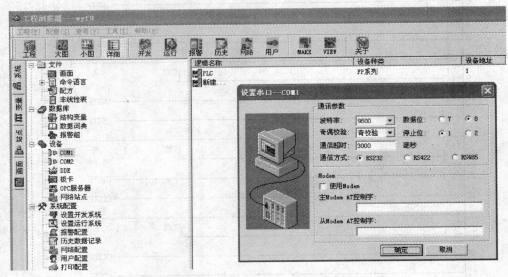

图 14-8 设置组态王串口 COM1 通信参数

⑦ 运行组态王"综合实训1-流水灯"画面，鼠标点击"启动按钮"，启动 PLC 程序。运行后的画面如图 14-9 所示。

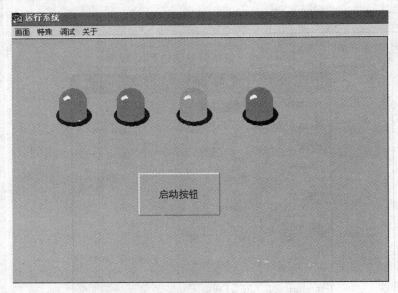

图 14-9 运行后的流水灯画面

综合实训2 交通灯系统的设计

1. 实训目的

（1）掌握画面背景的制作方法。

（2）掌握 I/O 变量的设置方法。

（3）掌握组态王对 PLC 的控制方法。

2. 实训要求

（1）编写一个交通灯系统控制程序下载到 PLC 中。

（2）制作一个画面，体现十字路口的实际情形，由组态王画面启动 PLC，在 PLC 程序的控制下，呈现一个真实的路口交通灯系统的工作情形。

3. 操作步骤

① 编写交通灯系统 PLC 控制程序，使得启动按钮按下后，程序能实现交通灯控制系统的功能。如图 14 - 10 所示。将编好的程序下载到 PLC 中，并且切换到"离线"状态。查看并设置 PLC 的通信参数，如图 14 - 11 所示，PLC 的通信串口是 COM1 口。

注意：在组态王中，启动按钮要用内部继电器触点来启动。

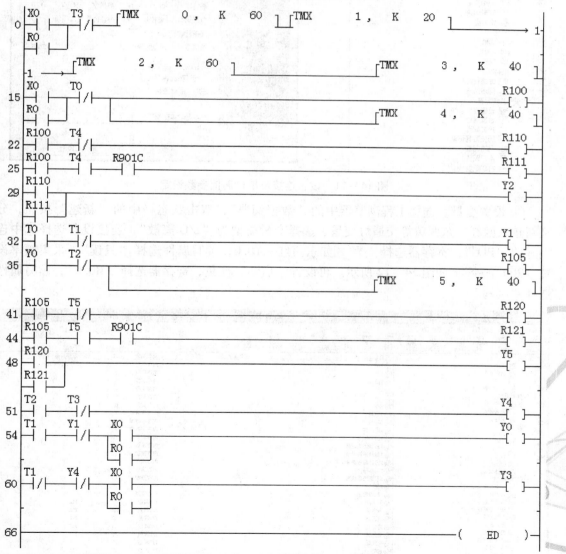

图 14 - 10 交通灯控制系统程序

② 新建一个组态王工程，命名为"交通灯"。

连接设备。打开工程浏览器，在"工程目录显示区"选择"设备"，双击状态栏中的"新建"按钮，在"设备配置向导"的树形设备列表中选择"PLC"—"松下"—"FP系列"—"串行"，单击"下一步"按钮，给该设备命名，如"PLC"，继续执行下面操作，直至出现"完成"对话框。设置COM1口的通信参数与PLC的通信参数一致。如图14-11所示。

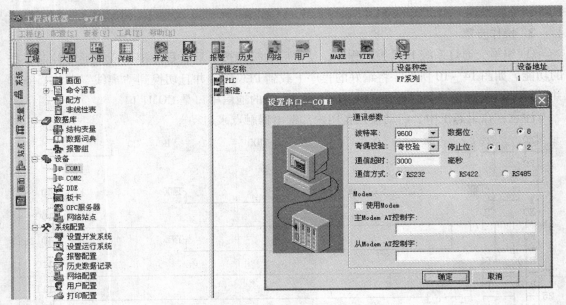

图14-11 设备连接及串口通信参数设定

③ 设置变量。选择工程浏览器中的"数据词典"，双击状态栏中的"新建"按钮，分别新建东西红、东西黄等交通灯变量，选择变量类型为"I/O离散"，连接设备选择①中连接好的"PLC"，寄存器选择"Y"，如东西红—Y0.0，读写属性选择"只读"。采集频率设置"200毫秒"，如图14-12所示。再设置"启动"变量，寄存器选择"R0.0"，读写属性选择"读写"。

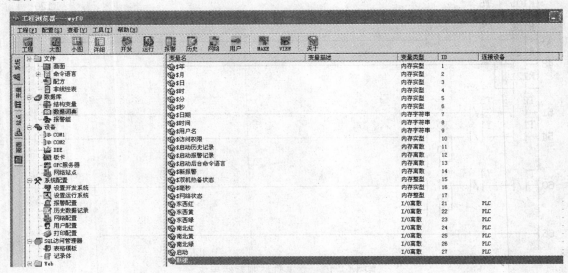

图14-12 变量设置

④ 新建画面，命名为"综合实训 2—交通灯"。用十字路口的交通灯图片作为画面背景，使用工具箱中的"椭圆"工具，在画面中灯的位置画出各个方向的指示灯覆盖在背景灯上，用调色板调色。画一个"启动"按钮。对各个画好的"灯"进行隐含动画连接，如：条件表达式为"南北绿＝＝1；"时显示。如图 14-13 所示。

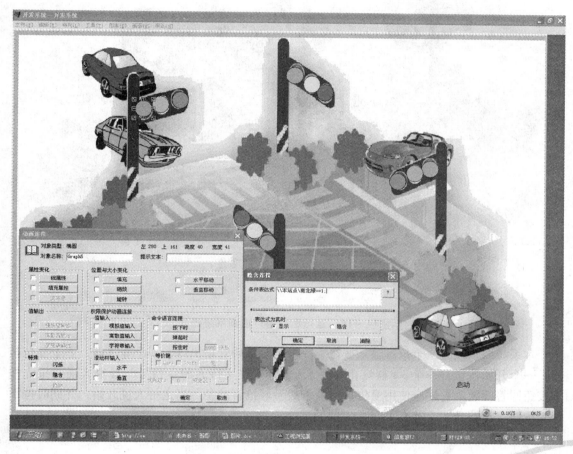

图 14-13　画面中指示灯的动画连接

⑤ 对画面中的"启动"按钮作"按下时"动画连接，表达式为：启动＝1；保存画面并运行，可以看到如图 14-14 所示的运行效果画面。

综合实训 3　九路抢答器系统的设计

设计任务书

一、系统说明

在很多竞赛活动中，经常用到抢答器。对抢答器的控制要求是：当多个抢答输入信号输入时，抢答器只接收第一个到来的信号，而不接收后面到来的输入信号并使第一个到来的输入信号相应的灯和铃有所反应。

图14-14　运行后交通灯控制系统画面

本系统要求设有9个抢答输入按钮、一个七段数码管输出灯，一个蜂鸣器，一个复位按钮、一个开始按钮，一个3 s蓝灯，一个5 s黄灯。在主持人的主持下，参赛人通过抢先按下按钮回答问题。首先应使用复位按钮复位后做好抢答准备。当主持人说开始，并同时按下开始按钮，抢答开始，并有10 s限定时间。

（1）若抢答者在此前抢先输入，则属违规，要求指示该台台号，同时蜂鸣器响，以便扣分惩罚。

（2）若在开始后到3 s之内第一个按下抢答输入按钮或在3 s后到5 s之内第一个按下抢答输入按钮均要给予不同的指示，以便答对之后给予不同的额外奖励加分，5 s后到10 s之内第一个按下抢答输入按钮的不给予额外奖励加分，只给予基本分。（凡抢答成功答题正确的都有基本分）

（3）如果在限定10 s时间内各参赛人均不抢答，10 s到后蜂鸣器响，此轮抢答无效。

最先按下按钮的由七段数码管显示该台台号，同时蜂鸣器响，此时不论该按钮是否处于按住状态，再按下其他任何一个抢答按钮均不再响应，直至复位按钮复位后方可进行下一轮抢答准备。

二、设计要求

1. 根据系统说明分析题目的要求和目标，弄清输入信号和输出信号以及这些信号的性质（ON或OFF），写出I/O分配表，画出输入和输出连接图。

2. 根据输入输出的点数选择PLC的型号，器件选择及电器设备明细表。

3. 根据系统的工作顺序条件，画出流程图。

4. 编写系统梯形图程序，编辑组态画面，并在 PLC 及组态环境中调试运行。

三、设计报告

报告内容包括设计思想、方案选择、器件选择及电器设备明细表、I/O 分配图、系统接线图、流程图、梯形图、程序清单、系统工作原理和设计心得等。

设 计 提 示

一、I/O 分配（参考表 14 –1）

表 14 –1　I/O 分配表

输 入		输 出	
电器元件	I/O 端子	电器元件	I/O 端子
开始按钮	X0	喇叭	Y0
复位按钮	X1	7 段数码管 a	Y1
时间按钮	XA	7 段数码管 b	Y2
1 号选手按钮	X2（R1）	7 段数码管 c	Y3
2 号选手按钮	X3（R2）	7 段数码管 d	Y4
3 号选手按钮	X4（R3）	7 段数码管 e	Y5
4 号选手按钮	X5（R4）	7 段数码管 f	Y6
5 号选手按钮	X6（R5）	7 段数码管 g	Y7
6 号选手按钮	X7（R6）	红灯	Y8
7 号选手按钮	X8（R7）	蓝灯	Y9
8 号选手按钮	X9（R8）	黄灯	YA
9 号选手按钮	X10（R9）		

二、程序流程（参考图 14 –15）

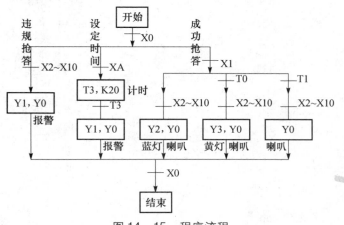

图 14 –15　程序流程

311

三、组态界面（参考图 14 – 16）

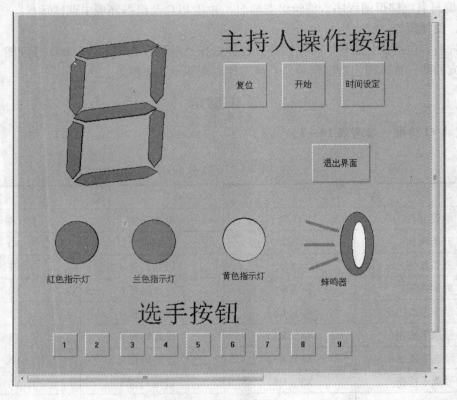

图 14 – 16　组态界面

参 考 文 献

[1] 松下电工株式会社. FP 系列可编程控制器编程手册 [M]. 日本国大阪府门真市门真, 2004.

[2] 松下电工株式会社. FP－X 用户手册 [M]. 日本国大阪府门真市门真, 2008.

[3] 刘守操，等. 可编程序控制器技术与应用 [M]. 北京：机械工业出版社, 2006.

[4] 廖常初. PLC 编程及应用 [M]. 北京：机械工业出版社, 2003.

[5] 邱公伟. 可编程控制器网络通信及应用 [M]. 北京：清华大学出版社, 2000.

[6] 李国厚. PLC 原理与应用 [M]. 北京：清华大学出版社, 2005 年 7 月.

[7] 李树雄. PLC 原理与应用 [M]. 北京：北京航空航天大学出版社, 2006 年 10 月.

[8] 组态王 6.53 使用手册. 北京亚控科技发展有限公司.

[9] 组态王 6.53 函数手册. 北京亚控科技发展有限公司.

[10] 组态王初级培训教程. 北京亚控科技发展有限公司.

[11] 组态王中级培训教程. 北京亚控科技发展有限公司.

[12] 刘文贵，刘振方. 工业控制组态软件应用技术 [M]. 北京：北京理工大学出版社, 2011.

附　　录

A　FP1 继电器和存储区

项　目		编号方式			功　能
		C14/C16	C24/C40	C56/C72	
继电器	外部输入继电器（X）	208 点（X0 ~ X12F）			根据外部输入通断
	外部输出继电器（Y）	208 点（Y0 ~ X12F）			外部输出通断
	内部继电器（R）	256 点（R0 ~ R15F）	1008 点（R0 ~ R62F）		只在程序内部通断的继电器
	定时器（T）	128 点（T0 ~ T99/C100 ~ C127）	144 点（T0 ~ T99/C100 ~ C143）		如果 TM 指令定时到时，则具有相同编号的触点被接通
	计数器（C）				如果 CT 指令计数到，则具有相同编号的触点被接通
	特殊内部继电器（R）	64 点（R9000 ~ R903F）			根据特殊条件决定 ON 或 OFF。用作标志
存储区	外部输入继电器（WX）	13 字（WX0 ~ WX12）			外部输入继电器（WX）的字格式，是把 16 位继电器组作为 1 个字（1 个字 = 16 位）
	外部输出继电器（WY）	13 字（WY0 ~ WY12）			外部输出继电器（WY）的字格式，是把 16 位继电器组作为 1 个字（1 个字 = 16 位）
	内部继电器（WR）	16 字（WR0 ~ WR15）	63 字（WR0 ~ WR62）		内部继电器（WR）的字格式是把 16 位继电器组作为 1 个字（1 个字 = 16 位）
	数据寄存器（DT）	256 字（DT0DT255）	1660 字（DT0 ~ DT1659）	6144 字（DT0 ~ DT6143）	数据寄存器是存放处理数据的存储区，每个数据寄存器由 1 个字组成（1 个字 = 16 位）
	定时器/计数器设定值区（SV）	128 字（SV0 ~ SV127）	144 字（SV0 ~ SV143）		用于存储定时器的设定值以及计数器的缺省值。以定时器/计数器编号进行存储

项 目		编号方式			功 能
		C14/C16	C24/C40	C56/C72	
存储区	定时器/计数器设定值区（EV）	128 字 （EV0 ~ EV127）	144 字 （EV0 ~ EV143）		用于存储通过定时器/计数器操作的经过值。以定时器/计数器编号进行存储
	特殊数据寄存器（DT）	70 字 （DT9000 ~ DT9069）			用于存储特殊数据的数据存储区，存储不同的设置和错误代码
	索引寄存器（I）	2 字（IX，IY）			寄存器可被用作存储区地址和常数的变址修正
常数	十进制常数（K）	K – 32768 ~ K32767（16bit 操作数）			
		K – 2147483648 ~ K2147483647（32bit 操作数）			
	十六进制常数（H）	H0 ~ HFFFF（16bit 操作数）			
		H0 ~ HFFFFFFFF（32bit 操作数）			

B FP – X 继电器和存储区

名 称		可使用存储器区域的点数·范围		功 能
		C14	C30 C40 C60	
继电器	外部输入 X	1760 点（X0 ~ X109F）		通过外部的输入，进行 ON/OFF 转换
	外部输出 Y	1760 点（Y0 ~ 109F）		向外部输出 ON/OFF
	内部继电器 R	40% 点（R0 ~ R255F）		只有在程序中进行 ON/OFF 转换的继电器
	链接继电器 L	2048 点（L0 ~ L127F）		PLC 之间链接时，共享使用的继电器
	定时器 T	1024 点（T0 ~ T1007/C1008 ~ C1023）		定时器设定时间到达时，为 NO。与定时器的编号相对应
	计数器 C			计数器计数结束时，为 ON，与计数器的编号相对应
	特殊内部继电器 R	192 点（R9000 ~ R911F）		以待定条件进行 ON/OFF，作为标志等使用的继电器。

续表

名　称		可使用存储区域的点数·范围		功　能
		C14	C30 C40 C60	
存储器区域	外部输入　　WX	110 字（WX0 ~ WX109）		对外部输入，以 16 位作为 1 个字进行指定时的记号
	外部输出　　WY	110 字（WY0 ~ WY109）		对外部输出，以 16 位作为 1 个字进行指定时的记号
	内部继电器　WR	256 字（WR0 ~ WR255）		对内部继电器，以 16 位作为 1 个字进行指定时的记号
	链接继电器　WL	128 字（WL0 ~ WL127）		对链接继电器，以 16 位作为 1 个字进行指定时的记号
	数据寄存器　DT	12285 字 （DT0 ~ DT12284）	32765 字 （DT0 ~ DT32764）	为程序中使用的数据存储器，以 16 位（1 字）为单位进行处理
	链接寄存器　LD	256 字（LD0 ~ LD255）		PLC 之间链接时共享使用的数据存储，用 16 位（1 个字）为单位使用
	定时器/计数器设定值区域　SV	1024 字（SV0 ~ SV1023）		为存储定时器的目标值和计数器的设定值的数据存储器，与定时器/计数器的编号相对应
	定时器/计数器经过值区域　EV	1024 字（EV0 ~ EV1023）		为存储定时器和计数器工作时的经过值的数据存储器，与定时器/计数器的编号相对应
	特殊数据寄存器　DT	374 字（DT90000 ~ DT90373）		存储特定内容的数据存储器，存储各种设定或错误代码
	变址寄存器　I	14 字（I0 ~ ID）		存储器区域的地址及用常数变址用寄存器
控制指令点数	主控制继电器点数（MCR）　MC	256 点		
	标记数（JP + LOOP）　LBL	256 点		
	步进数　SSTP	1000 级		
	子程序数　SUB	500 子程序		
	中断程序数　INT	Ry 型：输入 14 程序、定时 1 程序 Tr 型：输入 8 程序、定时 1 程序		

续表

名　称		可使用存储区域的点数·范围		功　能
		C14	C30 C40 C60	
常数	十进制常数　　　　　K	K – 32、768 ~ K32，767		（16 位运算时）
		K – 2，147，483，648 ~ K2，147，483，647		（32 位运算时）
	16 进制常数　　　　H	H0 ~ HFFFF		（16 位运算时）
		H0 ~ HFFFFFFFF		（32 位运算时）
	浮点数型实数　　　　f	$F – 1.175494 \times 10^{-38} ~ F – 3.402823 \times 10^{38}$		
		$F1.175494 \times 10^{-38} ~ F3.402823 \times 10^{38}$		

C FP1 特殊内部继电器

地　址	名　称	描　述
R9009	进位标志（CY 标志）	当运算结果发生上溢出或下溢出时、执行移位相关指令的结果，该标志被置位
R900A	>标志	执行比较指令后，如果比较结果大，该标志为 ON
R900B	=标志	执行比较指令后，如果比较结果相等，该标志为 ON，执行运算指令后，如果运算结果为 0，该标志为 ON
R900C	<标志	执行比较指令后，如果比较结果小，该标志为 ON
R900D	辅助定时器触点 适用 PLC 机型： FP – M C20/C32，FPI C56/C72，FP10SH，FP2SH，FP3	执行辅助定时器指令（F137/F183）、到达设定的时间后，该标志为 ON。 （F183 对应 FP2/FP2SH 及 FP10SH 控制单元 Ver. 3.0 以上）执行条件为 OFF 时 R900D 置 OFF
R900E	编程口通信异常标志 适用 PLC 机型： FP1，FP10SH，FP2SH，FP – M	编程口发生通信异常时置 ON
R900F	固定扫描异常标志	执行固定扫描时，扫描时间超过设定定时器（系统寄存器 No. 34）时置 ON
R9010	常闭继电器	始终置 ON
R9011	常开继电器	始终置 OFF
R9012	扫描脉冲继电器	每个扫描周期 ON/OFF 交替重复
R9013	初始脉冲继电器（ON）	运行（RUN）开始后的第一个扫描周期为 ON，从第二个扫描周期开始变为 OFF
R9014	初始脉冲继电器（OFF）	运行（RUN）开始后的第一个扫描周期为 OFF，从第二个扫描周期开始变为 ON
R9015	步进程序初始脉冲继电器（ON）	进行步进梯形图控制时，仅在一个工程启动后的第一个扫描周期为 ON

续表

地　址	名　称	描　述
R9018	0.01 秒时钟脉冲继电器	周期为 0.01 秒的时钟脉冲。
R9019	0.02 秒时钟脉冲继电器	周期为 0.02 秒的时钟脉冲。
R901A	0.1 秒时钟脉冲继电器	周期为 0.1 秒的时钟脉冲。
R901B	0.2 秒时钟脉冲继电器	周期为 0.2 秒的时钟脉冲。
R901C	1 秒时钟脉冲继电器	周期为 1 秒的时钟脉冲。
R901D	2 秒时钟脉冲继电器	周期为 2 秒的时钟脉冲。
R901E	1 分时钟脉冲继电器	周期为 1 分钟的时钟脉冲。

D　FP - X 特殊内部继电器

继电器编号	名　称	内　容
R9009	进位标志（CY 标志）	发生运算结果上溢或下溢时，或执行移位系统指令的结果，该标志被置位
R900A	>标志	执行比较指令，若比较结果大，则置 ON
R900B	=标志	执行比较指令，若比较结果相等，则置 ON。执行比较指令，若运算结果为 0，则置 ON
R9000C	<标志	执行比较指令，若比较结果小，则置 ON
R9010	常开继电器	始终处于 ON 状态
R9011	常闭继电器	始终处于 OFF 状态
R9012	扫描脉冲继电器	每个扫描周期重复 ON/OFF 动作
R9013	初始脉冲继电器（ON）	运行（RUN）开始后的第一个扫描周期为 ON，从第 2 个扫描周期开始变为 OFF
R9014	初始脉冲继电器（OFF）	运行（RUN）开始后第一个扫描周期为 OFF，从第 2 个扫描周期开始变为 ON
R9015	步进程序 初始脉冲继电器（ON）	进行步进梯形图控制时，仅在一个工程启动后的第一个扫描周期为 ON

续表

继电器编号	名　称	内　容	
R9016	未使用		
R9017	未使用		
R9018	0.01 秒时钟脉冲继电器	以 0.01 秒为周期的时钟脉冲。	0.01 s
R9019	0.02 秒时钟脉冲继电器	以 0.02 秒为周期的时钟脉冲。	0.02 s
R901A	0.1 秒时钟脉冲继电器	以 0.1 秒为周期的时钟脉冲。	0.1 s
R901B	0.2 秒时钟脉冲继电器	以 0.2 秒为周期的时钟脉冲。	0.2 s
R901C	1 秒时钟脉冲继电器	以 1 秒为周期的时钟脉冲。	1 s
R901D	2 秒时钟脉冲继电器	以 2 秒为周期的时钟脉冲。	2 s
R901E	1 分时钟脉冲继电器	以 1 分钟为周期的时钟脉冲。	1 min